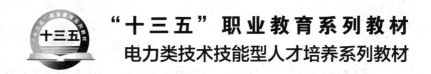

"十三五"职业教育系列教材

电力类技术技能型人才培养系列教材

汽轮机运行

主编 代云修

参编 程翠萍 刘玉文 由 静 李旭同

主审 李广华 马桂芹

中国电力出版社

CHINA ELECTRIC POWER PRESS

内 容 提 要

本书主要讲述汽轮机的工作过程、汽轮机的构造、凝汽设备、汽轮机的调节保护及供油系统、汽轮机运行的一般知识。

本书可以作为大、中专院校培养高、中级技术应用型人才的教材及参考书，也可以作为电厂运行及检修人员的培训教材使用。

图书在版编目（CIP）数据

汽轮机运行/代云修主编 . —北京：中国电力出版社，2018.2（2023.8 重印）

"十三五"职业教育规划教材　电力类技术技能型人才培养系列教材

ISBN 978 - 7 - 5198 - 1756 - 5

Ⅰ.①汽⋯　Ⅱ.①代⋯　Ⅲ.①火电厂 – 汽轮机运行 – 职业教育 – 教材　Ⅳ.①TM621.4

中国版本图书馆 CIP 数据核字（2018）第 030830 号

出版发行：中国电力出版社

地　　　址：北京市东城区北京站西街 19 号（邮政编码 100005）

网　　　址：http：//www.cepp.sgcc.com.cn

责任编辑：李　莉（010 - 63412538）

责任校对：李　楠

装帧设计：郝晓燕　赵姗姗

责任印制：吴　迪

印　　刷：北京雁林吉兆印刷有限公司

版　　次：2018 年 2 月第一版

印　　次：2023 年 8 月北京第四次印刷

开　　本：787 毫米 ×1092 毫米　16 开本

印　　张：17.75

字　　数：433

定　　价：44.00 元

前　言

本书是根据中华人民共和国职业技能鉴定规范电力行业《汽轮机运行与检修专业》的要求，结合山东电力的实际，编写的适用于培养职业院校高、中级技术应用型人才的教材，同时也可作为火力发电厂汽轮机运行及检修技术人员的培训教材。

根据培养高、中级技术应用型人才的要求，本书的编写在遵循基础知识以够用为度和不破坏内容系统性的前提下，着重强调了知识的应用性。

本书由国网技术学院代云修担任主编，并编写了项目四、六、七；项目一、三由国网技术学院程翠萍编写；项目二、五由国网技术学院刘玉文编写。国网技术学院由静和北京清新环境科技股份有限公司李旭同参加了项目六、七部分内容编写。

全书由李广华、马桂芹两位老师主审。

由于编者水平有限，时间仓促，编写过程中疏漏之处在所难免，恳请读者批评指正。

编　者

2018 年 1 月

目　录

项目一 汽 轮 机 的 工 作 过 程

项 目 目 标

熟悉汽轮机的工作过程，能进行汽轮机级的简单热力计算。

任 务 一 汽 轮 机 认 知

任 务 目 标

掌握汽轮机的概念，熟悉汽轮机的类型，了解我国及世界汽轮机的发展概况。

知 识 准 备

一、汽轮机的概念及汽轮机的发展概况

汽轮机是以蒸汽为工质，将蒸汽的热能转化为转子旋转的机械能的动力机械。它具有单机功率大、转速高、效率高、运转平稳和使用寿命长等优点，因而在现代工业中得到了广泛的应用。

汽轮机的主要用途是在热力发电厂中做驱动发电机的原动机。在以煤、石油、天然气为燃料的火力发电厂以及核电站和地热电厂中，大多采用汽轮机作原动机，其发电量占总发电量的70%左右。在热电厂中，还可以用汽轮机的排汽或中间抽汽来满足生产和生活的供热需要，这种既供热又发电的热电合供汽轮机，在热能的综合利用方面具有较高的经济性。此外，汽轮机还能应用于其他工业部门，例如直接驱动各种泵、风机、压缩机和船舶螺旋桨等。在生产过程中有余热、余能的各种工厂企业中，可以利用各种类型的工业汽轮机，使不同品位的热能得到合理有效的利用，从而提高企业的节能和经济效益。

自1883年瑞典工程师拉瓦尔制造成第一台汽轮机以来，汽轮机已有一百余年的历史。近几十年来，汽轮机发展尤为迅速。其发展的主要特点是：

（1）单机功率不断增大。增大单机功率不仅能迅速地发展电力生产，而且还具有下列优点：

1）降低机组单位功率的成本。单机功率越大，单位功率的成本越低。例如，国产20万kW机组的单位功率成本比600MW机组的单位功率成本降低了约27%。

2）提高机组的热经济性。单机功率越大，机组的热经济性越高。20万kW的汽轮机的热耗率仅为1.2万kW汽轮机的68%，降低了约32%。

3）加快电站的建设速度。例如安装 5 台 25 万 kW 机组的工期约为 66 个月，安装两台 60 万 kW 的机组，其工期约为 45 个月，后者明显比前者缩短工期约 32%。

此外增大单机功率，还可以减少电站的占地面积，减少运行及检修人员，降低运行费用等。

（2）蒸汽初参数提高。增大单机功率后适宜采用较高的蒸汽参数，当今世界上 300MW 及以上容量的机组均采用亚临界压力（16 ~ 18MPa）或超临界压力（23 ~ 26MPa），甚至采用超超临界压力（26 ~ 32MPa）。蒸汽初温度多采用 535 ~ 600℃。

（3）普遍采用一次中间再热。采用中间再热后，可以降低排汽湿度，提高机组的内效率、热效率和运行的可靠性。

（4）采用燃气—蒸汽联合循环，以提高电厂的效率。

（5）采用机、炉、电集控和程控提高电站的自动化水平。

（6）发展核电站汽轮机。原子能电站投资较高，但是运行费用较低，而且功率越大，相对的投资和运行费用越小。发展核电，是解决能源不足的主要途径。

我国是一个发展中的国家，1949 年前没有自己的汽轮机制造工业，电厂的运行、检修水平很低。新中国建立后，汽轮机制造工业才得到发展，从 1955 年制成第一台 6000kW 凝汽式汽轮机起，在短短的几十年中，已经生产了 1.2 万、2.5 万、5 万、10 万、12.5 万、20 万、30 万 kW 及 60 万 kW 以上的各种类型的汽轮机。除建立了哈尔滨、上海和东方汽轮机制造厂外，还建有南京、北京、武汉、杭州及青岛等一批中小型汽轮机制造厂，这些工厂正在为发展我国的汽轮机制造工业做出贡献。在电厂中，由于技术水平不断提高，技术管理不断加强，规章制度逐步完善，使汽轮机设备的检修质量和运行水平都得到了提高，充分发挥了设备的潜力，因而大大提高了设备运行的可靠性和降低了发电成本。

二、冲动式汽轮机

来自锅炉的过热蒸汽，进入汽轮机后，依次经过一系列环形配置的喷管和动叶，将蒸汽的热能转化为汽轮机转子旋转的机械能。蒸汽在汽轮机中，以不同方式进行能量转换，便构成了不同工作原理的汽轮机。

（一）冲动作用原理

由力学可知，当一运动物体碰到另一个静止的或运动速度较低的物体时，就会受到阻碍而改变其速度，同时给阻碍它运动的物体一个作用力，这个作用力称为冲动力。冲动力的大小取决于运动物体的质量和速度变化，质量越大，冲动力越大；速度变化越大，冲动力也越大。若阻碍运动的物体在此力作用下，产生了速度变化，则阻碍物体就做了机械功。

在汽轮机中，如图 1-1（a）所示，蒸汽在喷管中加速膨胀，压力降低，速度增加，蒸汽的热能转化成动能。高速汽流冲击叶片，由于汽流运动方向改变，产生了对叶片的冲动力，推动叶片旋转做功，将蒸汽的动能转变成轴旋转的机械能。这种利用冲动力做功的原理，称为冲动作用原理。

现以半圆形叶片为例，说明高速汽流流经动叶时，对叶片产生冲动力的原理，如图 1-1（b）所示。假设汽流的流动为理想流动，从喷管中喷出的高速汽流，以 c_1 的速度进入叶片，做匀速圆周运动，最后以 c_2 的速度（c_2 与 c_1 大小相等，方向相反）流出流道。因为汽流微团受流道约束而运动，所以每一微团都直接或间接地受到流道内弧表面的弹力作用，这个弹力就是汽流微团作圆周运动的向心力。与此同时，根据牛顿第三定律，叶片内弧表面受到汽流微团的压力作用，此压力在效果上属离心力。图 1-1（b）中 F_a，F_b，……，F_f 分别表示汽流微团作用在 a、b、……、f 各点的压力，这些压力 F_i 都可以分解为沿圆周运动方向的周向力 F_{iu} 和沿转轴方向的轴向力 F_{iz}。将作用于叶片上的全部周向力相加，其合力为 $F_u = \sum F_{iu} > 0$。而轴向力由图上左右对称点可见，大小相等，方向相反，故其轴向合力为零，即 $F_z = \sum F_{iz} = 0$。因而所有垂直方向的分力的合力 F_u 就是作用在叶片上圆周方向的作用力，即为冲动力，它推动叶轮旋转做功。如果叶片旋转的速度为 u，则在单位时间内汽流周向力所做的功为 $P = F_u u$。这就是冲动作用原理。

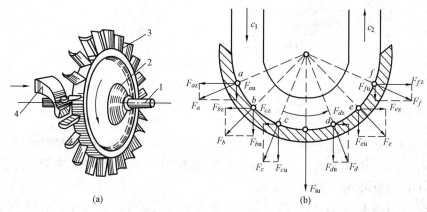

图 1-1 单级冲动式汽轮机

（a）结构简图；（b）冲动作用原理

1—轴；2—叶轮；3—叶片；4—喷管

实际上，由于汽轮机结构方面的要求，从喷管喷出的汽流方向是与叶片运动方向成一角度的，因而动叶的形状不能做成半圆形，使蒸汽推动叶轮旋转的作用力减小，但其工作原理仍然是相同的。

（二）单级冲动式汽轮机

在汽轮机中，一列喷管（静叶栅）和其后的动叶片，组成将蒸汽的热能转换成机械能的基本工作单元，称为汽轮机的级。只有一个级的汽轮机称为单级汽轮机。图 1-2 为单级冲动式汽轮机工作原理简图。蒸汽在喷管中产生膨胀，压力由 p_0 降至 p_1，流速则从 c_0 增至 c_1，将热能转换为动能；在动叶通道中，蒸汽按冲动作用原理给动叶片以冲动力，推动叶轮旋转做功，将蒸汽的动能转变成转子的机械能，蒸汽离开动叶后速度降至 c_2，此速度称为余速，它所携带的动能称为余速动能损失。由于蒸汽在动叶通道中不膨胀，而只改变运动方向，所以动叶前后的压力相等，即 $p_1 = p_2$。

单级汽轮机由于功率较小，在火力发电厂中一般不用来驱动发电机，通常用来带动某些功率不大的辅机，如汽动油泵等。

（三）速度级汽轮机

在单级汽轮机中，当喷管中焓降较大时，喷管出口的蒸汽速度很高，则蒸汽离开动叶的速度 c_2 也很大，将产生较大的余速损失，降低了汽轮机的经济性。为了减少这部分损失，可像图 1-3 所示那样，在第一列动叶后安装一列导向叶片，使蒸汽在导向叶片内改变运动方

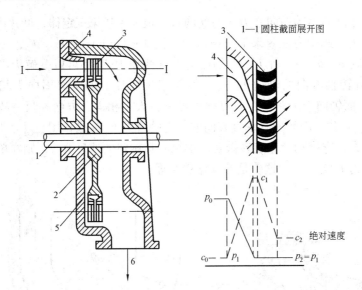

图 1-2　单级冲动式汽轮机示意图

1—轴；2—叶轮；3—动叶片；4—喷管；5—汽缸；6—排汽口

向后再进入装在同一叶轮上的第二列动叶中继续做功。这样，从第一列动叶流出的汽流所具有的动能又在第二列动叶中加以利用，使动能损失减少。这种将蒸汽在喷管中膨胀产生的动能分次在动叶中利用的级，称为速度级。

图 1-3 还表示出蒸汽在速度级中压力和速度的变化规律，蒸汽在动叶和导向叶片中均不产生膨胀，因此第二列动叶后的压力等于喷管后的压力。

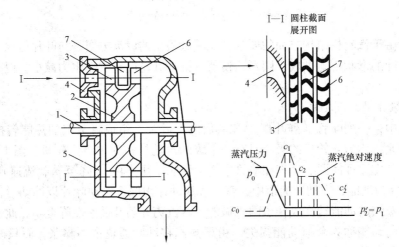

图 1-3　速度级汽轮机工作原理简图

1—轴；2—叶轮；3—第一列动叶；

4—喷管；5—汽缸；6—第二列动叶；7—导向叶片

（四）多级冲动式汽轮机

随着汽轮机向高参数、大功率和高效率方向发展，单级汽轮机已不能适应需要，产生了多级汽轮机。由若干个冲动级依次叠置而成的多级汽轮机，称为多级冲动式汽轮机。

图 1-4 所示为一台多级冲动式汽轮机结构示意图，它由四级组成，第一级为调节级，

其余三级称为非调节级。所谓调节级和非调节级是按照级的通流面积是否随负荷大小变化来区分的。通流面积能随负荷改变而改变的级称为调节级。这种级由于运行时可以改变通流面积来控制进汽量，从而达到调节汽轮机负荷的目的，所以称为调节级。非调节级是通流面积不随负荷改变而改变的级。新蒸汽由汽室 6 进入装在汽缸上的第一级喷管并在其中膨胀，压力由 p_0 降至 p_1，速度由 c_0 增至 c_1。此后进入第一级动叶片中做功，汽流速度降至 c_2，但压力保持不变。第二级的喷管装在分为上、下两半隔板上，上、下两半隔板分别装在上、下汽缸中。蒸汽在第二级中的做功是重复第一级的过程。此后进入第三、四级，最后进入凝汽器。整个汽轮机的功率是各级功率之和，所以，多级汽轮机的功率可以做得很大。图1－4还表示出蒸汽在各级中压力及速度的变化情况。

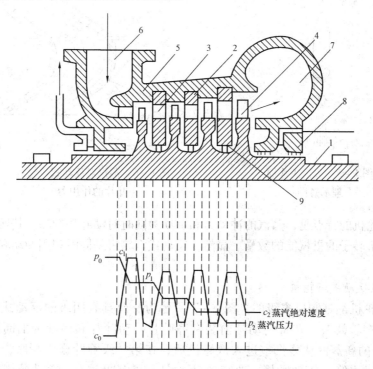

图 1 - 4　冲动式多级汽轮机通流部分示意图
1—转子；2—隔板；3—喷管；4—动叶片；5—汽缸；
6—蒸汽室；7—排汽管；8—轴封；9—隔板汽封

　　由于流经各级后的蒸汽压力逐渐降低，比体积逐渐增大，故蒸汽的容积流量也逐渐增大，为使蒸汽能顺利地流过汽轮机，各级的通流面积应逐级增大，因此喷管和动叶的高度逐级增高。此外，由于隔板两侧有压差存在，为防止隔板与轴之间的间隙漏汽，隔板上装有隔板汽封，同时为防止高压端汽缸与轴之间的间隙向外漏蒸汽和通过低压缸与轴之间的间隙向里漏空气，还分别装有轴封。

　　多级冲动式汽轮机总体结构特点是汽缸内装有隔板和轮式转子。

三、反动式汽轮机

（一）反动作用原理

　　由牛顿第三定律可知，一物体对另一物体施加一个作用力时，这个物体上必然要受到与其作用力大小相等、方向相反的反作用力。例如火箭（见图 1 - 5）就是利用燃料燃烧时产生的大量高压气体从尾部高速喷出，对火箭产生的反作用力使其高速飞行的。这个反动作用力称为反动力，利用反动力做功的原理称为反动作用原理。

反动式汽轮机中，蒸汽在喷管中产生膨胀，压力由 p_0 降至 p_1，速度由 c_0 增至 c_1。汽流流经动叶时，一方面由于速度方向改变而产生一个冲动力 F_i；另一方面蒸汽同时在动叶汽道内继续膨胀，压力由 p_1 降到 p_2，汽流加速产生一个反动力 F_r，见图 1-6。蒸汽对动叶的上述两种力的合力 F，推动叶片做功。

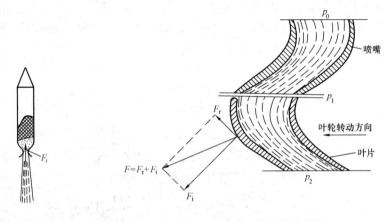

图 1-5　火箭工作原　　　　　图 1-6　蒸汽对反动式汽轮机
　　　理示意图　　　　　　　　　　叶片的作用力

反动式汽轮机的特点是，蒸汽的冲动力和反动力同时对动叶片做功，其所做的功等于热能转化为汽轮机转子的机械能的数量。显然，反动式汽轮机是同时利用冲动和反动作用原理工作的。

（二）多级反动式汽轮机

反动式汽轮机都是制成多级的。图 1-7 所示为一台具有四级的反动式汽轮机。它的动叶片直接装在转鼓上，在每列动叶前装有静叶片。动叶片和静叶片的断面形状基本相同，压力为 p_0 的新蒸汽从蒸汽室进入汽轮机后，在第一级静叶栅中膨胀，压力降低，速度增加，然后进入第一级动叶栅，改变流动方向，产生冲动力，在动叶栅中蒸汽继续膨胀，压力下降，汽流在动叶栅中的速度增加，对动叶产生反动力，转子在冲动力和反动力的共同作用下旋转做功。从第一级流出的蒸汽依次进入以后各级重复上述过程，直到经过最后一级动叶栅离开汽轮机。由于反动式汽轮机的叶片前后存在压力差，这个压力差作用在动叶片上会产生一个从高压指向低压的轴向推力。为了减少这个轴向推力，反动式汽轮机不能像冲动式汽轮机那样采用叶轮结构。其总体结构特点是，汽缸内无隔板或装有无隔板体隔板，并采用了鼓式转子，动叶栅直接嵌装在鼓式转子的外缘上；另外，高压端轴封还设有平衡活塞，用蒸汽连接管与凝汽器相通，使平衡活塞上产生一个与汽流的轴向力方向相反的平衡力。

四、汽轮机的分类和型号

（一）汽轮机分类

汽轮机的类型很多，为便于使用，常按热力过程特性、工作原理、新蒸汽参数、蒸汽流动方向及用途等对汽轮机进行分类。

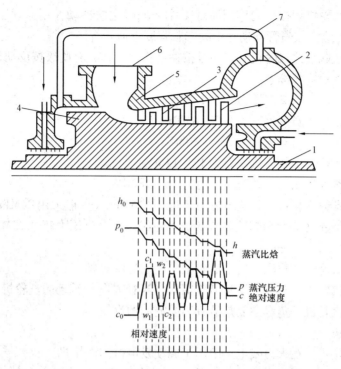

图 1-7　反动式汽轮机通流部分示意图
1—鼓型转子；2—动叶片；3—静叶片；4—半衡沽塞；
5—汽缸；6—蒸汽室；7—连接管

1. 按热力过程特性分

（1）凝汽式汽轮机。进入汽轮机做功的蒸汽，除很少一部分漏汽外，全部排入凝汽器，这种汽轮机称为纯凝汽式汽轮机。为提高效率，近代汽轮机都采用回热抽汽，即进入汽轮机的蒸汽，除大部分排入凝汽器外，有少部分蒸汽从汽轮机中分批抽出，用来加热锅炉给水，这种汽轮机称为有回热抽汽的凝汽式汽轮机，简称为凝汽式汽轮机。

（2）背压式汽轮机。进入汽轮机做功后的蒸汽在高于大气压力下排出，供工业或生活使用，这种汽轮机称为背压式汽轮机。若排汽供给其他中、低压汽轮机使用时，则称为前置式汽轮机，这种汽轮机常在改造旧电厂时使用。

（3）调节抽汽式汽轮机。在汽轮机中，部分蒸汽在一种或两种给定压力下抽出，供给工业或生活使用，其余蒸汽在汽轮机内做功后仍排入凝汽器。一般用于工业生产的抽汽压力为 $0.5\sim1.5$ MPa，用于生活采暖的抽汽压力为 $0.05\sim0.25$ MPa。

（4）中间再热式汽轮机。新蒸汽在汽轮机前面若干级做功后，全部引至锅炉内再次加热到某一温度，然后回到汽轮机中继续做功，这种汽轮机称为中间再热式汽轮机。

2. 按工作原理分

（1）冲动式汽轮机。按冲动作用原理工作的汽轮机称为冲动式汽轮机。近代的冲动式汽轮机，蒸汽在动叶内部有一定程度的膨胀（在有一些级中甚至相当大），但是大部分的膨胀是在喷管中完成的，但习惯上仍称为冲动式汽轮机。

（2）反动式汽轮机。按反动作用原理工作（同时也按冲动作用原理工作）的汽轮机称为反动式汽轮机，蒸汽在喷管和动叶中的膨胀程度近似相等。

（3）冲动反动联合式汽轮机。有些级按冲动作用工作，有些级按反动作用工作。

3. 按进汽参数的高低分类

（1）低压汽轮机。新蒸汽压力小于 1.5MPa。

（2）中压汽轮机。新蒸汽压力为 2～4MPa。

（3）高压汽轮机。新蒸汽压力为 6～10MPa。

（4）超高压汽轮机。新蒸汽压力为 12～14MPa。

（5）亚临界参数汽轮机。新蒸汽压力为 16～18MPa。

（6）超临界参数汽轮机。新蒸汽压力超过 22.16MPa（一般采用 24MPa）。

（7）优化超临界（又称超超临界）参数汽轮机。新蒸汽压力超过 25MPa。

4. 按蒸汽的流动方向分

（1）轴流式汽轮机。蒸汽主要是沿着轴向流动的汽轮机。

（2）辐流式汽轮机。蒸汽主要是沿着辐向（半径方向）流动的汽轮机。

（3）周流式汽轮机。蒸汽主要是沿着周向流动的汽轮机。

5. 按用途分类

（1）电站汽轮机。在火力发电厂中用于驱动发电机的汽轮机。

（2）工业汽轮机。用于工业企业中的固定式汽轮机统称为工业汽轮机，包括自备动力站发电用汽轮机（一般是等转速）和驱动水泵和风机等的汽轮机（一般是变转速）。

（3）船用汽轮机。用于船舶驱动螺旋桨的汽轮机。

除以上分类外，汽轮机还有一些分类方法，例如可以按汽缸的数目分为单缸、双缸和多缸的汽轮机；按汽轮机的轴数分为单轴、双轴和多轴汽轮机等。

（二）汽轮机型号

汽轮机种类很多，为了便于使用，通常用一些特定的符号来表示汽轮机的基本特性（热力特性、功率和蒸汽参数等），这些符号称为汽轮机的型号。

目前国产汽轮机采用的型号分为三组，即

| 热力特性或用途 | 功率 | — | 蒸汽参数 | — | 设计序号 |

第一组用汉语拼音符号表示汽轮机的热力特性或用途，其意义见表 1－1，汉语拼音符号后面的数字表示汽轮机的额定功率，单位为 MW。

表 1－1　　　　　　　　　　汽轮机热力特性或用途的代号表

代 号	N	B	C	CC	CB	H	Y
形 式	凝汽式	背压式	一次调节抽汽式	二次调节抽汽式	抽汽背压式	船用	移动式

第二组的数字又分为几组，其间用斜线分开，各组数字所表示的意义见表 1－2。表中所用单位：汽压——MPa；汽温——摄氏温度（℃）。

第三组的数字表示设计序号，若为按原型制造的汽轮机，型号默认为 1，可以省略。

汽轮机类型	蒸汽参数表示方法
凝汽式	新蒸汽压力/新蒸汽温度
中间再热式	新蒸汽压力/新蒸汽温度/中间再热温度
背压式	新蒸汽压力/背压
一次调节抽汽式	新蒸汽压力/调节抽汽压力
二次调节抽汽式	蒸汽压力/高压抽汽压力/低压抽汽压力
抽汽背压式	新蒸汽压力/抽汽压力/背压

表 1-2 **蒸汽参数的表示方法**

范例：

（1）N100-8.82/535：表示凝汽式，额定功率为 100MW，新蒸汽压力为 8.82MPa，新蒸汽温度为 535℃。

（2）N300-16.7/537/537：表示带有中间再热的凝汽式，额定功率为 300MW，新蒸汽压力为 16.7 MPa，新蒸汽的温度为 537℃，中间再热蒸汽温度为 537℃。

（3）B50-8.82/0.98：表示背压式，额定功率为 50MW，新蒸汽压力为 8.82MPa，背压为 0.98MPa。

（4）C50-8.82/0.118：表示一次调节抽汽式，额定功率为 50MW，新蒸汽压力为 8.82MPa，调节抽汽压力为 0.118 MPa。

（5）CC12-3.43/0.98/0.118：表示二次调节抽汽式，额定功率为 12MW，新蒸汽压力为 3.43 MPa，高压抽汽压力为 0.98 MPa，低压抽汽压力为 0.118 MPa。

（6）CB25-8.82/1.47/0.49：表示抽汽背压式，额定功率为 25MW，新蒸汽压力为 8.82 MPa，抽汽压力为 1.47 MPa，背压为 0.49 MPa。

能力训练

1. 解释冲动作用原理和反动作用原理。
2. 按热力过程特性可将汽轮机分为哪几类？
3. 多级冲动式汽轮机和多级反动式汽轮机在结构上有什么区别？
4. 说明下列汽轮机型号的含义：N300-16.7/537/537，CC12-3.43/0.98/0.118。

任务二 蒸汽在喷管中的流动

任务目标

理解蒸汽在喷嘴中的膨胀过程，能计算蒸汽在喷嘴出口的流动速度及喷嘴损失。

知识准备

汽轮机是将蒸汽热能转变为转子机械能的动力装置。组成汽轮机的基本做功单元称为汽轮机的级，简称为级。汽轮机的级按其组成有单列级和速度级之分，单列级有一列喷管（静叶）和其后相配套的一列动叶组成，速度级则是由一列喷管和其后装在同一个叶轮上的两列动叶以及装在汽缸上的一列导向叶片组成。

喷管和动叶的流道都是由弯曲壁面构成的。由于蒸汽在这些流道中的实际流动情况比较复杂，为了讨论方便，假设蒸汽在喷管和动叶流道中的流动是：

（1）稳定流动：即蒸汽在流道中任一点的参数不随时间变化。

（2）一元流动：即蒸汽在流道中的参数只沿流动方向变化，而在垂直于流道的方向是相同的。

（3）绝热流动：即认为蒸汽在流道中流动速度很高，因而流经流道的时间极短，来不及与壁面产生热量交换。

按照上述假定，即可将蒸汽在喷管和动叶流道中的流动认为是一元稳定绝热流动。这样，不仅简单易懂，而且当用其说明和计算汽轮机中的能量转变过程和变工况特性时，对于大多数汽轮机的级特别是那些相对高度较小的高、中压级来讲已足够精确。考虑到实际汽流的不均匀性，在分析或计算时各个参数均用级的平均直径处的数值来表示。

蒸汽流经级时，将热能转换成机械能，因此，研究级的工作原理就是研究蒸汽流经喷管和动叶时的能量转换过程、特点以及它们之间的数量关系。

喷管是将蒸汽的热能转化为动能的具有特定形状的流道。蒸汽流经喷管时产生膨胀，其压力、温度和焓降低，速度和比体积增加，将蒸汽的热能转化为动能。

一、蒸汽在喷管中的膨胀过程

（一）滞止状态与滞止参数

在汽轮机的多数级中，喷管入口的初速度是不可忽略的，为了便于分析计算，引入滞止状态和滞止参数概念。所谓滞止状态就是假想汽流被等熵滞止到初速度等于零的状态。滞止状态点记为"0^*"点，此状态下的参数被称为滞止参数。与喷管入口实际状态参数 p_0、t_0、h_0 相应的滞止参数为 p_0^*、t_0^*、h_0^*，由已知的 p_0、t_0、λ_0、c_0 便可求得滞止焓，即

$$h_0^* = h_0 + \frac{c_0^2}{2} \qquad (1-1)$$

在 $h-s$ 图上，从初状态点"0"向上等熵滞止截取 $\frac{c_0^2}{2}$ 数值，即得到"0^*"点，进而由 0^* 查出 p_0^*、t_0^* 数值，见图 1-8。

（二）蒸汽在喷管中的膨胀过程

蒸汽在喷管中没有损失的理想流动为一等熵过程，有损失的实际流动为一熵增过程。

蒸汽在喷管中膨胀的热力过程如图 1-9 所示。

0 点是喷管前蒸汽状态点，0^* 点是滞止状态点。初压力 p_0，初焓 h_0 的蒸汽，以 c_0 的初速度进入喷管膨胀至 p_1 压力。如果不考虑损失，膨胀沿等熵线 0-1t 进行，喷管出口理想状态点为 1t 点，对应的焓值为 h_{1t}，喷管的理想焓降为 Δh_{1t}，喷管的理想滞止焓降为 Δh_{1t}^*。若考虑损失，膨胀沿 0-1 线进行。1 点在 $h-s$ 图上的准确位置取决于损失的大小。

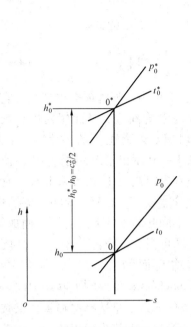

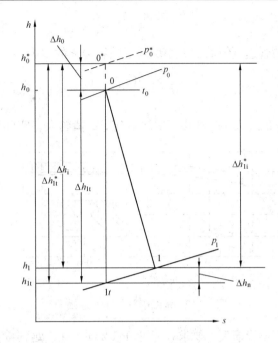

图 1-8 蒸汽滞止状态和滞止参数　　　　图 1-9 蒸汽在喷管中膨胀的热力过程线

二、蒸汽在喷管中的流动速度

（一）喷管出口的理想流动

在已知喷管入口参数和出口压力时，对喷管进行计算。因喷管是不动的，因而蒸汽流经喷管时不对外做功，又因蒸汽在喷管中的理想流动为一等熵过程，则喷管进出口的能量方程式为

$$h_0 + \frac{c_0^2}{2} = h_{1t} + \frac{c_{1t}^2}{2} \qquad (1-2)$$

由此知喷管出口的理想速度为

$$c_{1t} = \sqrt{2(h_0 - h_{1t}) + c_0^2} = \sqrt{2\Delta h_{1t} + c_0^2} = \sqrt{2(h_0^* - h_{1t})} = \sqrt{2\Delta h_{1t}^*} \qquad (1-3)$$

（二）喷管出口的实际速度及速度系数

蒸汽在喷管中的实际流动由于摩擦等原因造成一部分能量损失，使得喷管出口蒸汽实际速度 c_1 低于理想速度 c_{1t}，损失的这部分动能又重新转变成热能被流动的蒸汽吸收，所以出口的焓值升高。实际速度 c_1 的计算式为

$$c_1 = \sqrt{2(h_0^* - h_1)} = \sqrt{2\Delta h_{1i}^*} \qquad (1-4)$$

在实际的计算中，h_1 不能事先确定，利用式（1-4）计算就有困难，一般采用如下方法计算。

令 $\varphi = \dfrac{c_1}{c_{1t}}$，称之为喷管的速度系数，表示喷管出口蒸汽速度减小的程度。当 φ 为已知时，喷管出口的实际速度则为

$$c_1 = \varphi c_{1t} = \varphi \sqrt{2\Delta h_{1t}^*} \qquad (1-5)$$

喷管速度系数的大小反映了喷管损失的多少，它与喷管损失 Δh_n 的关系为

$$\Delta h_n = \frac{1}{2}c_{1t}^2 - \frac{1}{2}c_1^2 = (1-\varphi^2)\frac{c_{1t}^2}{2} = \left(\frac{1}{\varphi^2}-1\right)\frac{c_1^2}{2} \qquad (1-6)$$

φ 值的大小一般由试验来确定，φ 值越大，实际出口速度越高，喷管损失也越小，它主

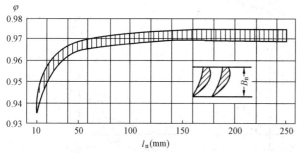

图 1 - 10　渐缩喷管的速度系数

要与喷管高度、表面粗糙度、汽道形状以及流速等许多因素有关。图 1 - 10 示出了渐缩喷管的 φ 值与喷管出口高度 l_n 的关系曲线。它是喷管宽度 B_n 在 55 ~ 80mm 范围内，在不同叶高条件下试验绘制而成的。由图可见，φ 值随喷管出口高度 l_n 的增高而增加，当 l_n 小于 10 ~ 12mm 时，φ 值急剧下降。因此，为

了减少喷管损失，要求 l_n 不小于 12mm；在满足强度要求条件下，尽量选择窄喷管，以减少损失。φ 的大小除与喷管高度和宽度密切相关外，还与汽道形状、喷管表面粗糙度、流动速度等诸多因素有关。φ 值一般在 0.95 ~ 0.98，为了计算方便，可取 $\varphi = 0.97$，把与 l_n 有关的损失另用经验公式计算。

（三）流经喷管的流量

当不考虑流动损失时，通过喷管的理想流量为

$$G_{nt} = A_n \frac{c_{1t}}{v_{1t}} \qquad (1-7)$$

通过喷管的实际流量为

$$G_n = A_n \frac{c_1}{v_1} \qquad (1-8)$$

式中　A_n——喷管出口截面积；

v_{1t}、v_1——喷管出口蒸汽的理想比体积和实际比体积。

另 $\mu = \dfrac{G_n}{G_{nt}}$ 为流量系数，将式（1-7）和式（1-8）代入得

$$\mu = \frac{A_n c_1/v_1}{A_n c_{1t}/v_{1t}} = \frac{c_1}{c_{1t}} \frac{v_{1t}}{v_1} = \varphi \frac{v_{1t}}{v_1} \qquad (1-9)$$

由此式可以看出，μ 值不仅与 φ 值有关，还与流动损失时的容积变化有关，即与蒸汽状态有关。图 1 - 11 给出了喷管和动叶流量系数曲线，流动损失越大，φ 值越低，v_1 与 v_{1t} 相差越大，因而 φ 与 μ 的差别也相应加大。

蒸汽在过热区膨胀时，流动损失转换成热能加热了蒸汽，使 $v_1 > v_{1t}$，即 $\dfrac{v_{1t}}{v_1} < 1$，而 $\varphi < 1$，故流量系数 $\mu < 1$，且过热区流动损失引起的比体积变化较小，所以 μ 基本

不变。

但当蒸汽在湿蒸汽区膨胀时，由于蒸汽的流速很高，流过喷管的时间极短，使本来应该凝结成水珠的那部分蒸汽来不及凝结，形成过饱和状态（又称过冷状态），其实际比体积 v_1 反而小于理想比体积 v_{1t}，即 $\dfrac{v_{1t}}{v_1} > 1$，因而有可能出现 $\mu > 1$ 的情况。当 $\mu < 1$ 时，实际流量小于理想流量；当 $\mu > 1$ 时，实际流量大于理想流量。

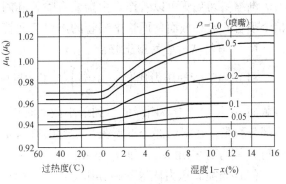

图 1 – 11 流量系数曲线

已知在理想流动时通过喷管的临界流量为

过热蒸汽（$\mu = 0.97$） $G_{ct} = 0.667 A_{min} \sqrt{\dfrac{p_0^*}{v_0^*}}$

饱和蒸汽（$\mu = 1.02$） $G_{ct} = 0.637 A_{min} \sqrt{\dfrac{p_0^*}{v_0^*}}$

而实际的临界流量为 $G_c = \mu G_{ct}$。

由于饱和蒸汽的 μ 值比过热蒸汽大，故两者的实际临界流量相互接近。试验指出，不论是过热蒸汽还是饱和蒸汽，通过喷管的实际临界流量都是

$$G_c = 0.65 A_{min} \sqrt{\dfrac{p_0^*}{v_0^*}} \qquad (1 - 10)$$

实际临界流量的大小仍取决于滞止参数。

三、蒸汽在渐缩斜切喷管中的膨胀

在汽轮机中，为了保证喷管出口汽流按良好方向进入动叶汽道，喷管出口部分都有一段斜切部分 abc，这种喷管称为斜切喷管，见图 1 – 12 （a）。α_{1g} 为喷管出口结构角，即喷管出口的中心线与动叶运动方向间的夹角。α_1 为喷管出口射汽角，即喷管出口汽流速度方向与动叶运动方向的夹角，t_n 为喷管节距。

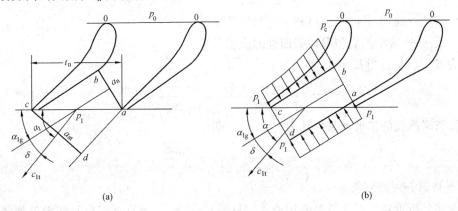

(a)   (b)

图 1 – 12 蒸汽在斜切喷管中膨胀

（a）斜切部分几何尺寸；（b）斜切部分压力分布

渐缩斜切喷管可以看作是由渐缩直喷管和斜切部分组成。渐缩直喷管的出口截面 ab 是整个喷管的最小截面，而整个喷管的出口截面就是斜切部分的出口截面 ac。

1. 渐缩斜切喷管的膨胀特点

（1）当喷管的压力比 $\left(\varepsilon_n = \dfrac{p_1}{p_0^*}\right)$ 大于临界压力比 $\left(\varepsilon_c = \dfrac{p_c}{p_0^*}\right)$ 时，即 $\varepsilon_n > \varepsilon_c$。蒸汽从进口截面 00 开始压力不断降低，到最小截面时压力已降至 p_1，与出口截面相等，蒸汽只在渐缩部分膨胀，在斜切部分不膨胀，喷管出口速度 $c_1 < c_c$（临界速度），获得亚声速汽流，射汽角 α_1 等于结构角 α_{1g}，即 $\alpha_1 = \alpha_{1g}$。

（2）当喷管压力比等于临界压力比时，即 $\varepsilon_n = \varepsilon_c$。情况与上相同，但此时最小截面的压力已达临界压力 p_c，且 $c_1 = c_c$，获得声速汽流。

（3）当喷管压力比小于临界压力比时，即 $\varepsilon_n < \varepsilon_c$。在最小截面上保持临界压力，而出口截面上的压力为 p_1，且 $p_1 < p_c$。故在斜切部分内蒸汽要继续膨胀，从而 $c_1 > c_c$，获得超声速汽流。同时汽流在斜切部分将偏离中心线而产生偏转，使 $\alpha_1 = \alpha_{1g} + \delta$，即 $\alpha_1 > \alpha_{1g}$。δ 称斜切喷管的汽流偏转角（见图 1 – 12）。

关于汽流偏转的原因可作如下解释：渐缩斜切喷管只相当于一个不完整的缩放喷管，蒸汽在斜切部分膨胀时，最小截面上的压力为 p_c，而出口截面上压力为 p_1。a 点之后因无喷管壁面，其压力由 p_c 骤降至 p_1，之后保持 p_1 压力流动，而 bc 侧汽流压力从 p_c 逐渐降至 p_1，两侧压力分布见图 1 – 12（b）。由于两侧压力分布不均，汽流偏转 δ。膨胀程度越大，偏转角越大。

2. 汽流偏转角的计算

若将蒸汽在斜切部分的流动看成一元流动，汽流偏转角 δ 可以近似地由连续流动方程式求得，在喷管的最小截面上有

$$G_c = \mu_c \frac{A_n c_c}{v_{ct}} = \mu_c \frac{l_n t_n c_c \sin\alpha_{1g}}{v_{ct}}$$

在喷管出口截面上有

$$G_1 = \mu_1 \frac{A_1 c_{1t}}{v_{1t}} = \mu_1 \frac{l_n t_n c_{1t} \sin(\alpha_{1g} + \delta)}{v_{1t}}$$

式中　l_n、l_1——最小截面和出口截面处的喷管高度；

　　　μ_c、μ_1——最小截面和出口截面处的流量系数。

因为 $G_c = G_1$，当 $\mu_c \approx \mu_1$ 时，

$$\frac{\sin(\alpha_{1g} + \delta)}{\sin\alpha_{1g}} = \frac{l_n c_c v_{1t}}{l_1 c_{1t} v_{ct}}$$

如果忽略汽流的扩散现象，认为 $l_1 = l_n$，则

$$\sin\alpha_1 = \sin(\alpha_{1g} + \delta) = \frac{v_{1t}}{v_{ct}} \frac{c_c}{c_{1t}} \sin\alpha_{1g} \qquad (1 – 11)$$

3. 斜切部分的膨胀极限

由上述分析可知，对于渐缩斜切喷管，只要 $p_1 < p_c$，蒸汽就将在斜切部分膨胀，汽流发生偏转；若进一步降低 p_1，蒸汽在斜切部分也进一步膨胀，速度进一步增加，偏转角也进一步增大。但蒸汽在斜切部分的膨胀不是无限度的，当喷管斜切部分利用完毕时，再降低

p_1 将在喷管外发生膨胀，造成能量损失。

渐缩斜切喷管所能膨胀到的最低压力为极限压力 p_{11}，对应的压力比为极限压力比 $\varepsilon_{nl} = \dfrac{p_{11}}{p_0^*}$。因此，只有当 $\varepsilon_n > \varepsilon_{nl}$ 时，采用渐缩斜切喷管才合理。

极限压力比可用下式求得：

$$\varepsilon_{nl} = \left(\frac{2}{\kappa + 1}\right)^{\frac{\kappa}{\kappa - 1}} (\sin\alpha_{1g})^{\frac{2\kappa}{\kappa + 1}} \qquad (1-12)$$

式中 κ——等熵指数。

由式（1-12）可知，极限压力比 ε_{nl} 与喷管出口角 α_{1g} 有关。α_{1g} 越小，ε_{nl} 就越小，蒸汽在斜切部分的膨胀极限越低，一般 $\alpha_{1g} = 10° \sim 20°$。

由于蒸汽在渐缩斜切喷管中能够膨胀到低于临界压力，获得超声速汽流，因而扩大了它的应用范围。特别是它具有制造工艺比缩放喷管简单和在变工况时它比缩放喷管工作稳定的优点，因此在实际应用中尽可能用渐缩斜切喷管代替缩放喷管，只有在特殊情况下（$\varepsilon_n < 0.3$）时，才不得已采用缩放喷管。

四、渐缩斜切喷管的尺寸计算

将连续性方程式用于喷管出口截面处，就可求出通过蒸汽流量为 G_n 时，需要的喷管出口截面积 A_n，即

$$A_n = \frac{G_n v_{1t}}{\mu_n c_{1t}} \text{ 或 } A_n = \frac{G_c}{0.65\sqrt{\dfrac{p_0^*}{v^*}}} \qquad (1-13)$$

喷管是布置在通流部分的圆周上的，若喷管连续布满整个圆周，这种进汽方式称为全周进汽；若喷管只布置在某个弧段内，则这种进汽方式称为部分进汽，如图 1-13 所示。在平均直径处装有喷管的弧长与整个圆周周长之比，称为级的部分进汽度 e，即

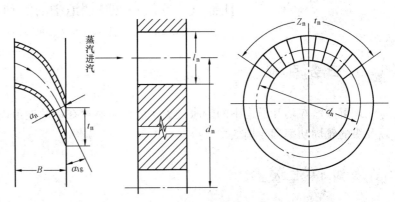

图 1-13　渐缩斜切喷管的尺寸表示

$$e = \frac{z_n t_n}{\pi d_n} \qquad (1-14)$$

式中 d_n——喷管的平均直径；

z_n——喷管数目；

t_n——喷管节距。

由于喷管布置在圆周上，其出口截面积应为

$$A_n = z_n l_n a_n = z_n l_n t_n \sin\alpha_{1g} = e\pi d_n l_n \sin\alpha_{1g} \qquad (1-15)$$

式中 l_n——喷管出口高度；

a_n——喷管出口宽度。

式（1-13）和式（1-15）应相等，故

$$l_n = \frac{G_n v_{1t}}{\mu_n e \pi d_n c_{1t} \sin\alpha_{1g}} \text{ 或 } l_n = \frac{G_c}{0.65 \sqrt{\dfrac{p_0^*}{v^*}} e \pi d_n \sin\alpha_{1g}} \tag{1-16}$$

首先用 $e = 1$ 代入式（1-16）来计算喷管高度，l_n 不应小于 $10 \sim 12$ mm。否则将考虑采取部分进汽度 $e < 1$ 来增大 l_n，但 e 也不能小于 $0.15 \sim 0.3$，以免造成较大的损失。在小型汽轮机中，由于流量较小，e 和 l_n 都低于最小值，此时常采用减少平均直径的办法来提高 e 和 l_n。对于调节级，最大的部分进汽度 e 一般也只能达到 0.8。

一般喷管出口角 α_{1g} 在 $11° \sim 20°$ 范围内选取，对多级汽轮机的高压级，为了使 l_n 不致太小，可选用较小的 α_{1g}，而对中低压级，为了使 l_n 不致太大，可选用较大的 α_{1g}。

能 力 训 练

已知喷嘴进口蒸汽压力 $p_0 = 8.5$ MPa，温度 $t_0 = 490℃$，初速 $c_0 = 50$ m/s，喷嘴后压力 $p_1 = 5.8$ MPa，试求：

（1）喷嘴前蒸汽滞止焓、滞止压力；

（2）当喷嘴速度系数 $\varphi = 0.97$ 时，喷嘴出口的理想速度 c_{1t} 和实际速度 c_1；

（3）喷嘴出口压力由 5.8 MPa 降至临界压力时的临界速度 c_c。

任务三　蒸汽在动叶通道中的流动

任 务 目 标

理解蒸汽在动叶通道中的膨胀过程，能计算蒸汽在动叶通道出口的流动速度、动叶损失以及级的轮周功率和轮周效率。

知 识 准 备

一、蒸汽在动叶片中的能量转换

动叶片实际上可以看成"旋转的喷管"，只要将蒸汽在喷管中以汽缸作为参考系的流动速度 c（称为绝对速度）换成在动叶流道中以运动着的动叶片本身为参考系的速度 w（称为相对速度），则前面在喷管一节中所建立的概念和规律可以应用于动叶片。

现代汽轮机中，为了改善蒸汽在动叶栅汽道内的流动状态，以减少流动损失，在汽轮机设计中，都会考虑蒸汽流经动叶栅时，也要进行一定的膨胀。通常用级的反动度来衡量蒸汽在动叶栅中的膨胀程度。级的热力过程如图 1-14 所示。图中 0、0^*、1^* 及 1 分别为级的入口状态点、级的入口滞止状态点、动叶入口滞止状态点和动叶入口状态点；$2t'$、$2t$ 分别为级的出口理想状态点和动叶出口理想状态点；1、2 分别为喷管出口和动叶出口实际状态点；

Δh_t、Δh_t^* 分别为级的理想焓降和理想滞止焓降；Δh_1t^* 为喷管的理想滞止焓降；$\Delta h_\mathrm{2t}'$ 为不考虑喷管损失时的动叶理想焓降；Δh_2t 为考虑喷管损失时的动叶理想焓降；Δh_n、Δh_b 分别为喷管和动叶损失。显然，Δh_2t 稍大于 $\Delta h_\mathrm{2t}'$，但大的不多，可认为 $\Delta h_\mathrm{2t} \approx \Delta h_\mathrm{2t}'$，故

$$\Delta h_\mathrm{t}^* = \Delta h_\mathrm{1t}^* + \Delta h_\mathrm{2t}' \quad (1-17)$$

蒸汽在动叶中的理想焓降与级的理想滞止焓降之比称为级的反动度，以 ρ 表示，即

$$\rho = \frac{\Delta h_\mathrm{2t}}{\Delta h_\mathrm{t}^*} \quad (1-18)$$

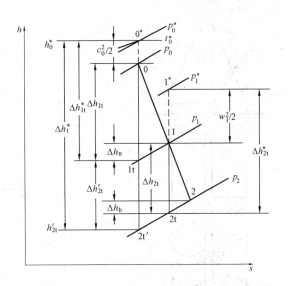

图 1 – 14　级的热力过程

显然，级的反动度越大，动叶片中的焓降就越大。

按照不同的反动度，汽轮机的级可分为下列类型：

（1）纯冲动级。当级的反动度 $\rho = 0$ 时，称为纯冲动级，如图 1 – 15 所示。级内能量的转换特点是：蒸汽只在喷管中发生膨胀，在动叶中不膨胀（$\Delta h_\mathrm{2t} = 0$），只改变运动方向。则级的焓降等于喷管中的焓降，即 $\Delta h_\mathrm{1t}^* = \Delta h_\mathrm{t}^*$。喷管出口的压力等于动叶出口的压力，即 $p_1 = p_2$。纯冲动级的结构特点是，动叶的进口和出口的截面接近相等，叶型对称弯曲。

（2）反动级。级的反动度 $\rho = 0.5$ 时，称为反动级，如图 1 – 16 所示。级内能量转化特点是：蒸汽在喷管和动叶中的膨胀程度相等，其焓降相等，$p_1 > p_2$。反动级的结构特点是，喷管和动叶的形状相同，流道均为收缩型。由这种级组成的汽轮机成为反动式汽轮机。

（3）带有反动度的冲动级。当级的反动度 $\rho = 0.15$ 左右时，称带有反动度的冲动级，简称冲动级，如图 1 – 17 所示。级内能量转换特点是，蒸汽在动叶中有一定的膨胀，但小于在喷管中的膨胀量，蒸汽对动叶的作用力以冲动力为主，因此有 $p_1 > p_2$，$\Delta h_\mathrm{2t} > 0$。动叶的结构介于纯冲动级和反动级之间。由这种级构成的汽轮机称为冲动式汽轮机，高压级反动度较小，低压级反动度较大。

二、动叶进出口速度三角形

动叶片本身在做匀速圆周运动，其圆周速度 u 可由下式确定：

$$u = \frac{\pi d_\mathrm{b} n}{60} \quad (1-19)$$

式中　d_b——动叶片的平均直径，m；

　　　n——汽轮机的转速，r/min。

由于参考坐标的不同，同一股汽流其速度的大小和方向是不同的。蒸汽相对静止喷管的速度为绝对速度 c，相对于运动动叶的速度为相对速度 w，动叶本身的圆周速度为 u，由力学知它们之间的关系为

$$\vec{c} = \vec{w} + \vec{u}$$

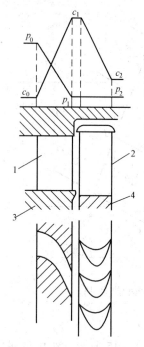 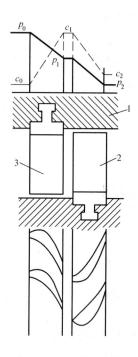 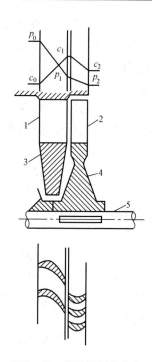

图 1-15　纯冲动级中蒸汽
压力和速度变化示意图
1—喷管；2—动叶；
3—隔板；4—叶轮

图 1-16　反动级中蒸汽
压力和速度变化示意图
1—静叶持环；2—动
叶；3—喷管

图 1-17　带反动度的冲动
级中蒸汽压力和速度
变化示意图
1—喷管；2—动叶；3—隔板；
4—叶轮；5—轴

上式各量的关系，可由矢量三角形确定。在汽轮机中，这种三角形称速度三角形，只有这些速度三角形确定之后，才能进一步去探讨汽轮机的功率和效率。

由已知条件求解未知量的过程，一般有两种：一种为图解法，就是按比例绘图量取，但不够准确；另一种解析法是利用三角形定理计算出未知量，此方法较为简单、普遍，故得到了广泛应用。图 1-18 示出了动叶进出口速度三角形。

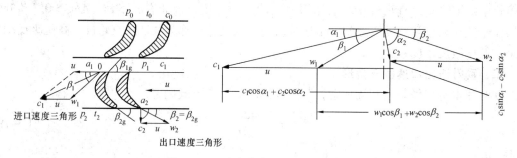

图 1-18　动叶进出口的速度三角形

（一）动叶进口速度三角形

由喷管计算可求出蒸汽在喷管出口处的绝对速度 c_1 的大小和方向角 α_1（$\alpha_1 = \alpha_{1g} + \delta$）。利用图 1-18 中的入口速度三角形，可求出动叶入口相对速度的大小和方向，即用余弦定理求得 w_1：

$$w_1 = \sqrt{c_1^2 + u^2 - 2c_1 u \cos\alpha_1} \qquad (1-20)$$

用正弦定理求方向角 β_1：

$$\beta_1 = \arcsin \frac{c_1 \sin\alpha_1}{w_1} = \arctan \frac{c_1 \sin\alpha_1}{c_1 \cos\alpha_1 - u} \qquad (1-21)$$

式中 β_1——动叶片的相对进汽角，是进口相对速度与动叶运动方向之间的夹角。

为了使汽流顺利无撞击地进入动叶片，应使动叶片的进口结构角 $\beta_{1g} = \beta_1$。

（二）动叶出口速度三角形

动叶片既然可以看作是"旋转的喷管"，则动叶片的出口理想相对速度 w_{2t} 与喷管出口的理想速度 c_{1t} 的计算类似，即

$$w_{2t} = \sqrt{2\Delta h_{2t} + w_1^2} = \sqrt{2\rho\Delta h_t^* + w_1^2} \qquad (1-22)$$

对纯冲动级 $\rho = 0$，则 $w_1 = w_{2t}$，当 $\rho > 0$ 时，则 $w_{2t} > w_1$。

实际上，蒸汽流经动叶时，是要产生损失的，该损失使动叶出口实际相对速度降低，即 $w_2 < w_{2t}$。动叶出口处蒸汽速度降低的程度用动叶速度系数 ψ 表示，即

$$\psi = \frac{w_2}{w_{2t}}$$

动叶出口的实际相对速度应为

$$w_2 = \psi w_{2t} = \psi \sqrt{2\Delta h_{2t} + w_1^2} \qquad (1-23)$$

出口相对速度 w_2 与动叶运动方向之间的夹角，称为动叶的相对排汽角 β_2。β_2 的大小是由动叶排汽结构角 β_{2g} 决定的，一般，$\beta_2 = \beta_{2g}$。而 β_{2g} 的选取是根据蒸汽在动叶的膨胀程度来确定的：对于纯冲动级，则 $\beta_{2g} = \beta_{1g}$；对于反动度不大的冲动级，通常取 $\beta_{2g} = \beta_{1g} - (3° \sim 5°)$；对于反动级，则 $\beta_{2g} = \alpha_{1g}$。

根据求得的 w_2、β_2 和圆周速度 u，利用图 1-18，可求出动叶出口绝对速度 c_2 的大小和方向，即

$$c_2 = \sqrt{w_2^2 + u_2^2 - 2w_2 u \cos\beta_2} \qquad (1-24)$$

$$\alpha_2 = \arcsin \frac{w_2 \sin\beta_2}{c_2} = \arctan \frac{w_2 \sin\beta_2}{w_2 \cos\beta_2 - u} \qquad (1-25)$$

对于本级来说，c_2 所具有的动能已不能被利用，称为本级的余速动能损失 Δh_{c2}，即 $\Delta h_{c2} = \frac{1}{2}c_2^2$。

动叶速度系数 ψ 主要与叶型、动叶高度、动叶进出口角、反动度及表面粗糙度等因素有关，叶高及反动度对其影响尤其大。其值由试验确定，通常取 $\psi = 0.85 \sim 0.95$。图 1-19 给出了冲动级、反动级的动叶速度系数与叶高及反动度的关系曲线。

单位质量的蒸汽在动叶中流动的能量损失称为动叶损失 Δh_b，Δh_b 可用下式计算：

$$\Delta h_b = \frac{1}{2}w_{2t}^2 - \frac{1}{2}w_2^2 = (1-\psi^2)\frac{w_{2t}^2}{2} = \left(\frac{1}{\psi^2}-1\right)\frac{w_2^2}{2} \qquad (1-26)$$

三、轮周功率和轮周效率

（一）蒸汽作用在动叶片上的作用力

汽流在弯曲的动叶片内的转向和加速，是受到动叶片给汽流的反作用力和叶道两边压力差 $p_1 - p_2$ 作用的结果。如果令 F' 表示动叶片作用在汽流上的合力，则汽流作用在动叶片上的力 F 与 F' 大小相等，方向相反。

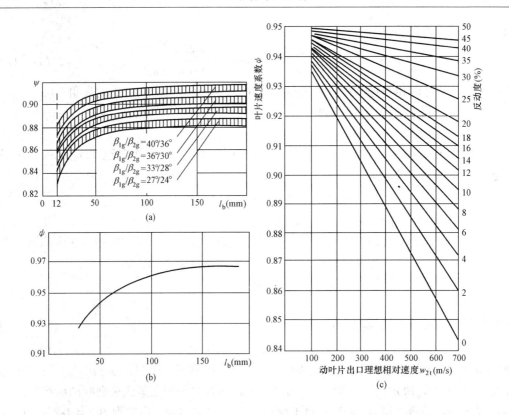

图 1 - 19　动叶速度系数 ψ 曲线

（a）冲动级；（b）反动级；（c）动叶出口理想相对速度 w_{2t}

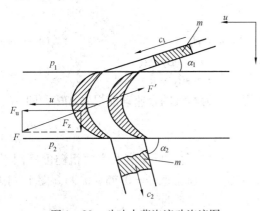

图 1 - 20　动叶中蒸汽流动汽流图

蒸汽作用在动叶片上的力 F 通常可以分解为沿动叶运动方向的圆周力 F_u 和与动叶运动方向垂直的轴向力 F_z。圆周力推动叶轮旋转做功，轴向力使转子产生由高压侧向低压侧移动的趋势。这两个分力都可以用动量方程求得，如图 1 - 20 所示。假定在 δt 时间内有质量为 m 的蒸汽以速度 c_1 流进动叶片，当为稳定流动时，则仍有 m 质量的蒸汽但以速度 c_2 流出动叶片。这时蒸汽的动量发生了变化，说明蒸汽受到了力的作用。根据动量定理，蒸汽动量的改变等于动叶对汽流作用力的冲量。

1. 圆周力 F_u

设圆周速度方向为正方向，蒸汽在圆周速度方向的动量改变量应等于圆周方向的冲量，即

$$F'_u \delta t = m(-c_{2u} - c_{1u})$$

$$F'_u = -\frac{m}{\delta t}(c_{1u} + c_{2u}) = -G(c_1 \cos\alpha_1 + c_2 \cos\alpha_2)$$

式中　G——质量流量，$G = \dfrac{m}{\delta t}$，kg/s。

则由牛顿第三定律可知动叶所受的圆周力 F_u 为

$$F_u = -F'_u = G(c_1\cos\alpha_1 + c_2\cos\alpha_2) \qquad (1-27)$$

2. 轴向力 F_z

设由动叶片前向动叶片后为正方向，蒸汽在轴向上所受的总力为流道壁对蒸汽的轴向反作用力 F'_z 与动叶片前后压差所产生的力 $A_b(p_1 - p_2)$ 之和，其中 A_b 是动叶流道的轴向投影面积。蒸汽在轴向的动量改变量应等于轴向的作用冲量，即

$$[F'_z + A_b(p_1 - p_2)]\delta t = m(c_{2z} - c_{1z})$$

$$F'_z = -\frac{m}{\delta t}(c_{1z} - c_{2z}) - A_b(p_1 - p_2)$$

故　　　　　$$F_z = -F'_z = G(c_1\sin\alpha_1 - c_2\sin\alpha_2) + A_b(p_1 - p_2) \qquad (1-28)$$

（二）级的轮周功率

汽流的圆周力在单位时间内对动叶所做的功，称为级的轮周功率。可由下式求得：

$$P_u = F_u u = Gu(c_1\cos\alpha_1 + c_2\cos\alpha_2) \qquad (1-29)$$

根据速度三角形应用余弦定理上式又可以写成

$$P_u = \frac{G}{2}[(c_1^2 - c_2^2) + (w_2^2 - w_1^2)] \qquad (1-30)$$

分析上式可以看出，$\dfrac{Gc_1^2}{2}$ 为蒸汽带入动叶片的动能；$\left(-\dfrac{Gc_2^2}{2}\right)$ 为蒸汽带出动叶片的动能；$\dfrac{G}{2}(w_2^2 - w_1^2)$ 为蒸汽在动叶片中因理想焓降 Δh_{2t} 而造成的实际动能的增加。轮周功率就是以上各项能量的代数和。

单位质量的蒸汽（1kg）所做的功为轮周功，用 W 表示：

$$W = \frac{P_u}{G} = u(c_1\cos\alpha_1 + c_2\cos\alpha_2) \qquad (1-31)$$

上式还可以写成

$$W = \frac{1}{2}[(c_1^2 - c_2^2) + (w_2^2 - w_1^2)] \qquad (1-32)$$

（三）级的轮周效率

1kg 蒸汽在级中所做的轮周功 W 与该级的理想能量 E_0 的比值称级的轮周效率，即

$$\eta_u = \frac{W}{E_0} \qquad (1-33)$$

级的理想能量 E_0 包括级的理想焓降 Δh_t 和本级进口处蒸汽所具有的动能 $\dfrac{1}{2}c_0^2$。实际上，$\dfrac{1}{2}c_0^2$ 就是上级的余速动能损失被本级所利用的部分，可以写成 $\xi_0\Delta h_{c0}$（Δh_{c0} 为上级全部的余速损失，ξ_0 为本级利用上级余速的系数，称为余速利用系数）。若本级的余速损失中有 $\xi_2\Delta h_{c2}$ 能为下级利用时（ξ_2 为下级利用本级余速损失的系数），则理想能量中应扣除这部分能量，即

$$E_0 = \xi_0 \Delta h_{c0} + \Delta h_t - \xi_2 \Delta h_{c2} = \Delta h_t^* - \xi_2 \Delta h_{c2} \qquad (1-34)$$

从级的理想能量 E_0 中扣除喷管、动叶、余速损失后，剩下的能量即转换成轮周功。所以轮周功 W 用能量形式可以表示为

$$W = E_0 - \Delta h_n - \Delta h_b - (1 - \xi_2) \Delta h_{c2}$$

代入式（1-33），则有

$$\eta_u = \frac{E_0 - \Delta h_n - \Delta h_b - (1 - \xi_2)\Delta h_{c2}}{E_0} = 1 - \zeta_n - \zeta_b - (1 - \xi_2)\zeta_{c2} \qquad (1-35)$$

式中　ζ_n、ζ_b、ζ_{c2}——喷管、动叶及余速能量损失系数。

若本级余速损失不被利用时，$\xi_2 = 0$，$E_0 = \Delta h_t^*$，则轮周效率的表达式为

$$\eta_u = \frac{\Delta h_t^* - \Delta h_n - \Delta h_b - \Delta h_{c2}}{\Delta h_t^*} = 1 - \zeta_n - \zeta_b - \zeta_{c2} \qquad (1-36)$$

综上所述：减少喷管损失、动叶损失和余速损失，可以提高汽轮机级的轮周效率。此外，在一定的余速损失情况下，若能设法利用这部分能量，亦可提高级的轮周效率。在多级汽轮机中，提高余速利用程度能提高轮周效率。反动式汽轮机级效率较高的原因，就是级与级之间的间隙较小，级的余速可以得到充分利用。

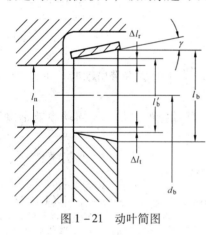

图 1-21　动叶简图

四、动叶的尺寸计算

图 1-21 为动叶简图。动叶进口高度 l_b' 一般是选择确定的。为了使喷管出来的蒸汽能全部进入动叶片，可使动叶片进口高度 l_b' 应稍大于喷管的出口高度 l_n，即 $l_b' > l_n$，其差值 Δl 称为盖度，即

$$\Delta l = l_b' - l_n = \Delta l_r + \Delta l_t$$

式中　Δl_r、Δl_t——动叶片的根部盖度、顶部盖度。

盖度不可过大，过大会使动叶片的两端产生涡流，降低动叶片的效率。一般当 $l_n \leq 100\text{mm}$ 时，$\Delta l_t = 2 \sim 2.5\text{mm}$、$\Delta l_r = 1\text{mm}$；当 $l_n > 100\text{mm}$ 时，$\Delta l_t = 3 \sim 4\text{mm}$、$\Delta l_r = 1.5 \sim 2\text{mm}$。

动叶出口尺寸可由动叶出口处连续方程式求得

$$A_b = \frac{G_b v_{2t}}{\mu_b w_{2t}} \qquad (1-37)$$

式中　A_b——动叶出口处截面积；

　　　μ_b——动叶流量系数，可由图 1-11 查得；

　　　G_b——通过动叶的蒸汽流量，若不考虑叶顶和叶根处的漏汽时，$G_b = G_n$。

动叶出口截面积布置在圆周上，与喷管对应的通汽部分面积为

$$A_b = e\pi d_b l_b \sin\beta_{2g} \qquad (1-38)$$

由式（1-37）和式（1-38）可得出动叶出口高度计算公式为

$$l_b = \frac{G_b v_{2t}}{\mu_b e\pi d_b w_{2t} \sin\beta_{2g}} \qquad (1-39)$$

式中 d_b 为动叶的平均直径，在汽轮机的高压区，喷管和动叶片的平均直径近似相等，可用级的平均直径 d_m 代替，但对于在低压区，由于蒸汽的比体积变化比较大，所以 $d_b \neq d_n$。

从工艺观点考虑，希望将动叶进、出口高度做成相等，$l'_b = l_b$，以便于制造。但是在低压区域工作的级，压力较低，反动度较大，比体积增加较快，所以动叶片的出口高度 l_b 比 l'_b 要大得多，使动叶片的端部形成扩散形，一般要求扩散角 γ 不大于 $15° \sim 25°$，否则易形成涡流，增大损失，当 l_b 比 l'_b 大得较多时，应考虑增大 β_{2g} 使 l_b 降低。

 能 力 训 练

已知某级的滞止理想焓降是 53.8kJ/kg，$\alpha_1 = 13°$，$\varphi = 0.97$，$\psi = 0.931$，$\beta_2 = \beta_1 - 3$，反动度 $\rho = 0.06$，动叶的平均直径为 1.002m，级的流量为 360t/h，$n = 3000\text{r/min}$。试求：

(1) 计算并画出级的速度三角形；

(2) 计算级的轮周功率和轮周效率；

(3) 画出整级的热力过程线，并标注 Δh_{2t}，Δh_n，Δh_b 及 Δh_{c2}。

任务四 速度比与轮周效率的关系

 任 务 目 标

理解速度比与轮周效率的关系及冲动级和反动级的特点。

知 识 准 备

动叶的圆周速度 u 与喷管出口实际速度 c_1 之比，称为级的速度比，用 x_1 表示，即

$$x_1 = \frac{u}{c_1}$$

速度比是一个很重要的数值，对级的效率有很大的影响。为了减少损失，提高效率，必须研究速度比与轮周效率之间的关系，从而找出最佳值。

一、纯冲动级的速度比与轮周效率的关系

（一）速度比对纯冲动级各项损失的影响

设有一纯冲动级，假定速度 c_1 和 α_1 不变，在不考虑动叶中流动损失时，则 $w_1 = w_2$，$\beta_1 = \beta_2$。考虑当速度比变化时（即 u 变化）对各项损失系数的影响。

1. 喷管损失系数 ζ_n

由于
$$\zeta_n = \frac{\Delta h_n}{\Delta h_t^*} = \frac{\frac{c_{1t}^2}{2}(1 - \varphi^2)}{c_{1t}^2 / 2} = 1 - \varphi^2$$

故喷管损失系数只取决于 φ 而与速度比无关。只要 φ 为定值，则 ζ_n 保持常量。

2. 动叶损失系数 ζ_b

由于
$$\zeta_b = \frac{1 - \psi^2}{\Delta h_t^*} \frac{w_1^2}{2}$$

故当 ψ、Δh_t^* 不变时，由图 1-22 可以看出，w_1 随 x_1 的增加（即 u 的增大）向右偏移而减少，即在冲动级中 ζ_b 随 x_1 的增大而减少。

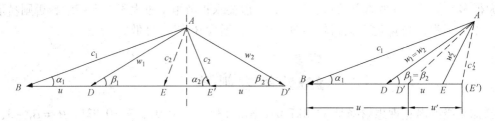

图 1-22　纯冲动级的速度三角形

3．余速损失系数 ζ_{c2}

由于

$$\zeta_{c2} = \frac{1}{\Delta h_t^*} \frac{c_2^2}{2}$$

故由图 1-22 可以看出，当 x_1 增大（即 u 的增大）时，c_2 向右偏移而减小。但至 c_2 垂直 BE 后再继续增大 x_1 时，c_2 就要增大。因此 ζ_{c2} 起初随 x_1 的增大而减小，减到最小后又随 x_1 的增大而增大，只有当 $\alpha_2 = 90°$ 时 ζ_{c2} 最小。

（二）速度比与轮周效率之间的关系

因 $\eta_u = 1 - \zeta_n - \zeta_b - \zeta_{c2}$，故将上述三项损失系数与速度比以 1 为基准逐个向下叠加绘于图 1-23 上，图中最下一条曲线即轮周效率与速度比之间的关系曲线。因在任意速度比下该线上的纵坐标都等于 $(1 - \zeta_n - \zeta_b - \zeta_{c2})$，这个坐标即 η_u。从图中还可以看出 η_u 的最大值出现在 $x_1 = 0.4 \sim 0.5$ 之间。这条曲线的函数表达式如下：

$$\eta_u = \frac{2u(c_1\cos\alpha_1 + c_2\cos\alpha_2)}{c_{1t}^2} = \frac{2u(w_1\cos\beta_1 + w_2\cos\beta_2)}{c_{1t}^2}$$

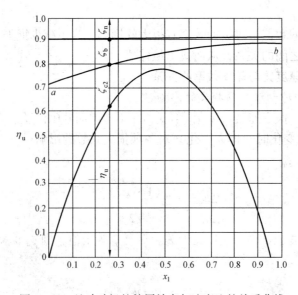

图 1-23　纯冲动级的轮周效率与速度比的关系曲线

$$= \frac{2u}{c_{1t}^2} w_1 \cos\beta_1 \left(1 + \psi \frac{\cos\beta_2}{\cos\beta_1}\right)$$

$$= 2\varphi^2 \left(1 + \psi \frac{\cos\beta_2}{\cos\beta_1}\right) x_1 (\cos\alpha_1 - x_1) \qquad (1-40)$$

分析式（1-40）可以得出以下结论：

（1）喷管损失系数 φ 对轮周效率的影响大于动叶的损失系数 ψ，减小 α_1 和 β_2 可提高轮周效率。但 α_1 和 β_2 不能太小，否则会使 φ 和 ψ 降低。

（2）当 $x_1 = 0$ 时，$u = 0$，说明叶轮不动，未做功，故 $\eta_u = 0$。

（3）当 $x_1 = \cos\alpha_1$ 时，$u = c_1 \cos\alpha_1$，此时 $\beta_1 = \beta_2 = 90°$，说明动叶片通道是直的，所以不做功，故 $\eta_u = 0$。

（4）当 $0 < x_1 < \cos\alpha_1$ 之间，函数是连续的，其间 $\eta_u > 0$，必然有一极大值，此时轮周效率最高。

轮周效率最高时的速度比称为最佳速度比，用 x_{1op} 表示。

（三）纯冲动级的最佳速度比 x_{1op}^{im}

1. 解析法

求式（1-40）极值

$$\frac{d\eta_u}{dx_1} = \frac{d}{dx_1}\left[\left(2\varphi^2 x_1 \cos\alpha_1 - x_1\right)\left(1 + \psi \frac{\cos\beta_2}{\cos\beta_1}\right)\right] = 0$$

得

$$x_{1op}^{im} = \frac{1}{2}\cos\alpha_1 \qquad (1-41)$$

2. 三角形法

因为当轮周效率最高时余速损失最小，即 $\alpha_2 = 90°$，这时出口速度三角形为直角三角形，如图 1-24 所示，用几何关系即可求得纯冲动级的最佳速度比。

$$\frac{2u}{c_1} = \cos\alpha_1$$

故

$$\frac{u}{c_1} = \frac{1}{2}\cos\alpha_1 = x_1$$

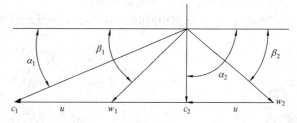

图 1-24 纯冲动级在最佳速度比时的速度三角形

此时的速度比是轮周效率最高时的速度比，即

$$x_{1op}^{im} = \frac{1}{2}\cos\alpha_1$$

与式（1-41）结论一致。

二、反动级的速度比与轮周效率之间的关系

与处理纯冲动级一样，反动级的 ζ_n、ζ_b、ζ_{c2} 三项损失与速度比之间的关系绘于图 1-25 中，图中最下边一条曲线即轮周效率与速度比之间的关系曲线，其最高轮周效率出现在 $x_1 = 0.8 \sim 0.9$ 之间。

反动级（$\rho = 0.5$）的静叶与动叶型线相同，若不考虑叶片的流动损失，则 $\beta_2 = \alpha_1$、$w_2 = c_1$，要使余速损失最小，必须 $\alpha_2 = 90°$，此时速度三角形如图 1-26 所示。利用几何关系即

可求得反动级的最佳速度比 x_{1op}^{re} 为

$$x_{1op}^{re} = \frac{u}{c_1} = \cos\alpha_1 \qquad (1-42)$$

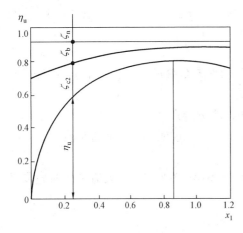

图 1-25　反动级的轮周效率与速度比的关系曲线

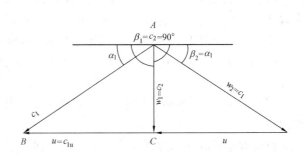

图 1-26　反动级在最佳速度比时的速度三角形

带有一定反动度的冲动级，其最佳速度比 x_{1op} 介于纯冲动级和反动级之间，用经验公式计算，即

$$x_{1op} = \frac{\cos\alpha_1}{2(1-\rho)} \qquad (1-43)$$

三、纯冲动级和反动级的比较

1. 在最佳速度比下做功能力的比较

当 α_1、φ 和 u 分别相同时，纯冲动级与反动级的速度比之比值为

$$\frac{x_{1op}^{im}}{x_{1op}^{re}} = \frac{\left(\dfrac{u}{c_1}\right)^{im}}{\left(\dfrac{u}{c_1}\right)^{re}} = \frac{\sqrt{\dfrac{1}{2}\Delta h_t^{re}}}{\sqrt{\Delta h_t^{im}}} = \frac{\dfrac{1}{2}\cos\alpha_1}{\cos\alpha_1} = \frac{1}{2}$$

即

$$\Delta h_t^{im} : \Delta h_t^{re} = 2 : 1 \qquad (1-44)$$

上式说明在上述条件下纯冲动级的理想焓降比反动级的理想焓降大一倍。若全机的理想焓降相同时，则反动式汽轮机的级数将比纯冲动式汽轮机多一倍。由于反动级的轮周效率在最佳速度比左右变化不大，常采用小于最佳速度比的速度比来减少反动式汽轮机的级数。

2. 轮周效率的比较

比较图 1-23 和图 1-25 两条曲线可知：

（1）在各自的最佳速度比下，反动级的轮周效率高于纯冲动级。这主要是由于蒸汽在反动级动叶流道中膨胀加速，使动叶损失减少造成的。另外，反动级级间间隙小，余速利用较好，也是效率提高的原因之一。

（2）当速度比在最佳速度比附近变化时，反动级的轮周效率曲线变化平缓，所以反动级的变工况性能较好。

目前，300MW 以上大机组，既有采用反动式汽轮机的，以求得整机经济效益的提高；也有采用冲动式汽轮机的，可使级数大大减少，节省投资。机组功率越大，从合理利用能源及节能的长远观点来看，尤其是带基本负荷的机组，宜选用反动式汽轮机。实际上冲动式汽轮机的级中，也带有一定的反动度，目的是改善其变工况特性，提高做功效率。

四、速度比与级的焓降和平均直径的关系

式 $x_1 = \dfrac{u}{c_1}$ 将速度比与级的直径和焓降联系在一起，互相制约。

（1）设计汽轮机时，要求级在最佳速度比下，这样当 α_1 取定后，速度比为一定值。由速度比定义式可知，u 与 c_1 成正比例约束关系，即：要增加级的做功能力，则必须增大圆周速度 u。而 u 的增加是受材料强度限制的，故一个级的做功能力的增加是有限的，所以单级汽轮机的功率不会设计得太大。

（2）当级的焓降确定之后，圆周速度就近似为一定值，由式 $u = \dfrac{\pi d_b n}{60}$ 知：d_b 与 n 成反比约束关系，即转速越高，级的平均直径越小。所以小型汽轮机常常采用提高转子的转速，以求得结构紧凑，节省钢材。

（3）多级汽轮机各级的压力逐渐降低，比体积会逐渐增大，客观上要求级直径应逐渐加大。若设计要求各级在最佳速度比下工作，则必然要求各级焓降应逐渐增大。

五、速度级

从级的工作原理可知，级只有在最佳速度比下工作，才具有较高的效率，由于冲动级受最佳速度比和叶轮强度的限制，冲动级的最大焓降约为335kJ/kg，而对一般的叶轮圆周速度为200～300m/s的级，其焓降约为84～193kJ/kg。

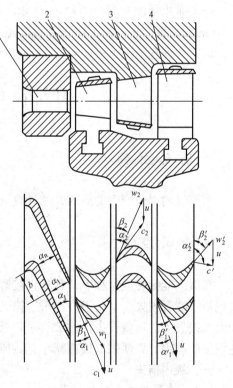

在特殊情况下需要较大焓降的级，为了保证叶轮材料强度，只能在不提高圆周速度的条件下，使级在小于最佳速度比下工作。这时，余速损失增加，使轮周效率下降，为了利用余速，减少损失，就产生了速度级。

速度级的结构是在同一叶轮上具有两列动叶片，位于两列动叶之间在汽缸上装设导向叶片。汽流在第一列动叶片中做功后，经导向叶片改变方向再进入第二列动叶做功，这种级称为双列速度级，简称速度级，如图 1-27 所示，汽流流出第二列动叶时的绝对速度 c_2' 已比原来第一列动叶后的速度 c_2 大为减少。显然，速度级由于可以利用单列动叶后的余速，故可采用较大的焓降。

速度级主要是按照冲动原理工作，为了减小动叶损失以提高效率，一般都带有 10% ～ 15% 左右的反动度。

由计算得出，速度级的最佳速度比为 $x_{1op}^{ve} = \dfrac{1}{4}\cos\alpha_1$，而单列纯冲动级的最佳速度比为 x_{1op}^{im}

图 1-27 速度级

1—喷管；2—第一列动叶；

3—导向叶片；4—第二列动叶片

$= \dfrac{1}{2}\cos\alpha_1$，显然，在相同的 u、φ 及 α_1 的情况下，速度级的最佳速度比只是单列级的一半，不难看出，速度级可承担的焓降为单列纯冲动级的 4 倍，为单列反动级的 8 倍。这就是采用速度级能使汽轮机级数减少的道理。但是应该指出，当速度级和单列级都在各自的最佳速度比下工作时，单列级的效率高于速度级，这是因为速度级多了导向叶片损失和第二列动叶损失的缘故。

由于速度级与单列级相比具有焓降大而效率低的特点，所以一般只应用于中小型多级汽轮机中的调节级，这样虽然牺牲了一些效率，但由于速度级采用了较大的焓降，在相同的进汽参数下，可以减少非调节级的级数，从而简化汽轮机结构和降低造价。另外，因速度级的焓降大，在变工况（级后压力变化）时，速度级的焓降变化（相对值）较小，使其效率变化比单列级平稳。但是，带基本负荷的大型汽轮机，为了获得较高的效率，仍采用单列级作为调节级。目前，100MW 及以下的汽轮机的调节级是双列速度级，而 125MW 及以上的汽轮机的调节级采用单列级。例如，CC12 – 3.43/0.98/0.49 型、N100 – 8.83/535 型等汽轮机均采用双列速度级作为调节级；而 C140 – 8.83/0.981 型、N300 – 16.7/537/537 型等大功率机组，就采用单列级作为调节级。

能 力 训 练

一个滞止理想焓降为 125.6kJ/kg，平均直径为 0.8m 的纯冲动级和一个平均直径为 0.5m 的反动级，它们都工作在各自的最佳速度比下，工作转速相同，喷嘴射汽角 α_1 也相等，试问在理想情况下（$\varphi = \psi = 1$），反动级的滞止理想焓降应为多大？

任务五　级内损失及效率

任 务 目 标

理解级内损失产生的原因，能计算级的内功率和内效率。

知 识 准 备

在级内能量转换过程中，凡是直接影响蒸汽状态的各种损失，就称为级内损失。级内损失包括：喷管损失、动叶损失、余速损失、扇形损失、摩擦损失、部分进汽损失、漏汽损失和湿汽损失等。这些损失均使级效率降低，影响汽轮机运行的经济性，因此必须研究产生这些损失的原因，以便采取措施减小其数值从而提高效率。

一、级内损失

（一）喷管损失和动叶损失

喷管损失和动叶损失统称为叶栅损失，是由于汽流在叶栅流道中流动时产生的损失。前面讨论中是将影响喷管和动叶损失的各种因素都分别考虑在喷管速度系数 φ 和动叶速度系

数 ψ 内，所以根据 φ 和 ψ 计算出来的损失就是级的喷管损失和动叶损失。

我国的一些汽轮机厂家在计算损失时，将叶片高度对损失的影响抽出来另用叶高损失 Δh_1 来考虑。例如在计算具有反动度的动叶损失时，先计算无限高的动叶损失，即

$$\Delta h'_b = \frac{1}{2} w_{2t}^2 - \frac{1}{2} w_2^2 = (1 - \psi^2) \frac{w_{2t}^2}{2} = \left(\frac{1}{\psi^2} - 1\right)\frac{w_2^2}{2}$$

再按经验公式计算叶高损失 Δh_1：

$$\Delta h_1 = \frac{a}{l_b}(\Delta h_t^* - \Delta h_n - \Delta h'_b - \Delta h_{c2})$$

式中　　a——由试验确定的系数，单列级 $a = 1.6$，双列级 $a = 2$；

　　　　l_b——叶片高度。

这样具有反动度的动叶损失则为

$$\Delta h_b = \Delta h'_b + \Delta h_1 \tag{1-45}$$

（二）扇形损失

动叶平均直径 d_b 与叶片高度 l_b 之比称为径高比 θ，即

$$\theta = \frac{d_b}{l_b} \tag{1-46}$$

$\theta > 8 \sim 12$ 时，称为短叶片，该叶片多为等截面叶片。$\theta < 8 \sim 12$ 的叶片称为长叶片。

前面讨论蒸汽在级内的流动规律时，一直认为蒸汽的状态参数和流动参数沿叶高方向不变，叶型沿叶高也不变，因而可以用平均直径处的参数代替整个叶高上各处的参数。这种代替，只有在平均直径 d_b 较大、叶高 l_b 较小时，计算误差才较小，多级汽轮机的高压级就属这种情况。但对多级汽轮机的中、低压级，由于其容积流量 Gv 很大，要求叶片高度较高，致使叶片顶部和根部的圆周速度、节距差别很大，并且因离心力的作用使得喷管与动叶间隙中蒸汽的压力沿叶高方向变化也很大。这时再用平均直径处的参数来代替整个叶高上各处的参数，叶型仍沿叶高不变，将产生以下附加损失，使级效率降低。

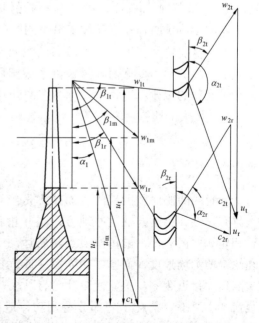

1. 圆周速度不同引起的损失

在长叶片中，从叶根到叶顶，随着半径增加，圆周速度逐渐增大，即 $u_t > u_m > u_r$，而且 θ 越小，差别越大。

（1）假定从喷管中流出汽流的 c_1 和 α_1 沿叶高是相同的，由动叶进口速度三角形（见图 1-28）可以看出，由于 $u_t > u_m > u_r$，因而 $w_{1t} < w_{1m} < w_{1r}$，$\beta_{1t} > \beta_{1m} > \beta_{1r}$。而等截面直叶片进口角 β_{1g} 是按平均直径处的 β_{1m} 制造的，因此在叶顶部分汽流将撞击叶片背弧，在叶根部分汽流将撞击叶面内弧从而造成损失，不仅使级效率降低，而且还影响叶片的寿命。

（2）在等截面直叶片中，只有平均直径处为

图 1-28　长叶片级速度三角形沿叶高
的变化情况

最佳速度比, 叶顶和叶根部分由于圆周速度不同, 速度比都将偏离设计值, 使级效率降低。

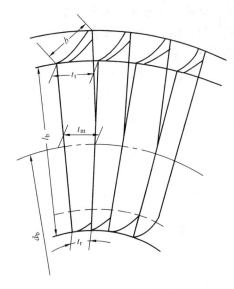

图 1 - 29　环形叶栅的节距变化

（3）由于 $w_{1t} < w_{1m} < w_{1r}$, 则 $w_{2t} < w_{2m} < w_{2r}$。按照不同叶高处的圆周速度作动叶出口速度三角形, 可以看出动叶出口绝对速度 c_2 的大小和方向沿叶高亦不相同, 即汽流在动叶出口处发生扭曲现象, 使下级进口条件变坏, 产生附加损失, 效率降低。

2. 相对栅距不同引起的损失

等截面叶片是沿圆周方向布置成环形叶栅, 叶栅的槽道断面呈扇形, 如图 1 - 29 所示。叶栅的相对节距 $\bar{t} = \dfrac{t}{b}$ 沿径向不断增大（$t_t > t_m > t_r$）, 只有平均直径处的相对节距为设计值（即最佳值）, 其他各处均偏离设计值, 故会造成附加的流动损失。

3. 汽流径向流动引起的损失

蒸汽在级内流动时, 存在着圆周方向的分速度 c_{1u} 和 c_{2u}, 因而蒸汽在喷管和动叶之间的轴向间隙中将受到离心力的作用, 叶顶部分离心力较大, 叶根部分离心力较小, 叶片越长, 相差越大。若不采取平衡措施, 就会引起汽流在轴向间隙中沿径向流动, 造成损失, 降低效率。

由于叶高不同处的离心力不同, 则叶高不同处的压力亦不相同（叶顶部分离心力较大, 则压力较高; 叶根部分离心力较小, 则压力较低）, 这就使得沿叶高不同处的焓降、反动度均不相同, 叶片越长, 相差越大。在这种情况下, 若仍以平均直径处的参数表示整个叶高处的参数, 采用等截面叶片, 就与实际情况相差较大, 势必使效率降低。

以上分析说明, 在长叶片中沿不同叶高处汽流的情况和平均直径处的情况差别很大, ϑ 越小, 差别越大。为了保持较高的级效率, 此时应将叶片做成沿叶高变化的变截面叶片, 以适应圆周速度和汽流参数沿叶高变化的规律, 这种叶片称为扭曲叶片。

扇形损失的计算一般采用半经验公式:

$$\Delta h_\vartheta = 0.7\left(\frac{l_b}{d_b}\right)^2 E_0 \qquad (1 - 47)$$

（三）摩擦损失

叶轮的两侧面和围带的表面并不是绝对光滑的, 而且蒸汽具有黏性, 会附着在这些地方, 当叶轮旋转时, 紧贴在叶轮和轮缘两侧表面上的蒸汽质点随着运动, 其速度接近叶轮和轮缘的圆周速度, 而紧贴在隔板（或汽缸）壁面上的蒸汽质点速度接近为零, 这就使得叶轮与隔板（或汽缸）之间的蒸汽产生摩擦, 消耗了一部分有用功, 造成损失, 如图 1 - 30 所示。另外, 由于靠近叶轮表面的蒸汽质点具有较大速度, 其本身的离心力较大, 而靠近隔板（或汽缸）表面的蒸

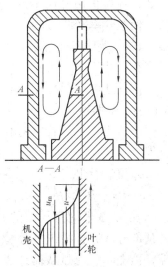

图 1 - 30　叶轮两侧汽流
速度分布图

汽质点速度较小，其离心力也较小，这就使得靠近叶轮表面的蒸汽产生向外的径向流动，形成涡流，从而消耗掉一部分有用功，造成损失。

减少摩擦损失的主要方法是从设计上尽量减小叶轮与隔板间腔室的容积，即减小叶轮与隔板间的轴向距离，而且尽可能降低叶轮表面的粗糙度。

摩擦损失与蒸汽流量 G 成反比，对小功率机组来说，由于蒸汽流量较小，故对损失有着较大的影响。在低负荷特别是空负荷运行时，摩擦损失产生的热量将引起排汽温度升高，影响机组安全运行，运行时应注意监视。对已投入运行的汽轮机来说，由于摩擦损失与 Gv 成反比，所以高压各级远比低压各级摩擦损失大得多。

（四）部分进汽损失

部分进汽损失 Δh_e 是由于采用部分进汽时所引起的附加能量损失，它由鼓风损失 Δh_B 和斥汽损失 Δh_k 组成。

1. 鼓风损失

在部分进汽的级中，喷管只安装在一部分弧段上，其余部分没有喷管。当叶轮转动时，动叶汽道某一瞬间进入装有喷管的工作区域，另一瞬间又离开工作区域而进入没有喷管的非工作区域。动叶在非工作区域内转动时，两侧和围带表面将与非工作区域内的蒸汽产生摩擦，造成摩擦损失。此外当动叶 β_{1g} 与 β_{2g} 不相等时，动叶就像鼓风机的叶片一样，将非工作区域的蒸汽从叶轮一侧鼓向另一侧，从而消耗一部分有用功，造成损失。

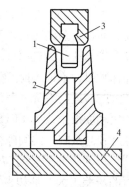

图 1 - 31 部分进汽级
护罩装置示意图
1—叶片；2—护罩；
3—叶轮；4—汽缸

鼓风损失与部分进汽度 e 有关，e 越人则损失越小，当 $e=1$ 时，鼓风损失为零。为了减少鼓风损失，常采用护罩装置（见图1-31），将没有装喷管的弧段内的动叶用护罩罩起来，这样动叶只是在护罩内的少量蒸汽中转动，鼓风损失大为减少。

2. 斥汽损失

在部分进汽的级中，动叶经过没有喷管的弧段时，停滞在汽室的非工作蒸汽将充满动叶通道，当这些带有停滞蒸汽的动叶重又进入喷管弧段时，从喷管射出的汽流首先要排斥这部分停滞在动叶内的蒸汽并使其加速，从而消耗一部分动能，引起损失，称为斥汽损失。但因其数值较小，可以忽略不计。

通常鼓风损失和摩擦损失合并在一起，用下面的经验公式计算：

$$\Delta P_{vf} = \lambda \left[Ad^2 + B(1 - e - 0.5e_k)d_b l_b^{1.5} \right] \left(\frac{u}{100} \right)^3 \frac{1}{v_2} \qquad (1-48)$$

式中 ΔP_{vf} ——鼓风摩擦消耗的功率；

     λ ——与蒸汽状态有关的系数，过热蒸汽 $\lambda = 1.0$，饱和蒸汽 $\lambda = 1.2 \sim 1.3$；

     A ——经验系数，一般 $A = 1.0$；

     B ——经验系数，一般 $B = 0.4$；

   e、e_k ——级的部分进汽度和护罩部分的相对长度；

     v_2 ——动叶出口处蒸汽的比体积；

     d_b ——动叶的平均直径。

由此得到鼓风摩擦损失为

$$\Delta h_{vf} = \frac{\Delta P_{vf}}{G} \qquad\qquad (1-49)$$

对应的能量损失系数为

$$\zeta_{vf} = \frac{\Delta h_{vf}}{E_0} \qquad\qquad (1-50)$$

（五）漏汽损失

1. 漏汽损失产生的原因

以前讨论蒸汽在级内流动时，均认为所有进入级的蒸汽全部通过喷管和动叶的通道，实际上，由于汽轮机级的动静部分之间存在着间隙和压力差，因而总有部分蒸汽从间隙中漏过，这部分蒸汽不仅不能参与主汽流做功，而且还干扰主汽流，造成损失，这种损失称为漏汽损失。

漏汽损失比较复杂，它与级的结构型式和级的反动度大小有关。

冲动级的隔板前后有较大的压差，级前有一部分蒸汽 ΔG_p 不经过喷管而从隔板与主轴之间的间隙中漏到隔板之后，这部分蒸汽不参与主汽流做功形成隔板漏汽损失。此外，当叶轮上没有平衡孔时，这部分隔板漏汽重又被主汽流从叶根处吸入动叶，由于它们不是从喷管中膨胀加速喷出，不但不能产生有效功，而且还会干扰主汽流的流动，引起附加损失。在级的反动度较大时，还会有部分蒸汽 ΔG_t 从动叶顶部与汽缸之间的间隙中漏过，形成叶顶漏汽损失。若级的反动度很小或为零时，由于喷管出口高速流动汽流的吸汽作用，则可能有部分蒸汽从动叶后经叶顶与汽缸之间间隙被吸入动叶进口也会造成损失。如图 1 – 32（a）所示。

反动级的静叶与转轴之间、叶顶与汽缸之间同样存在间隙，而且与冲动级相比，动叶前后的压差更大，所以漏汽量会更大一些，如图 1 – 32（b）所示。

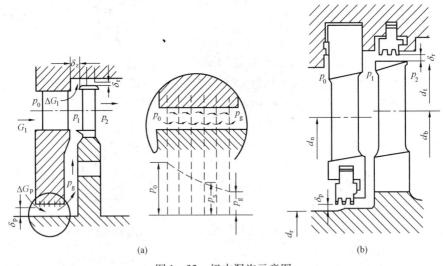

图 1 – 32 级内漏汽示意图

（a）冲动级的漏汽；（b）反动级的漏汽

2. 减少漏汽损失的措施

（1）在动静部分的间隙处安装汽封，如在隔板与主轴之间安装隔板汽封，在叶顶处安装围带汽封等，如图 1 – 32（a）所示。汽流每经过一个齿就被节流一次，故齿数越多，每个齿所承担的压差就越小，漏汽面积和压差的减小均使漏汽损失减少。

（2）在叶轮上开平衡孔，使隔板漏汽从平衡孔中流到级后，避免这部分漏汽干扰主汽流。

（3）选择适当的反动度，使叶根处既不漏汽也不吸汽。这里所说的漏汽，是指在级的反动度过大时，经过叶根的轴向间隙从叶轮的平衡孔中漏向级后的蒸汽。

（4）对无围带的较长的扭叶片，也可将顶部削薄，减小动叶与汽缸（或与隔板套）之间的间隙，起到汽封的作用，同时尽量减小扭叶片顶部的反动度。

3. 漏汽损失的计算

蒸汽在每一汽封间隙中的流动情况，与渐缩喷管中的流动情况相似，其漏汽量可用下式计算：

$$\Delta G_p = \frac{\mu_n A_p c_{1p}}{v_{1t}} = \mu_p A_p \frac{\sqrt{2\Delta h_{1t}^*}}{v_{1t}\sqrt{Z_p}} \tag{1-51}$$

式中　v_{1t}、c_{1p}——汽封齿出口理想比体积和理想流速，m/kg 或 m/s；

　　　Z_p——高低齿齿数，对平齿应修正为 $Z_p = \dfrac{Z+1}{Z}$；

　　　μ_p——汽封流量系数，一般 $\mu_p = 0.7 \sim 0.8$；

　　　A_p——汽封间隙面积，m²，对平齿用半个汽封间隙处的直径，对高低齿用两齿直径的平均值。

由此得隔板漏汽损失为

$$\Delta h_p = \frac{\Delta G_p}{G}\Delta h_i' \tag{1-52}$$

式中　G——级的流量，kg/s；

　　　$\Delta h_i'$——未计入漏汽损失时级的有效焓降。

冲动级叶顶漏汽可用下式计算：

$$\Delta G_t = \frac{\mu_t A_t c_t}{v_{2t}} = \frac{e\mu_t \pi (d_b + l_b)\delta_t \sqrt{2\rho_t \Delta h_t^*}}{v_{2t}}$$

$$\approx 0.6\sqrt{\frac{\rho_t}{1-\rho}}\frac{v_{1t}(d_b + l_b)\delta_t}{v_{2t}d_n l_n \sin\alpha_1}G_n \tag{1-53}$$

$$\rho_t = 1 - (1-\rho)\left(\frac{d_b}{d_b + l_b}\right)$$

$$\delta_t = \frac{\delta_z}{\sqrt{1 + z_r\left(\dfrac{\delta_z}{\delta_r}\right)}}$$

式中　ρ_t——叶顶反动度；

　　　δ_t——叶顶当量间隙，如图 1-25（a）所示；

　　　δ_z——轴向间隙；

Z_r——叶顶径向汽封齿数。

对应叶顶损失为

$$\Delta h_t = \frac{\Delta G_t}{G}\Delta h'_i \qquad (1-54)$$

反动级叶顶漏汽损失则用下式计算：

$$\Delta h_t = 1.72\frac{\delta_r^{1.4}}{l_b}E_0 \qquad (1-55)$$

式中　δ_r——叶顶径向间隙。

（六）湿汽损失

凝汽式汽轮机的最末几级常在湿汽区工作，蒸汽中含水造成湿汽损失，具体原因如下：

（1）湿蒸汽中存在一部分水珠，此外，湿蒸汽在膨胀过程中还要凝结出一部分水珠。这些水珠不能在喷管中膨胀加速，因而减少了做功的蒸汽量，引起损失。

（2）由于水珠不能在喷管中膨胀加速，必须靠汽流带动加速，因而要消耗汽流的一部分动能，引起损失。

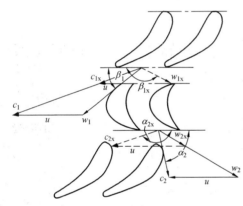

图1-33　水珠动叶、静叶冲击示意图

（3）水珠虽然被汽流带动得到加速，但是其速度 c_{1x} 仍将小于汽流速度 c_1［一般 $c_{1x}\approx(10\sim13)\%\,c_1$］，由进口速度三角形可知（见图1-33）水珠进入动叶的方向角 β_{1x} 大于动叶的进汽角 β_1，即水珠将冲击动叶进口边的背弧，产生阻止叶轮旋转的制动作用，减少了叶轮的有用功，造成损失。同理在动叶出口，由于 $\alpha_{2x}\gg\alpha_2$，水珠撞击下级喷管背弧，干扰主流做功，造成附加损失。

（4）湿蒸汽膨胀时，汽态变化很快，一部分蒸汽来不及凝结（即不能释放汽化潜热），而形成过饱和，造成蒸汽做功焓降减少，形成"过冷"损失。

湿汽损失常用下面经验公式计算：

$$\Delta h_x = (1-x_m)\Delta h''_i \qquad (1-56)$$

$$x_m = \frac{x_1 + x_2}{2}$$

式中　$\Delta h''_i$——未计入湿汽损失时级的有效焓降；

x_1、x_2——喷管入口蒸汽的干度和动叶出口蒸汽的干度。

蒸汽中含水除了造成湿汽损失外，还对动叶金属有冲蚀作用，尤其在动叶进汽侧背弧顶部，被冲蚀成密集细毛孔，叶片缺损，威胁着汽轮机的安全运行。为此，要求凝汽式汽轮机排汽湿度不得超过 $12\%\sim15\%$，并装设去湿装置，如图1-34所示。其原理是在离心力作用下，水珠被甩到外缘，通过捕水口、捕水室和疏水通道流走（去低压加热器或凝汽器），达到去湿效果。

为了提高叶片抗冲蚀能力，最常见的方法是在动叶进汽边背弧顶部，焊硬质司太立合金（见图 1-35），以增强表面硬度，延长叶片寿命。另外也可采用镀铬、局部高频淬硬、电火花强化及氮化等方法。

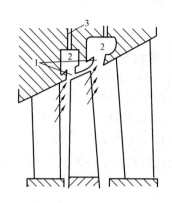

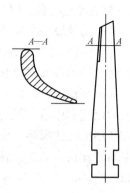

图 1-34　去湿装置示意图　　　　　　图 1-35　焊有硬质合金的动叶
1—捕水口槽道；2—捕水室；3—疏水通道

（七）余速动能损失

余速损失 Δh_{c2} 是蒸汽离开动叶后仍具有的动能 $\frac{1}{2}c_2^2$，在单级汽轮机来说其余速动能全部都成为损失，但对多级汽轮机中，这部分动能可在下一级中被利用。要使下一级能充分利用上一级的余速动能，在结构上应当满足下面条件：

（1）两个级的平均直径接近相等；

（2）下一级的喷管进汽方向应与上一级的动叶排汽方向一致；

（3）两级之间的距离应尽可能小，而且在此间隙内汽流不发生扰动。

在多级汽轮机中，下面一些级的余速就不能被利用：

（1）调节级；

（2）级后有抽汽口的级；

（3）部分进汽度和平均直径突然变化的级；

（4）最末一级。

二、级的相对内效率和内功率

级的相对内效率是反映级内损失大小，衡量级内热力过程完善程度的重要指标。前面学过的轮周效率，仅考虑了喷管、动叶和余速这三项损失。当考虑了级内的各项损失之后，真正转变为轴功的焓降，称为级的有效焓降。级的相对内效率为级的有效焓降 Δh_i 与级的理想能量 E_0 之比，即

$$\eta_{ri} = \frac{\Delta h_i}{E_0} = \frac{E_0 - \Delta h_n - \Delta h_b - \Delta h_\vartheta - \Delta h_{vf} - \Delta h_p - \Delta h_t - \Delta h_x - (1 - \xi_2)\Delta h_{c2}}{E_0}$$

$$(1-57)$$

相对应级的内功率为

$$P_{\mathrm{i}} = GE_0\eta_{\mathrm{ri}} = \frac{DE_0\eta_{\mathrm{ri}}}{3600} \qquad\qquad (1-58)$$

式中　D、G——均为级的流量，前者单位为 t/h，后者为 kg/s；

　　　　E_0——级的理想能量，kJ/kg。

图 1-36 给出了反动级的实际热力过程线。

图中 $\Sigma\Delta h$ 为轮周损失之外的各项损失之和。一般情况下，反动级的余速可以部分地被下一级利用，此时本级的真实出口状态点为 2′，对应滞止状态点为 2* 点；对余速全部损失和余速全部利用这两种情况，级的真实出口状态点分别为 2‴ 和 2″点。

考虑了级间的余速利用后，级的理想能量 E_0 也表示在图中。可见有效焓降 Δh_{i} 的大小，不受本级余速被利用情况的影响，余速利用与否只是对理想能量的大小及下一级入口状态点有直接影响。必须特殊指出的是：各项损失不一定同时存在于一级，绘图时，对未发生的某项损失，应予以扣除。

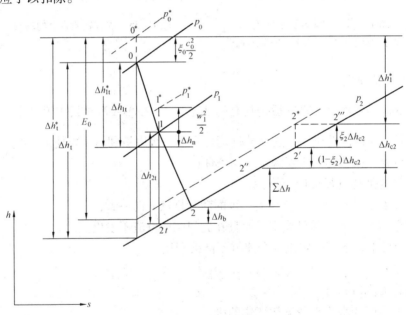

图 1-36　反动级的实际热力过程线

三、相对内效率与速度比的关系

由于轮周效率只考虑了三项损失，而相对内效率则考虑了全部级内损失，因此在讨论速度比与效率的关系时，η_{u} 最大时 η_{ri} 不一定最大。η_{ri} 与 x_1 的关系曲线示于图 1-37（a）中，因为对于冲动级除了喷管损失、动叶损失和余速损失外，还有鼓风摩擦损失随速度比变化，余者与速度比无关，故在考虑速度比对效率的影响时，可以认为 $\eta_{\mathrm{ri}} = \eta_{\mathrm{u}} - \zeta_{\mathrm{vf}}$（实际上并不相等，只限于用来分析 η_{ri} 与 x_1 的关系），而其中 ζ_{vf} 与速度比 x_1 成三次方关系［见式（1-48）］。这样就可以根据 $\eta_{\mathrm{u}}\sim x_1$ 与 ζ_{vf} 两条曲线得出 $\eta_{\mathrm{ri}}\sim x_1$ 曲线来。由图可以看出，相对内效率最高时的最佳速度比 x'_{1op} 小于轮周效率最高时的最佳速度比 x_{1op}。反动级中，考虑漏汽损失后，相对内效率曲线如图 1-37（b）所示。由图很直观地看出了 $\eta_{\mathrm{ri,max}} < \eta_{\mathrm{u,max}}$，而且最佳速度比也由 0.94 下降至 0.5 左右。

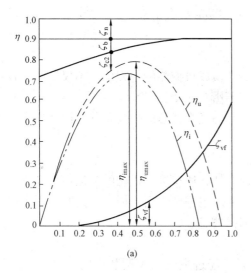
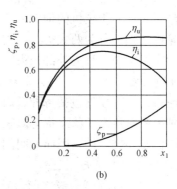

图 1 - 37　η_u、η_i 与 x_1 的关系

（a）考虑摩擦鼓风损失；（b）考虑漏汽损失时

能 力 训 练

1. 绘制一个纯冲动级的热力过程线，标注各种焓降及损失。
2. 绘制一个冲动级的热力过程线，标注各种焓降及损失。
3. 绘制一个反动级的热力过程线，标注各种焓降及损失。

任务六　多级汽轮机

任 务 目 标

理解多级汽轮机损失产生的原因及多级汽轮机的特点。

知 识 准 备

从级的工作原理可知，级只有在最佳速度比下工作，才具有较高的效率。由于级的圆周速度受到材料的限制，使得一个单级所能利用的焓降受到限制，即使采用速度级，它所能利用的焓降也是有限的，而且效率还比单列级低。现代发电用的汽轮机，要求功率大、效率高，为此采用了高的蒸汽参数和低的排汽压力，汽轮机的理想焓降很大。例如 300MW 的汽轮机初参数为 16.7MPa、537℃，排汽压力为 4.9kPa，其理想焓降约为 1482kJ/kg。显然任何形式的单级汽轮机都不能有效地利用这样大的焓降。但我们可以采用由许多个单级组成的多级汽轮机，蒸汽依次在各级中膨胀做功，各级均按照最佳速度比选择适当的焓降，根据总的焓降确定多级汽轮机的级数，这样，既能利用很大的焓降，又能保持较高的效率。所以，功率稍大的汽轮机都采用多级汽轮机。例如，300MW 汽轮机是由一个冲动式调节级和 35 个反动式压力级组成的。

一、多级汽轮机损失

对一台多级汽轮机来说，在蒸汽将热能转换成机械能的过程中，不仅要产生各种级内损失，而且还产生一些属于全机的损失（不属于哪一个级）。

多级汽轮机的损失分为两大类，一类是影响蒸汽状态的损失，称为内部损失；另一类是不影响蒸汽状态的损失，称为外部损失。

（一）内部损失

多级汽轮机的内部损失包括各种级内损失外，还有进汽机构的节流损失和排汽管的压力损失。这两种损失对蒸汽的状态都有影响，因此也都属于内部损失。同时又因为这两种损失分别发生在进汽端和排汽端，因而又叫端部损失。

1. 进汽机构的节流损失

新蒸汽进入汽轮机的第一级之前，首先要经过主汽门和调节汽门，由于阀门的节流作用，使蒸汽压力下降，但焓值保持不变。一般情况下，这项损失引起的压力降 Δp 为

$$\Delta p = (0.03 \sim 0.05)p_0 \qquad (1-59)$$

式中　p_0——新蒸汽（主汽门前）的压力。

图 1-38 为新蒸汽流经主汽门、调节汽门时，产生节流损失的热力过程。由图可见，在没有节流损失时，汽轮机的理想焓降为 ΔH_t，有节流损失后，其焓降为 $\Delta H'_t$，ΔH_t 与 $\Delta H'_t$ 之差称为进汽机构的节流损失。

进汽机构的节流损失与蒸汽的流速、阀门的型线、流道的粗糙程度有关。限制蒸汽流经阀门和管道的流速，选用流动特性好的阀门是减小进汽机构节流损失的主要措施。一般应使蒸汽流过阀门和管道的流速不超过 $40 \sim 60\text{m/s}$，压力降控制在 $(0.03 \sim 0.05)p_0$ 的范围内。

2. 排汽管的压力损失

汽轮机末级叶片排出的乏汽由排汽管转向引至凝汽器，乏汽在排汽管中流动时，由于汽流在汽缸内外壁压力分布不同而产生一个横向压力梯度，产生摩擦、涡流等，造成压力降低，即汽轮机末级动叶后压力 p'_{c0} 高于凝汽器压力 p_{c0}，$\Delta p_{c0} = p'_{c0} - p_{c0}$，这个压降 Δp_{c0} 并未用于做功，而是用于克服流动阻力，故称之为排汽管压力损失，它可由下面经验公式计算：

$$\Delta p_{c0} = \lambda \left(\frac{c_n}{100}\right)^2 p_{c0} \qquad (1-60)$$

式中　c_n——排汽管中的蒸汽流速，m/s，凝汽式汽轮机 $c_n = 80 \sim 120\text{m/s}$，背压式汽轮机 $c_n = 40 \sim 60\text{m/s}$；

　　λ——阻力系数，一般取 $\lambda = 0.05 \sim 0.1$，当排汽缸型线良好且汽流速度较小时，λ 取偏小值，否则取较大值。

由图 1-38 可以看出，由于排汽管压力损失的存在，使蒸汽在汽轮机中的做功能力减小，ΔH_{c0} 即为排

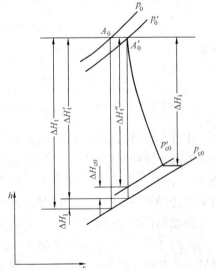

图 1-38　节流损失及排汽管的压力损失

汽管压力损失所引起的焓降损失。排汽管压力损失的大小取决于排汽缸中的蒸汽速度和排汽缸的结构型式,为了减少这项损失,通常利用排汽本身的动能,来补偿排汽管中的压力损失,为此排汽缸都设计成既有较好的扩压效果,流动阻力又较小的扩压型排汽通道。

（二）外部损失

汽轮机外部损失包括两种,机械损失和轴端漏汽损失。

1. 机械损失

汽轮机运行时,要克服支持轴承和推力轴承的摩擦阻力,以及带动主油泵等,都将消耗一部分有用功而造成损失,这部分损失称为机械损失。大功率机组中机械损失约占 0.5% ~ 1%,带有减速装置的小功率机组则还要大一些。

2. 轴端漏汽损失

汽轮机的主轴在穿出汽缸两端时,为了防止动静部分的摩擦,总要留有一定的间隙,虽然装上端部汽封后这个间隙很小,但由于压差的存在,在高压端总有部分蒸汽向外漏出,这部分蒸汽不做功因而造成能量损失;在处于真空状态下的低压端就会有一部分空气从外向里漏而破坏真空。为了解决这种往凝汽器内漏空气的问题和利用向外漏出的蒸汽,所有多级汽轮机都设置有一套汽封系统。

二、多级汽轮机的热力过程

多级汽轮机的级内损失和端部损失都要影响蒸汽状态,因此它们都能在 $h-s$ 图上表示出来,如图 1-39 所示。汽轮机自动主汽阀前的蒸汽参数为 p_0、t_0,其交点 A_0 即主汽阀前的进汽状态点,经进汽机构节流后压力降到 p'_0,从 A_0 点引等焓线与等压线 p'_0 交于 A'_0 点,即调节级喷管前的进汽状态点。从 A'_0 开始画调节级包括所有级内损失的热力过程线,从调节级的出口状态点（即非调节级第一级的进口状态点）画出非调节级第一级的热力过程线,

然后以此类推逐级重复下去直至末级。要注意的是多级汽轮机前一级的排汽状态点 c_1 即下一级的进口状态,图中 A'_1 表示末级动叶出口蒸汽状态点,A_1 为排汽管末端的蒸汽状态点。ΔH_t 表示汽轮机的理想焓降,ΔH_i 为多级汽轮机的有效焓降（即转变为内功率的焓降）。显然多级汽轮机的有效焓降 ΔH_i 等于各级有效焓降 Δh_i 之和,即

$$\Delta H_i = \Delta h_{i1} + \Delta h_{i2} + \varLambda = \Sigma \Delta h_i$$

$$(1-61)$$

汽轮机的有效焓降 ΔH_i 与汽轮机的理想焓降之比,称汽轮机的相对内效率。

$$\eta_{ri} = \frac{\Delta H_i}{\Delta H_t} \qquad (1-62)$$

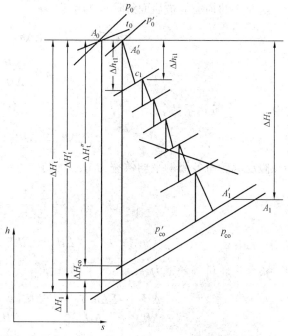

图 1-39 多级汽轮机的热力过程在 $h-s$ 图上的表示

三、多级汽轮机的重热现象

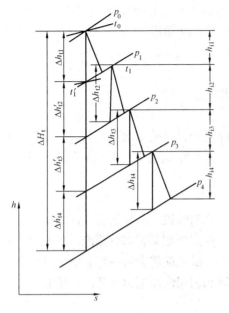

图 1-40　汽轮机的热力过程线

蒸汽在汽轮机内进行能量转化过程中，由于级内各项损失的存在，这些损失转换为热，并重新被蒸汽吸收，使得级后蒸汽的焓值沿着熵增的方向增大，由于等压线沿着熵增的方向是渐扩的，这将使下一级的理想焓降较没有损失时增大，也就是说在多级汽轮机中，前面级的损失在以后的级中能部分地得到利用。

图 1-40 所示为四级汽轮机的热力过程，为简明起见，图中只画出了级内的热力过程。

此时汽轮机的理想焓降为

$$\Delta H_t = \Delta h_{t1} + \Delta h'_{t2} + \Delta h'_{t3} + \Delta h'_{t4}$$

各级的理想焓降之和为

$$\Sigma \Delta h_t = \Delta h_{t1} + \Delta h_{t2} + \Delta h_{t3} + \Delta h_{t4}$$

由于等压线沿熵增方向是渐扩的，即

$$\Delta h_{t2} > \Delta h'_{t2}, \ \Delta h_{t3} > \Delta h'_{t3}, \ \Delta h_{t4} > \Delta h'_{t4}$$

故

$$\Sigma \Delta h_t > \Delta H_t$$

由此可见，由于汽轮机的级内损失，使汽轮机各级理想焓降之和，大于汽轮机的理想焓降，这种现象就叫作多级汽轮机的重热现象。

前面级的损失能被后面级回收的量为

$$\Delta H = \Sigma \Delta h_t - \Delta H_t$$

$$\alpha = \frac{\Delta H}{\Delta H_t} \tag{1-63}$$

式中　α——重热系数。

则

$$\Sigma \Delta h_t = \Delta H_t (1 + \alpha) \tag{1-64}$$

假定汽轮机各级的平均效率为 $\eta_{ri,m}$，则

$$\eta_{ri,m} = \frac{\Sigma \Delta h_i}{\Sigma \Delta h_t} = \frac{\Delta H_i}{\Sigma \Delta h_t}$$

即

$$\Delta H_i = \Sigma \Delta h_t \eta_{ri,m} \tag{1-65}$$

整台汽轮机的效率为

$$\eta_{ri} = \frac{\Delta H_i}{\Delta H_t} = \frac{\Sigma \Delta h_t \eta_{ri,m}}{\Delta H_t} = \frac{\Delta H_t (1 + \alpha)}{\Delta H_t} \eta_{ri,m} = (1 + \alpha) \eta_{ri,m} \tag{1-66}$$

汽轮机在做功过程中总是有损失的，所以 $\alpha > 0$，一般为 0.04～0.08。由此我们可以得

出结论：由于重热现象的存在，使得整台汽轮机的效率高于各级的平均效率。但是并不能说重热系数 α 越大，汽轮机的效率就越高。因为 α 的增大，是由于各级损失增加使各级平均效率 $\eta_{\mathrm{ri,m}}$ 降低而造成的，而重热只能回收损失中的部分能量。

四、多级汽轮机的余速利用

在多级汽轮机中，除调节级和末级外，上一级的余速动能可以全部或部分地被下一级所利用，从而提高了汽轮机的效率。这一点从多级汽轮机的热力过程图上可以看出，如图 1−41 所示，在相同的进汽参数和排汽压力下，当各级的余速动能都不被利用时，第一级的余速动能 $\dfrac{c_2^2}{2}$ 用线段 $d'c$ 表示，第一级的实际排汽点（即第二级的进汽点）为 d 点，$abcd$ 为第一级的热力过程线（为简化问题，图中未标出喷管的实际过程）。以后各级依此类推，汽轮机末级排汽状态点为 e 点，整机有效焓降为 ΔH_{i}。当各级的余速动能全部被利用时，第二级的进汽状态点为 c 点，进口滞止状态点为 d' 点，以后各级依次类推，则末级排汽状态点为 e' 点（末级余速动能不能被利用）。此时整机的有效焓降为 $\Delta H'_{\mathrm{i}}$，显然，余速利用后汽轮机的有效焓降 $\Delta H'_{\mathrm{i}}$ 高于余速没有被利用时的有效焓降 ΔH_{i}。即余速利用提高了整机的相对内效率。

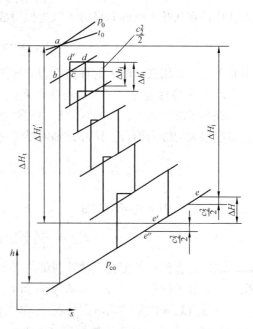

图 1−41 余速利用对汽轮机热力过程线的影响

五、多级汽轮机的轴向推力及其平衡

（一）多级汽轮机的轴向推力

蒸汽在汽轮机级内流动时，除了产生推动叶轮旋转做功的周向力外，还产生与轴线平行的轴向推力，其方向与汽流在汽轮机内的流动方向相同，使转子产生由高压向低压移动的趋势。为此，必须对转子轴向推力进行计算，确保汽轮机安全地运行。

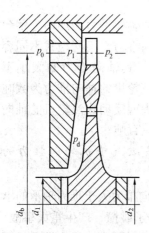

图 1−42 冲动级的构造简图

整个转子上的轴向推力主要是各级轴向推力的总和。每一级的轴向推力通常包括蒸汽作用在动叶上的轴向推力、叶轮轮面上的轴向推力和汽封凸肩上的轴向推力三部分。

图 1−42 为冲动式汽轮机的一个中间级，p_0、p_1、p_2 分别为级前、喷管后和级后的蒸汽压力，p_{d} 为隔板和轮盘间汽室中的蒸汽压力，级的平均直径为 d_{b}，轮毂直径分别为 d_1、d_2，动叶高度为 l_{b}。

1. 作用在动叶上的轴向推力 F_{z1}

蒸汽作用在动叶上的轴向推力 F_{z1} 是由动叶前后的压差和汽流在动叶中轴向分速度的改变所产生的。

$$F_{\mathrm{z1}} = G(c_1\sin\alpha_1 - c_2\sin\alpha_2) + \pi d_{\mathrm{b}}l_{\mathrm{b}}e(p_1 - p_2)$$

在冲动级中，一般轴向分速度都不大，加之动叶进出口的轴向通流面积和蒸汽比体积的改变都不大，因此汽流流经动叶时的轴向分速度的改变一般都很小，可以忽略不计。同时当级的反动度不大或者级的理想焓降和进口蒸汽速度 c_0 都不大时，动叶前后的压力差可以近似地认为

$$p_1 - p_2 \approx \rho(p_0 - p_2)$$

因此作用在动叶上的轴向推力可以近似写成

$$F_{z1} = \pi d_b l_b e \rho(p_0 - p_2) \qquad (1-67)$$

由此可知，作用在动叶上的轴向推力与该级的反动度成正比。

2. 作用在叶轮轮面上的轴向推力 F_{z2}

在多级汽轮机中，当某级叶轮两侧存在压差，即使其不很大，但由于叶轮面积很大，仍会引起很大的轴向推力，这部分轴向推力为

$$F_{z2} = \frac{\pi}{4}\left[(d_b - l_b)^2 - d_1^2\right]p_d - \frac{\pi}{4}\left[(d_b - l_b)^2 - d_2^2\right]p_2$$

如果 $d_1 = d_2$，则上式可以写成

$$F_{z2} = \frac{\pi}{4}\left[(d_b - l_b)^2 - d_1^2\right](p_d - p_2) \qquad (1-68)$$

当叶轮上没有平衡孔，动叶根部与隔板间隙较大时，p_1 与 p_d 相等；当叶轮上开有平衡孔，而且有足够的面积时，可认为 p_d 与 p_2 相等，此时 $F_{z2} = 0$。显然，平衡孔面积不够或运行中隔板汽封漏汽量增大时，将使 F_{z2} 增大，引起轴向推力增大。

3. 作用在汽封凸肩上的轴向推力 F_{z3}

采用高低齿型式的隔板汽封的机组，则转子汽封也相应做成凸肩结构，如图 1-43 所示。由于每个汽封凸肩前后存在压差，因而产生轴向推力 F_{z3}，其值为

$$F_{z3} = \pi d_p h \Sigma \Delta p \qquad (1-69)$$

式中　d_p——汽封凸肩的平均直径；

　　　h——汽封凸肩高度；

　　　Δp——每个汽封齿的前后压差。

因此，每一级的轴向推力为

$$F_z = F_{z1} + F_{z2} + F_{z3}$$

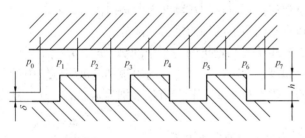

图 1-43　隔板汽封

每一级的轴向推力相加即为整台汽轮机的轴向推力。不同型式不同容量的汽轮机，其轴向推力的大小不同，冲动式汽轮机的轴向推力为数吨或数十吨，大型反动式汽轮机的轴向推力可达二三百吨。

（二）多级汽轮机轴向推力的平衡

汽轮机转子在汽缸中的轴向位置是由推力轴承来固定的，若轴向推力大于推力轴承的承载能力，推力轴承将会损坏，使转子产生轴向移动，引起转子与静子碰撞，产生重大事故。因此在设计制造汽轮机时，常在结构上采取措施，使大部分轴向推力被平衡，推力轴承只用

来承担剩余的轴向推力。通常采取的措施有：

（1）开平衡孔。即在叶轮上开 5 或 7 个平衡孔，使叶轮前后的压力差减小，从而减小汽轮机的轴向推力。

（2）采用平衡活塞。汽轮机常采用平衡活塞来平衡轴向推力。即在汽轮机的高压端，将第一个轴封套的直径加大作为平衡活塞，如图 1 - 44 所示。平衡活塞两端环形面积上作用着不同的蒸汽压力（$p > p_x$），在这个压差作用下产生了与汽流流动方向相反的轴向推力。

（3）多缸汽轮机采用反向流动布置。即采用汽缸对置，使不同汽缸中的汽流流动方向相反，抵消一部分轴向推力。这在大容量机组中得到普遍采用。图 1 - 45 为三缸汽轮机布置的一种方案，高中压缸对头布置，抵消掉大部分轴向推力；同时低压缸又采用了分流布置，从而使汽轮机的轴向推力大大减少了。

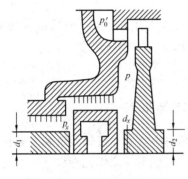

图 1 - 44　平衡活塞示意图

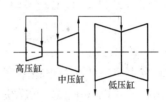

图 1 - 45　汽轮机各汽缸对置排列

六、汽轮发电机组的效率和经济指标

（一）汽轮发电机组的效率

汽轮发电机组是将蒸汽热能转换成电能的装置，汽轮发电机组的各种效率表明在蒸汽热能转换成电能的过程中，各种设备或部件的工作完善程度。

如图 1 - 46 所示，在不考虑任何损失时，蒸汽在汽轮机中的理想焓降为 ΔH_t，其对应的汽轮机功率为理想功率 P_t；考虑了汽轮机的内部损失后，真正转换成机械功的焓降为汽轮机的有效焓降 ΔH_i，其对应的功率为内功率 P_i；从内功率中扣除机械损失后的功率才是拖动发电机的功率，称之为有效功率 P_e；发电机在将机械能转换成电能的过程中也存在一些损失，扣除这部分损失之后的功率才是发电机输出的电功率 P_{el}。由此可见 $P_t > P_i > P_e > P_{el}$。

1. 汽轮机的相对内效率 η_{ri}

汽轮机的有效焓降 ΔH_i（或内功率 P_i）与理想焓降 ΔH_t（或理想功率 P_t）之比称为汽轮机的相对内效率 η_{ri}，即

$$\eta_{ri} = \frac{\Delta H_i}{\Delta H_t} = \frac{P_i}{P_t} \qquad (1 - 70)$$

由于汽轮机的相对内效率考虑了蒸汽在汽轮机中的所有内部损失，因此它表明了汽轮机内部结构的完善程度，目前大功率汽轮机的相对内效率已达到 87% 以上。

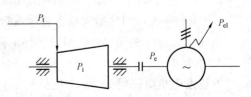

图 1 - 46　汽轮发电机组的功率示意图

2. 汽轮机的相对有效效率 η_{re}

汽轮机有效功率与汽轮机内功率之比为机械效率 η_m，即

$$\eta_m = \frac{P_e}{P_i}$$

机械效率一般为 96% ~ 99%。

汽轮机有效功率与汽轮机理想功率之比称为汽轮机相对有效效率 η_{re}，即

$$\eta_{re} = \frac{P_e}{P_t} = \frac{P_e}{P_i} \frac{P_i}{P_t} = \eta_{ri} \eta_m \qquad (1-71)$$

3. 汽轮发电机组的相对电效率 $\eta_{0,el}$

发电机输出的电功率 P_{el} 与汽轮机的有效功率之比为发电机效率 η_g，即

$$\eta_g = \frac{P_{el}}{P_e}$$

发电机的效率与发电机所采用的冷却方式及机组容量有关，中小型机组采用空气冷却，$\eta_g = 92\% \sim 98\%$；大功率的机组采用氢冷却或水冷却，η_g 在 98% 以上。

发电机输出的电功率与汽轮机理想功率之比称为汽轮发电机组的相对电效率，即

$$\eta_{el} = \frac{P_{el}}{P_t} = \frac{P_i}{P_t} \frac{P_e}{P_i} \frac{P_{el}}{P_e} = \eta_{ri} \eta_m \eta_g \qquad (1-72)$$

上式说明汽轮发电机组的相对电效率等于汽轮机的相对内效率、机械效率和发电机效率的乘积。不难看出，相对电效率的高低反映了整台汽轮发电机组的工作完善程度。

汽轮发电机组输出的电功率 P_{el} 为

$$P_{el} = \frac{D \Delta H_t \eta_{ri} \eta_m \eta_g}{3600} \qquad (1-73)$$

(二) 汽轮发电机组的汽耗率和热耗率

1. 汽耗率

汽轮发电机组每发 1kW·h 电能所消耗的蒸汽量称为汽耗率 d，单位为 kg/ (kW·h)。每小时消耗的蒸汽量为汽耗量 D，单位为 kg/h。由式 (1-73) 可得

$$D = \frac{3600 P_{el}}{\Delta H_t \eta_{ri} \eta_m \eta_g} = \frac{3600 P_{el}}{\Delta H_i \eta_m \eta_g} \qquad (1-74)$$

因此汽耗率 d 可由下式求得：

$$d = \frac{D}{P_{el}} = \frac{3600}{\Delta H_t \eta_{ri} \eta_m \eta_g} = \frac{3600}{\Delta H_i \eta_m \eta_g} \qquad (1-75)$$

有回热抽汽的机组，式 (1-75) 中的 ΔH_i 应由当量有效焓降 $\Delta \overline{H}_i$ 代替。

$$\Delta \overline{H}_i = \Sigma (1 - \Sigma \alpha) \Delta H_i \qquad (1-76)$$

式中　ΔH_i——各段回热抽汽间的有效焓降；

　　　α——各段回热抽汽量占总进汽量的份额。

汽耗率只能反映同型号机组经济性的高低。

2. 热耗率

汽轮发电机组每发 1kW·h 电能所消耗的热量称为热耗率 q，当汽耗率求出后，热耗率可表示为

$$q = d(h_0 - h_{fw}) \qquad (1-77)$$

若为中间再热机组，则

$$q = d\left[(h_0 - h_{fw}) + \frac{D_r}{D_0}(h_r - h'_r)\right] \qquad (1-78)$$

式中　D_0、D_r——汽轮机总进汽量和再热蒸汽量，kg/h；

　　　h_0、h_{fw}——新蒸汽的焓值和锅炉给水的焓值，kJ/kg；

　　　h_r、h'_r——再热蒸汽的初焓和汽轮机高压缸排汽的焓值，kJ/kg。

热耗率不仅反映出汽轮机结构的完善程度，也反映出发电厂热力循环的效率及运行技术水平的情况。

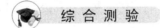

能力训练

1. 绘制一台多级汽轮机的热力过程线。
2. 分析多级汽轮机的效率比单级汽轮机效率高的原因。
3. 汽轮机的整机损失有哪些？产生这些损失的原因是什么？
4. 分析单缸多级汽轮机轴向推力产生的原因是什么？平衡多级汽轮机轴向推力方法有哪些？

综合测验

一、问答题

1. 什么是汽轮机的级？级有哪几类？各自的特点是什么？
2. 什么是汽轮机的反动度？根据反动度的大小级可分为哪几类？
3. 蒸汽在渐缩斜切喷管的膨胀特点是什么？
4. 蒸汽在什么情况下膨胀，其流量系数会小于1？什么情况下会大于1？说明理由。
5. 什么是速度比？什么是最佳速度比？画出纯冲动级和反动级在最佳速度比下的速度三角形。
6. 什么是重热现象？它对汽轮机的效率有何影响？
7. 汽轮机的整机损失有哪些？产生这些损失的原因是什么？
8. 多级汽轮机的效率为什么比单级汽轮机的效率高？
9. 轴向推力产生的原因是什么？由哪几部分组成？平衡方法是什么？
10. 发电机组的效率有哪些？它们之间的关系是什么？

二、计算题

已知某级的滞止理想焓降是53.8kJ/kg，$\alpha_1 = 13°$，$\varphi = 0.97$，$\psi = 0.931$，$\beta_2 = \beta_1 - 3$，反动度 $\rho = 0.06$，动叶的平均直径为1.002m，级的流量为360t/h，$n = 3000$r/min。试求：

（1）计算并画出级的速度三角形；

（2）计算级的轮周功率和轮周效率。

三、绘图题

画出带反动度的冲动级的热力过程线，并标注 Δh_2，Δh_n，Δh_b 及 Δh_{c2}。

项目二 汽轮机的构造

项目目标

熟悉汽轮机的构造，为学习汽轮机运行做好准备。

任务一 汽缸的结构和热膨胀

任务目标

熟悉汽缸的构造及汽轮机滑销系统，为学习汽轮机运行做好准备。

知识准备

汽轮机本体由转动部分（转子）和静止部分（静体或静子）两部分组成。转动部分包括动叶片、叶轮（反动式汽轮机为转鼓）、主轴和联轴器及紧固件等旋转部件；静止部分包括汽缸、蒸汽室、喷管室、喷管、隔板、隔板套（反动式汽轮机为静叶持环）、汽封、轴承、轴承座、机座、滑销系统以及有关紧固零件等。转子的作用是汇集各级动叶片上的旋转机械能，并将其传递给发电机。

一、汽缸的作用

汽缸是汽轮机的外壳，其作用是将汽轮机的通流部分与大气隔开，形成封闭的汽室，保证蒸汽在汽轮机内部完成能量转换过程。汽缸内安装着喷管室、隔板、隔板套等零部件；汽缸外连接着进汽、排汽、抽汽等管道。

汽缸重量大、形状复杂并且在高温高压下工作，除了承受内外压差以及汽缸本身和装在其中的各零部件的重量等静载荷外，还要承受隔板和喷管作用在汽缸上的力，以及进汽管道作用在汽缸上的力和由于沿汽缸轴向、径向温度分布不均匀（尤其在启动、停机和变工况时）而引起的热应力。汽缸运行中的热应力对高参数、大功率汽轮机的影响更为突出。

因此，在考虑汽缸结构时，除了要保证足够的强度、刚度和保证各部分受热时自由膨胀以及通流部分有较好的流动性能外，还应考虑在满足强度和刚度的要求下，尽量减薄汽缸壁和连接法兰的厚度，并力求使汽缸形状简单、对称，以减小热应力；为了节省高级耐热合金钢，还应使高温高压部分限制在尽可能小的范围内；同时还要保持静止部分同转动部分处于同心状态，并保持合理的间隙；另外，在汽轮机运行时，必须合理控制汽缸温度的变化速度和温差，以避免汽缸产生过大的热应力和热变形，及由此而引起的汽缸结合面不严密或汽缸裂纹。

二、汽缸的结构

（一）总体结构

为了加工制造及安装检修方便，汽缸多做成水平对分形式，即分为上、下汽缸，水平结合面用法兰螺栓连接，且上、下汽缸的水平中分面都经过精加工，以防止结合面漏汽。同时为了合理利用材料，还常以一个或两个垂直结合面而分为高压、中压、低压等几段。和水平结合面一样，垂直结合面亦通过法兰、螺栓连接，所不同的是垂直结合面通常在制造厂一次装配完毕就不再拆卸了，有的还在垂直结合面的内圆加以密封焊。

汽缸自高压端向低压端看，大体上呈圆筒形或近似圆锥形。图 2-1 所示为高压单缸凝汽式汽轮机汽缸外形图。该汽缸除有水平中分面外，还有两个垂直结合面，将汽缸分为高、中、低压三段。前部有四个和汽缸焊在一起的蒸汽室，分别与四根进汽管相连，下部留有各级抽汽管口，尾部则是与凝汽器相连接的排汽管口。

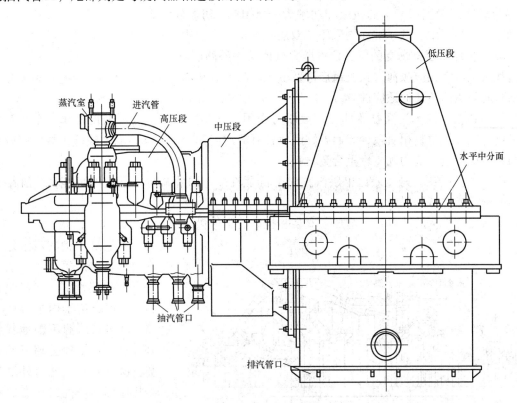

图 2-1 高压单缸凝汽式汽轮机汽缸外形

汽缸的高、中压段一般采用合金钢或碳钢铸造结构，低压段可根据容量和结构要求，采用铸造结构或由简单铸件、型钢及钢板焊接的焊接结构。

一般汽轮机的汽缸数目是随机组容量的增大而增加的，国产汽轮机容量在 100MW 以下的都是单缸，100、125、135MW 基本上采用双缸，200MW 采用三缸，300MW 采用四个汽缸或两个汽缸（高中压合缸和一个低压缸），600MW 采用四个汽缸或三个汽缸。但在一般情况下，单轴机组很少采用 5 个以上汽缸，因为汽缸数目过多，机组总长度就太长，安装、检修工艺要求高，造价增加，而且对于远离推力轴承的汽缸，其转子和汽缸的相对膨胀差值太大，对机组运行的经济性和安全性不利。

（二）高、中压缸

通常初参数不超过 8.83MPa、535℃，容量在 100MW 以下的中、小功率汽轮机，都采用单层汽缸结构。随着初参数的不断提高，汽缸内外压差不断增大，为保证中分面的汽密性，连接螺栓必须有很大的预紧力，因而螺栓尺寸加大。与此相应，法兰、汽缸壁都很厚，导致启动、停机和工况变化时，汽缸壁和法兰、法兰和螺栓之间将因温差过大而产生很大的热应力、甚至使汽缸变形、螺栓拉断。为此，近代高参数大容量汽轮机的高压缸多采用双层缸结构。有的机组甚至将高、中压缸和低压缸全做成双层缸。例如，国产 200MW 机组高压缸的高温部分采用了双层缸结构。而国产 300MW 机组（N300-16.18/535/535 和 N300-16.18/550/550 型机组）的 4 个汽缸（高压缸、中压缸和两个低压缸），以及引进美国西屋公司专利由上海汽轮机厂制造生产的 N300-16.67/537/537 和后来生产的国产优化引进型 N300-16.67/538/538 型汽轮机的高中压合缸及低压缸都是内外双层缸。功率为 1000MW，初参数为 24.4MPa、535℃/535℃的机组和功率为 1300MW，初参数为 23.3MPa、538℃/538℃的双轴机组，其高、中、低压缸亦均采用了双层缸结构。高、中压缸采用双层缸结构的优点是：

（1）把原单层缸承受的巨大蒸汽压力分摊给内外两层缸，减少了每层缸的压差与温差，缸壁和法兰可以相应减薄，在机组启停及变工况时，其热应力也相应减小，因此有利于缩短启动时间和提高负荷的适应性。

（2）内缸主要承受高温及部分蒸汽压力作用，且其尺寸小，故可做得较薄，则所耗用的贵重耐热金属材料相对减少。而外缸因设计有蒸汽内部冷却，运行温度较低，故可用较便宜的合金钢制造，节约优质贵重合金材料。

（3）外缸的内、外压差比单层汽缸时降低了许多，因此减少了漏汽的可能，汽缸结合面的严密性能够得到保障。

但双层缸结构的缺点是：增加了安装和检修的工作量。

双层缸结构的汽缸通常在内外缸夹层里引入一股中等压力的蒸汽流。当机组正常运行时，由于内缸温度很高，其热量源源不断地辐射到外缸，有使外缸超温的趋势，这时夹层汽流对外缸起冷却作用。当机组冷态启动时，为使内外缸尽可能迅速同步加热，以减小动、静胀差和热应力，缩短启动时间，此时夹层汽流即对汽缸起加热作用。

图 2-2 为国产 200MW 汽轮机高压内、外缸示意图。内缸工作温度较高，采用综合性能较好的珠光体热强钢

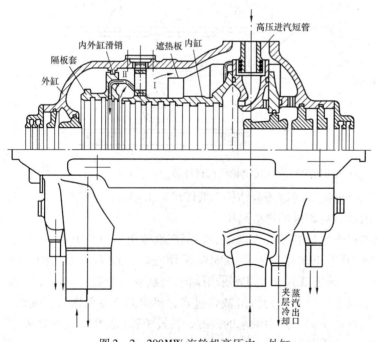

图 2-2　200MW 汽轮机高压内、外缸

ZG15Cr1Mo1V，能在570℃下长期工作。而由于夹层Ⅰ区一直受到一号汽封套和喷管室进汽短管中漏汽的冷却，Ⅱ区一直受到高压缸第九级后引出的一部分蒸汽的冷却，外缸工作温度较低，可以采用不含钒的热强钢ZG20CrMo，能在500℃下长期工作。同时又由于Ⅰ、Ⅱ区的温度与通流部分中相应位置的汽流温度相差不大，还保证了每层汽缸的内、外温差及转子和汽缸的胀差不致过大。

为了减少内缸对外缸的辐射热量、降低外缸温度，还可以在夹层中间加装遮热板，大约可使外缸温度降低30℃左右。在外缸材料工作温度许可的条件下，考虑到加工，特别是安装、检修的方便性以及减少运行中的噪声，也可以不装遮热板。

图2-3是一种双层结构的高压缸，它用在我国引进的法国CEM300MW汽轮机上。其内缸是圆筒形汽缸，由两个基本上对称的无法兰半圆形汽缸组成，用七道热套紧配的环形紧圈箍紧密封。图中1是内缸，2和3是安装在内缸与紧圈之间的隔热板和定位环，4是紧圈，5是紧圈与外缸6之间的隔热板。因隔热板2的存在，可将内缸与紧圈间的温差保持在一定范围内，因而可控制紧圈的伸量，以保证足够的紧力。这种结构的采用取消了法兰，大大减小了启动、停机及负荷变动时汽缸壁的热应力，缩短了机组的启停时间，改善了机组的负荷适应性。然而，无水平中分面，这种圆圈形汽缸安装、检修较为困难，特别是动静间隙的调整、检测甚为不便。

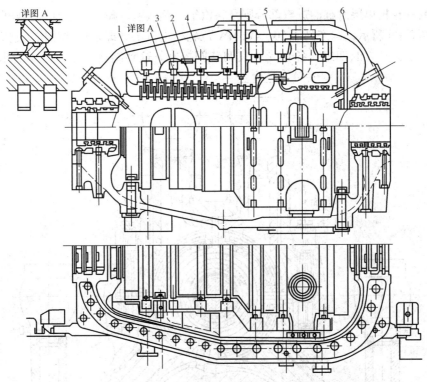

图2-3 法国GEM300MW汽轮机的高压缸
1—内缸；2—内隔热板；3—定位环；4—紧圈；5—外隔热板；6—外缸

（三）进汽部分

进汽部分指调节汽阀后蒸汽进入汽缸第1级喷管这段区域。它包括调节汽阀至喷管室的主蒸汽（或再热蒸汽）导管、导管与汽缸的连接部分和喷管室。它是汽缸中承受蒸汽压力和温度最高的部分。

一般中、低参数汽轮机进汽部分与汽缸整体浇铸为一体，如图2-4所示；或者是将它们分别浇铸好后，用螺栓连接在一起，如图2-5所示。前者加工量小，但容易产生较大的热应力，后者加工量大，但能简化汽缸形状，减小热应力。

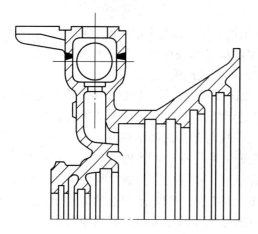 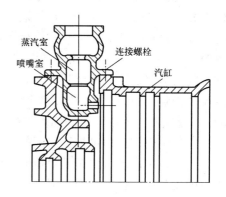

图2-4　汽缸、蒸汽室、喷管室整体浇铸结构　　　　图2-5　汽缸、蒸汽室、喷管室螺栓连接结构

高参数汽轮机单层汽缸的进汽部分则是将汽缸、蒸汽室、喷管室分别浇铸好后，焊接在一起，如图2-6所示，国产高压50、100MW汽轮机进汽部分即是这种结构。它们的蒸汽室和喷管室分别为独立的四组，各自受一只调节阀控制。这种结构由于汽缸本身形状得到简

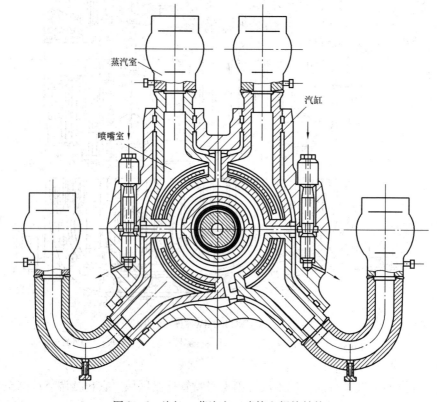

图2-6　汽缸、蒸汽室、喷管室焊接结构

化，而且蒸汽室、喷管室沿着汽缸圆周对称布置，汽缸受热均匀，因此热应力较小。又因高温、高压蒸汽只作用在蒸汽室与喷管室上，汽缸接触的是调节级喷管出口后的汽流，温度、压力都有所下降，因此汽缸可以选用比蒸汽室和喷管室低一级的材料。

随着汽轮机单机功率的增加，进汽参数的提高，除采用多缸及双层汽缸外，对进汽部分的结构也提出了新的要求。首先表现在调节阀的布置上。进汽参数在 8.83MPa、535℃ 及以下的中、小功率汽轮机，调节阀均直接装在汽缸上，更高参数的大功率汽轮机，为减小热应力，对汽缸受热均匀性及形状对称性要求越来越高，这就要求喷管室沿圆周均匀分布，而且汽缸上下都要有进汽管和调节阀。由于调节阀布置在汽缸下部会给机组布置、安装、检修带来困难，因此需要把调节阀与汽缸分离，单独布置。

另外，大功率汽轮机进汽管和再热管道多为双路布置，需要两个主汽阀。这样就可以把两个主汽阀分置于汽缸两侧，并且分别和调节阀合用一个壳体，每个主汽阀控制两个或多个调节阀。图2-7以国产125MW汽轮机为例，说明了高参数、大功率汽轮机高压进汽管及调节阀的布置情况，其中Ⅰ、Ⅳ号调节阀与1号主汽阀装在一个壳体内，Ⅱ、Ⅲ号调节阀与2号主汽阀装在一个壳体内，分别置于高压缸两侧的运转平台上，再用四根进汽导管把调节阀和内外缸联系在一起。为了补偿进汽导管和汽缸的热膨胀，导管都做成具有较大挠性的弯曲形状，并呈星形（径向）布置。它具有能使汽缸形状简化、对称，避免高温蒸汽直接与汽缸接触，便于安装检修等优点。但是由于调节阀后这段进汽

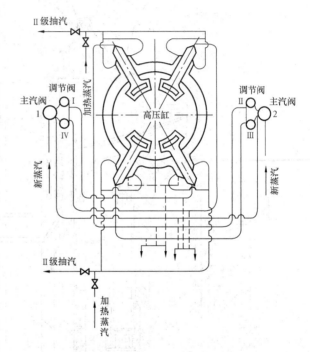

图2-7　高参数、大功率汽轮机进汽管及调节阀布置

导管的存在，增加了有害蒸汽容积，从而降低了机组调节的灵敏性，增加了甩负荷时动态升速过大的危险，对调节机构提出了更高的要求。因此，应尽量使调节阀靠近汽缸，以减小调节阀后的蒸汽空间。

对于采用双层缸结构的汽轮机，因为进入喷管室的进汽管要穿过外缸和内缸，才能和喷管室相连接，而内、外缸之间在运行中是具有相对膨胀的，进汽管既不能同时固定在内外缸上，也不能让大量高温蒸汽外泄。因此采用了一种双层结构的高压进汽短管，把高压进汽导管与喷管室连接起来。图2-8表示了一种高压进汽短管的结构，它用在国产125MW和300MW汽轮机上。其外层通过螺栓与外缸连接在一起，内层则套在喷管室的进汽管上，并用活塞密封环加以密封。这样既保证了高压蒸汽的密封，又容许喷管室进汽管与双层套管之间的相对膨胀。为遮挡进汽连接管的辐射热量，在双层套管的内外层之间还装有带螺旋圈的遮热衬套或称遮热筒，遮热衬套管上端的小管就是汽缸夹层中冷蒸汽流出或启动时加热蒸汽流入的通道。

高压喷管室与内缸之间采用锥面定位大螺帽连接，并用薄壁衬环封焊以保证热膨胀后的

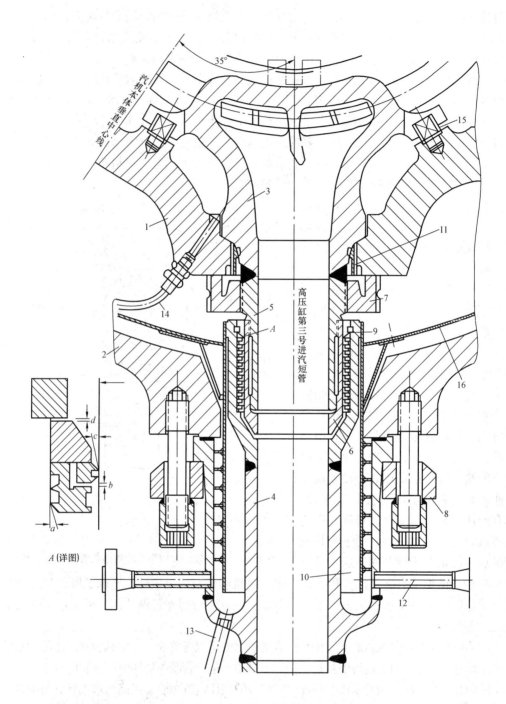

图 2-8 高压汽缸进汽短管

1—内缸；2—外缸；3—喷管室；4—进汽短管；5—喷管室进汽管；6—密封衬套；7—连接
螺母；8—大法兰；9—叠片式汽封；10—挡热衬套；11—薄壁衬环；12—冷却蒸汽排汽管；
13—夹层疏水管；14—汽缸疏水管；15—喷管定位销；16—挡热护罩

密封。四只喷管室在内缸上采用径向对称布置，以使汽缸均匀受热，每只喷管室还有三个导向键用来保证热膨胀时的轴向和径向位置。

双层结构的中压缸和低压缸，由于进汽参数较低，其进汽短管的结构比较简单。如国产125、300MW 汽轮机的中压进汽短管的内套管就直接伸在中压内缸的进汽口内，低压进汽短管的结构更为简单，图2-9是它的结构图，其中内套管与内缸上的进汽法兰连接，外套管通过波形补偿筒与外缸进汽法兰连接，内、外缸的膨胀差由波形补偿筒来吸收。

（四）排汽缸

单缸汽轮机的低压段以及多缸汽轮机的低压缸，统称汽轮机的排汽缸。现代大功率凝汽式汽轮机，由于容积流量很大，因而排汽缸尺寸很大，排汽口数目往往不止一个。

由于排汽缸内承受的蒸汽压力、温度都比较低，它的强度一般没有什么问题。但是为充分利用排汽余速、减小流动损失，要求排汽缸有合理导流形状以及防止因刚度不足而产生变形等成了考虑的主要问题。

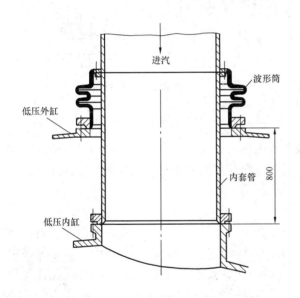

图2-9 低压进汽短管

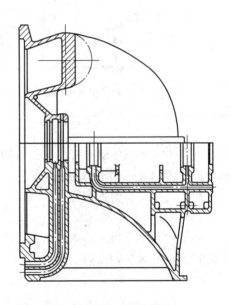

图2-10 铸造结构排汽缸

中、小功率汽轮机的排汽缸是用铸铁浇铸成的，汽轮机的后轴承座和发电机的前轴承座与排汽缸一体铸出，如图2-10所示。它的结构简单，但排汽余速的回收较差。对于较大功率的单缸汽轮机（如51-50-3型汽轮机）由于排汽缸尺寸增大，为减轻重量，增加刚度，采用加强筋加固的钢板焊接结构，如图2-11所示。汽轮机后轴承座与排汽缸连成一体，排汽缸内壁呈流线型，并采用非轴对称扩散型导流器以较多地回收排汽余速。有些大功率汽轮机，如国产125、300MW 及600MW 汽轮机，排汽缸还采用了双层汽缸及单层排汽室的结构，如图2-12所示。其外壳温度分布均匀，不易产生翘曲变形。内缸1由于形状复杂、通道多，采用铸造结构，外缸2和排汽室3则由钢板焊接而成。在排汽室通道内装设轴对称的轴向—径向扩压器，以充分利用排汽余速。为了减小汽缸变形以及在稍有变形时也不影响转子中心，还将汽轮机后轴承座和发电机前轴承座与排汽缸分开落地布置（直接放在基础台板上），尽管这种结构比较复杂，但由于上述优点，它还是在双层结构的排汽缸上得到了广泛应用。

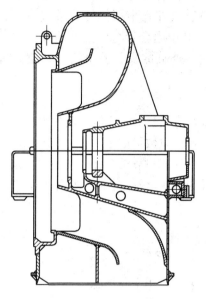

图 2-11 焊接结构排汽缸

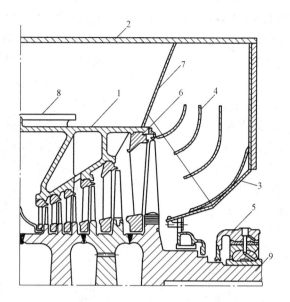

图 2-12 双层缸结构排汽缸

1—内缸；2—外缸；3—排汽室；4—扩压管；5—汽轮机后轴
承；6—隔板套；7—扩压管斜前壁；8—进汽口；9—低压转子

有些大功率汽轮机除将汽轮机后轴承座和发电机前轴承座落地布置外，还将低压缸两端的外汽封体固定在相应的轴承座外壳上，汽封与排汽缸之间采用整圈的波形弹性管连接，以避免由于汽缸变形而影响转子与汽封片间的径向间隙。

（五）法兰和连接螺栓

汽缸内部承受很大的蒸汽压力，因此水平结合面的密封是一个非常重要的问题。高参数汽轮机汽缸所承受的压力很高（特别是高压缸），要保证水平结合面的汽密性，就必须采用很厚的法兰和排列很紧密、尺寸很大的连接螺栓。通常要求螺栓中心距不超过螺孔直径的1.5～1.7 倍。为了减少高压缸法兰承受的弯应力和螺栓承受的拉应力，并减小法兰内、外温差，又将法兰螺栓内移，使螺栓中心线尽量靠近汽缸壁中心线。同时为了装卸方便，还将螺帽加高，采用套筒螺帽，如图 2-13 所示。

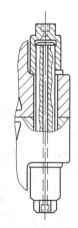

图 2-13 高压缸的厚法兰、长螺栓

考虑到法兰和螺栓总是处在高温下工作，它必须具有足够的强度和紧力，为了克服由于材料的蠕变使螺栓的压紧力逐渐小于初始预紧力的应力松弛现象，保证两次大修期间螺栓的实际压紧力一直能满足法兰的汽密性要求，必须使螺栓具有足够的预紧力（初应力）。为此，高参数汽轮机高温部分的连接螺栓都采用热紧方式。图 2-13 上螺栓的中心孔（孔的直径一般在20mm 左右）就是为了拧紧螺栓时加热用的，可采用电加热或汽加热等方法。通过测量螺帽的转角或测量螺栓的绝对伸长来控制热紧量，以达到所需要的预紧力。

由于高压缸法兰厚而宽，启动时它的温度低于汽缸内壁温度，而连接螺栓的温度又将低于法兰的温度，从而使法兰比螺栓膨胀得快，汽缸又比法兰膨胀得快。这将在法兰和螺栓中产生很大的热应力。严重时，会使法兰面产生塑性变形或拉断螺栓。另外，法兰内外温差也会造成水平结合面的翘曲和汽缸裂纹。因此，为了减少启动、变工况时汽缸、法兰以及连接螺栓之间的温差，缩短启动时间，可采用法兰螺栓加热装置，在汽轮机启动时，对法兰和螺栓补充加热。有的汽轮机在法兰和螺栓之间加入铜粉、铝粉之类的金属粉末，来增强法兰与螺栓之间的传热。还可以采用埋头螺栓代替双头螺栓，如图2-14所示。这种螺栓由于旋入部分传热快，可减小法兰与螺栓之间的温差，但是它增加了在汽缸内加工螺纹这个工序，同时由于螺栓短了，不利于减小螺栓中的弯曲应力。

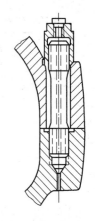

图2-14 高压缸的埋头螺栓

双层缸结构的汽轮机，外缸比内缸受热慢，其法兰螺栓受热更慢，致使汽缸的热膨胀受到牵制，形成过大的胀差（转子与静止部分的膨胀差），降低机组的启、停速度。为此，大多数双层缸结构的汽轮机，如国产50、125、200、300MW汽轮机，高、中压内、外缸均设有法兰螺栓加热装置，它们的结构大体相仿。

图2-15表示的是国产高压50MW汽轮机的法兰螺栓加热蒸汽流程示意图。加热蒸汽从前猫爪下的A孔引入，经由法兰结合面处的槽道，流向上法兰的第一只螺栓孔，再由该螺栓孔上部的小连通管流向上法兰的第二只螺栓孔，然后向下流经法兰结合面处的槽道至下法兰第一只螺栓孔，再经过下部的小连通管进入下法兰第二只螺栓孔……，加热蒸汽就这样依次迂回流经全部高压段法兰、螺栓，最后由下法兰最后一只螺栓孔处的孔B流出。加热蒸汽汽源如图2-16所示，一路是新蒸汽的高温汽源；另一路来自0.79~1.28MPa的蒸汽或除氧器抽汽母管。启动时，加热蒸汽由低温过渡到高温，逐渐对法兰螺栓加热。为了控制各部分的温差和胀差，当汽轮机甩负荷时，也可以用来通以冷却蒸汽对法兰螺栓进行冷却。

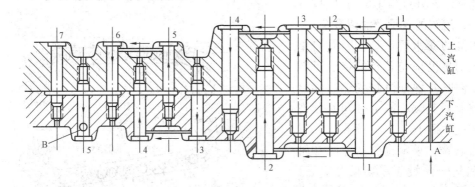

图2-15 国产高压50MW汽轮机法兰、螺栓加热装置蒸汽流程示意图

图2-17为国产300MW汽轮机高压法兰螺栓加热装置示意图，高压外缸采用对穿螺栓，在每个螺孔对应的上下法兰侧开有与螺孔相通的蒸汽连接管口1和2，法兰外面有许多小弯管将相邻两个螺孔连通。来自"法兰螺栓调温加热联箱"的加热（冷却）蒸汽从下法兰第十、十一只螺孔进入后，分别依次经过10~1号螺孔及11~22号螺孔，然后排入"法兰螺栓加热集汽联箱"。蒸汽在螺孔周围流动时，对螺栓及法兰进行了加热（或冷却）。

为了弥补下法兰（尤其是125MW汽轮机，其加热蒸汽始终沿上法兰及水平结合面槽道流动）和法兰外壁加热不足，还在高、中压外缸上、下法兰外缘加装一个加热汽柜

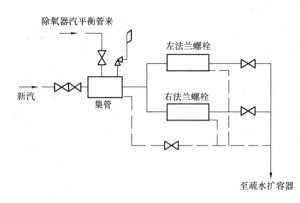

图 2 - 16　高压 5MW 汽轮机法兰螺栓加热装置加热

（125MW 汽轮机只在下法兰）。图 2 - 18 所示为国产 300MW 汽轮机高压缸法兰加热汽柜示意图，加热汽柜 1 中设有挡板 2 以增加加热蒸汽流程，从而更有效地加热下法兰及法兰外缘。

法兰、螺栓加热装置的采用，虽然减小了热应力，但使汽轮机结构复杂，并增加启、停时的操作。因此，有的机组不设法兰螺栓加热装置。如国产引进型 300MW 机组就没有该装置，这是因为：①该机组的汽缸设计成内缸两侧温差小而压差大，沿壁厚的温度梯度减至最低限度，热应力很小，故内缸主要承受压应力，起压力容器的作用；外缸内侧是冷却蒸汽，外侧是大气，其两侧温差大而压差小，主要承受温差的热应力，因此可以采用较薄的缸壁和较窄的法兰。②该机组法兰、螺栓直径较小，节距较密，且尽可能靠近汽缸内壁，使汽缸、法兰、螺栓都易于加热。③该机组动静部分间隙较大，可增大胀差的限制值。所以该机组法兰、螺栓均未采用加热（冷却）装置，简化了系统及启动操作程序，并可缩短启动时间。

三、汽缸的支承及滑销系统

汽缸的支承要平稳，因其自重而产生的挠度应与转子的挠度近似相等，同时要保证汽缸受热后能自由膨胀，而其动、静部分同心状态不变或变动很小。

汽缸的支承定位包括外缸在轴承座和基础台板（座架、机架等）上的支承定位，内缸在外缸中的支承定位，以及滑销系统的布置等。

（一）汽缸的支承

汽缸支承在基础台板上，基础台板又用地脚螺栓固定在基础上。

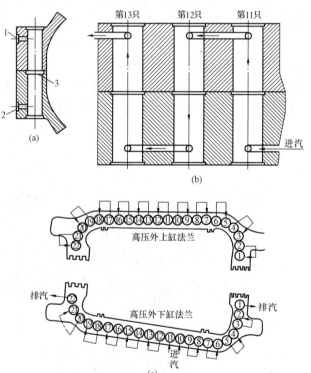

图 2 - 17　300MW 机组汽缸法兰螺栓加热装置示意图
（a）高压外缸法兰；（b）、（c）法兰螺栓加热流程
1、2—蒸汽连接口；3—平面槽

汽缸支承方法一般有两种：一种是汽缸通过猫爪支承在轴承座上，通过轴承座放置在台板上；另一种是用外伸的撑脚直接放置在台板上。

1. 猫爪支承

汽缸通过其水平法兰延伸的猫爪（搭爪）作为承力面，支承在轴承座上，故称猫爪支承。

猫爪支承又分为上缸猫爪支承和下缸猫爪支承两种。高、中压汽缸均采用此种支承方式。

（1）下缸猫爪支承。下汽缸水平法兰前后延伸的猫爪称下缸猫爪，又称工作猫爪（支承猫爪）。在高压缸的下缸前后各有两只猫爪，分别支承在高压缸前后的轴承座上。下缸猫爪支承又可分非中分面支承和中分面支承两种。

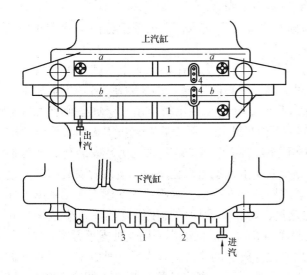

图2-18 法兰加热汽柜
1—加热汽柜；2—挡汽板；3—膨胀补偿曲面；
4—法兰壁测温孔

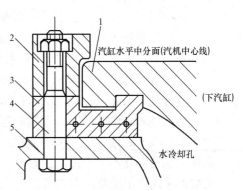

图2-19 下缸猫爪支承
1—猫爪；2—压块；3—支承块；
4—紧固螺栓；5—轴承座

1）非中分面猫爪支承。这种猫爪支承的承力面与汽缸水平中分面不在一个平面内，见图2-19。其结构简单，安装检修方便，但当汽缸受热使猫爪因温度升高而产生膨胀时，导致汽缸中分面抬高，偏离转子的中心线，这样将使动、静部分的径向间隙改变。严重时会因动、静部分摩擦太大而造成事故。所以这种猫爪只用于温度不高的中低参数机组的高压缸支承。对于高参数大容量机组，因其汽封间隙小，而猫爪厚度大，受热后使汽缸上抬的影响大，需采用其他支承方式。

2）中分面猫爪支承。高参数大容量机组的高压缸支撑在轴承上可采用中分面支承方式，即汽缸法兰中分面（中心线）与支承面一致。下汽缸中分面猫爪支承方式是将下缸猫爪位置抬高，使猫爪承力面正好与汽缸中分面在同一水平面上，如图2-20所示。这样，当汽缸温度变化时，猫爪热膨胀不会影响汽缸的中心线。但这种结构因猫爪抬高使

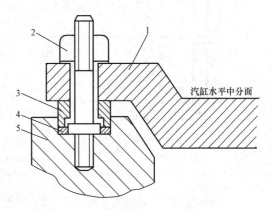

图2-20 下缸猫爪中分面支承方式
1—下缸猫爪；2—螺栓；3—平面键；
4—垫圈；5—轴承座

下汽缸的加工复杂化。上海汽轮机厂生产的国产优化引进型 300MW 机组高中压缸下汽缸就是采用此种下缸猫爪中分面支承。其高压外缸是由 4 只猫爪支承，4 只猫爪与下半缸一起整体铸出，位于下汽缸水平法兰上部。猫爪搁置在前后轴承座上，并与其连接面保持在水平中分面。此结构在机组运行过程中，能使汽缸的中心与转子的中心保持一致，它还可降低螺栓受力，以及改善汽缸中分面漏汽状况。每个猫爪与轴承座之间都用双头螺栓连接，以防止汽缸与轴承座之间产生脱空。螺母与猫爪之间留有适当的膨胀间隙，猫爪下部有垫块，垫块上部平面可由油槽打入高温润滑脂，以保证猫爪可自由膨胀。

（2）上缸猫爪支承。上缸的猫爪支承称作上缸猫爪支承，它采用中分面支承方式，如图 2 - 21 所示。

上缸法兰延伸的猫爪（也称工作猫爪）作为承力面支承在轴承座上，其承力面与汽缸水平中分面在同一平面内。猫爪受热膨胀时，汽缸中心仍与转子中心保持一致。下缸靠水平法兰的螺栓吊在上缸上，使螺栓受力增加。此种支承安装时比较麻烦，下缸必须有安装猫爪，即图中下缸猫爪 2。它只在安装时起支持下缸的作用。下边的安装垫铁 3 用来调整汽缸洼窝中心，安装好后紧固螺栓 8，安装猫爪不再起支承作用，就不再受力，安装垫铁即可抽走，留待检修时再用。上缸猫爪支承在工作垫铁 4 上，承担汽缸重量。运行时安装猫爪通过横销推动轴承座做轴向移动，并在横向起热膨胀的导向作用。水冷垫铁 5 固定在轴承座上并通有冷却水，以不断地带走由猫爪传来的热量，防止支承面的高度因受热而发生改变。同时，也使轴承的温度不至于过高。国产 125MW 和 300MW 机组都采用这种支承方式。

内缸也采用类似猫爪支承的方式，利用其法兰外伸的支持搭耳支承在外缸上。亦有下缸猫爪支承和上缸猫爪支承两种方式，如图 2 - 22 所示。上海汽轮机厂生产的国产 300MW 机组的高、中压缸的支承就是如此。它的内下缸 1 通过法兰螺栓吊装在内上缸 3 上，内上缸的法兰中分面支承在外下缸 4 的法兰中分面上。外下缸又由外缸螺栓吊装在外上缸 6 上。而外上缸是通过前后猫爪支承在轴承座 7 上的。这种结构在汽缸受到膨胀后，其洼窝中心仍与转子中心保持一致。

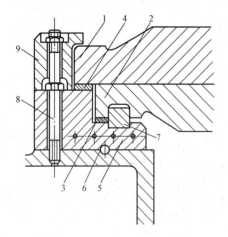

图 2 - 21　上缸猫爪支承结构
1—上缸猫爪；2—下缸猫爪；3—安装垫片；
4—工作垫片；5—水冷垫铁；6—定位销；
7—定位键；8—紧固螺栓；9—压块

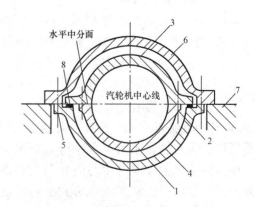

图 2 - 22　内缸在外缸上的中分面支承
1—内下缸；2—内缸连接螺栓；3—内上缸；
4—外下缸；5—外缸连接螺栓；6—外上缸；
7—轴承座；8—支承垫片

2. 台板支承

低压外缸由于外形尺寸较大，一般都采用下缸伸出的搭脚直接支承在基础台板上，如图2-23所示。虽然它的支承面比汽缸中分面低，但因其温度低，膨胀不明显，所以影响不大。但需注意，汽轮机在空载或低负荷运行时排汽温度不能过高，否则将使排汽缸过热，影响转子和汽缸的同心度或转子的中心线，所以要限制排汽温度，设置排汽缸喷水装置。喷水装置布置在低压缸的导流板上，国产300MW机组规定，排汽温度高于80℃时投入喷水装置。图2-24上的管2为喷水管，沿着末级叶根呈圆周形布置。喷水管上钻有两排喷水孔，将由进水管1引入的凝结水喷向排汽缸内部空间，使排汽温度降低。

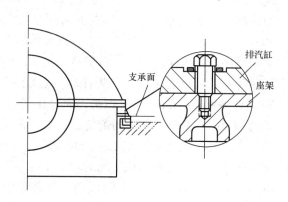

图2-23 排汽缸的支承

图2-24 排汽缸喷水降温装置
1—进水管；2—喷水管

上海汽轮机厂生产的国产优化引进型300MW机组低压外缸采用台板支承方式，台板固定在基础上，搭脚与台板之间的位置靠键来定位。低压外缸的支承面比中分面低980mm，由于低压缸与前后轴承座做成一体，轴承座直接支承在基础台板上，低压缸的静、动部分间隙在设计时考虑较大，所以采用这种低于中分面的支承方式，对动静间隙并不产生影响。

（二）滑销系统

汽轮机在启动、停机和运行时，汽缸的温度变化较大，将沿长、宽、高几个方向膨胀或收缩。由于基础台板的温度升高低于汽缸，如果汽缸和基础台板为固定连接，则汽缸将不能自由膨胀，所以汽缸的自由膨胀问题就成了汽轮机的制造、安装、检修和运行中的一个重要问题。以国产200MW汽轮机为例，额定工况下其高、中、低汽缸总的热膨胀值达29.78mm；高、中、低压转子总的热膨胀值达35.81mm。为了保证它们受热后按一定方向自由膨胀（冷却时按一定方向收缩），保持动静部分中心不变，避免因膨胀不均匀造成不应有的应力及伴随而生的振动，因而必须设置一套滑销系统。在汽缸与基础台板间和汽缸与轴承座之间应装上各种滑销，并使固定汽缸的螺栓留出适当的间隙，既保证汽缸自由膨胀，又能保持机组中心不变。

滑销系统通常由横销、纵销、立销、角销等组成。

（1）横销。横销引导汽缸沿横向滑动，并在轴向起定位作用。一般安装在低压缸的搭脚与台板之间，左右各装一个。高中压缸猫爪与轴承座之间也设有横销，称为猫爪横销。

（2）纵销。引导轴承座或汽缸沿轴向滑动，并限制轴向中心线横向移动。纵销与横销中心线的交点为膨胀的固定点，称为死点。纵销一般安装在轴承座底部与台板之间及低压缸与台板之间，处于汽轮机的轴向中心线正下方。对凝汽式汽轮机来讲，死点多布置在低压排汽口的中心或其附近，这样在汽轮机受热膨胀时，对庞大笨重的凝汽器影响较小。

（3）立销。立销引导汽缸的膨胀沿垂直方向的滑动，并与纵销共同保持机组的轴向中心不变。立销安装在汽缸与轴承座之间，也处于机组的纵向中心线正下方。

（4）角销。安装在轴承座底部左右两侧，其作用是防止轴承座与基础台板脱离。

图 2-25 为一台单缸凝汽式汽轮机的滑销系统。图中 O 点为死点，它是由排汽缸与基础台板之间的一对横销 B 及下汽缸前后两个立销 D 和 C 所确定的，位于排汽口中心。汽缸前猫爪与前轴承座的支承面之间有一对猫爪横销 A，前轴承座与基础台板之间有一个纵销 E。汽缸的热膨胀以 O 为死点，纵向朝前膨胀，通过横销 A 推动前轴承座在基础台板上向前滑动。由于纵销 E 的存在，汽轮机相对基础的中心可以保持不变。又由于立销 C 的存在，汽缸相对轴承座的中心也可保持不变，即保证了汽轮机动、静部分中心一致。

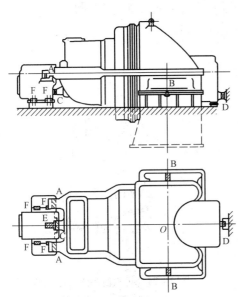

图 2-25　单缸凝汽式汽轮机滑销系统

图 2-26 以 51-50-3 型汽轮机为例，表示了各滑销的具体结构。图中：（d）图为布置在前轴承座四角的角销或称压板；（e）图为低压缸与基础台板之间的联系螺栓，需要注意的是其螺孔在汽缸的膨胀方向上要留有足够的间隙，以保证汽缸的自由膨胀。

多缸结构的大功率汽轮机，转子、汽缸、基础台板间的膨胀差很大，机组的定位比较复杂，热膨胀对动、静部分轴向间隙影响较大，图 2-27 以国产 200MW 汽轮机为例表示了三缸结构凝汽式汽轮机的滑销系统，在前、中轴承座与基础台板间有四个纵销 D 和角销 B；在高压缸前猫爪与前轴承座间，高压缸后猫爪、中压缸前猫爪与中轴承座之间，设有六个猫爪横销 A_1；中压缸排汽室机脚与它的后基础台板间、低压缸前排汽室机脚与它的前基础台板间设有四个横销 A；在高压缸与前、中轴承座间，中压缸前端与中轴承座间，中压缸排汽室与连接铁间，以及低压缸前排汽室与连接铁和低压缸后排汽室与发电机轴承座间，又分别设有六个立销 C。这样就可以保证汽轮机受热后，在纵向、横向和垂直方向的自由膨胀，同时又保证了汽缸与轴承间、轴承座与基础台板间的中心不变以及动、静部分中心一致。该机组有两个热膨胀死点，因为它的中压排汽室和低压缸的轴向尺寸较长，若只选一个死点，总的膨胀量将太大，会使远离死点的凝汽器接口处的补偿产生困难。因此设立两个绝对死点，一个在中压缸排汽口中心点后的 S_1，另一个在低压缸前排汽口中心点前的 S_2。这样，高、中压缸向前膨胀，低压缸向发电机侧膨胀，各自的绝对膨胀量都可适当减小。对双层汽缸来讲，还有一个内缸在外缸中的定位和热膨胀问题。为了保证内缸受热后能自由膨胀并保持与外缸中心一致，内缸和外缸也设有滑销系统。由于进汽管是通过外缸和内缸进入喷管室的，

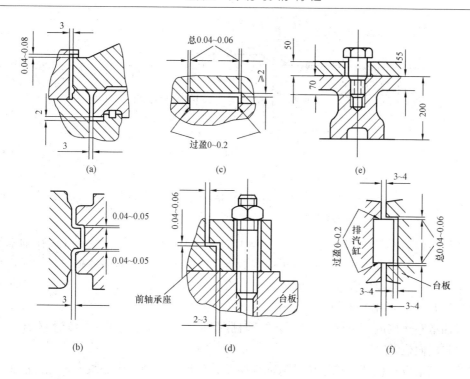

图 2-26 汽轮机滑销结构图（单位：mm）

（a）猫爪横销；（b）前缸立销；（c）前轴承纵销；（d）角销（压板）；（e）联系螺栓；（f）后缸立销

内外缸在进汽管处不能有相对位移，因此，内缸的死点一般设在进汽管中心线所处的垂直平面上。

上海汽轮机厂生产的国产优化引进型 300MW 机组的滑销系统如图 2-28 所示。低压外下缸搭脚与台板之间的位置靠 4 个滑销来定位，滑销位置如下：在低压缸两侧的横向中心线上各有 1 个横销，在汽缸支撑上及基础台板上铣有矩形销槽，横销装在基础台板的销槽中，它与汽缸支撑的销槽间留有间隙，左右两侧的间隙应大致相等，两侧间隙之和为 0.04 ~ 0.06mm，顶部间隙应不小于 0.5mm。横销的作用是保证汽缸在横向的正确膨胀，并限制汽缸沿纵向的移动以确定低压缸的轴向位置，保证汽缸在运行中受热膨胀时中心位置不会发生变化。在低压缸前后两端的纵向中心线上各有 1 个纵销，其作用是保证汽缸在纵向正确膨胀，并限制汽缸沿横向移动，以确定低压缸的横向位置。纵销中心线与横销中心线的交点形成整个汽缸的膨胀死点，在汽缸膨胀时，该点始终保持不动，汽缸只能以此点为中心向前、后、左、右方向膨胀。

高、中压外下缸的 4 个猫爪

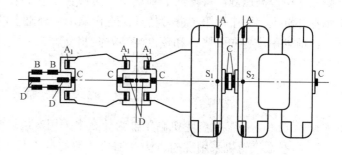

图 2-27 国产 200MW 汽轮机的滑销系统

A—横销；A_1—猫爪横销；B—角销；C—立销；

D—纵销；S_1、S_2—绝对死点

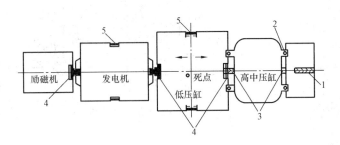

图 2 - 28　　上海汽轮机厂生产的国产优化引进型
300MW 机组的滑销系统
1—纵销；2—猫爪横销；3—H 形中心推拉梁；4—立销；5—横销

下都有横销与前轴承座和低压外缸（调速器端）的轴承座相连，用来固定汽缸在轴承座之间的位置。当汽缸温度变化时，高、中压缸在沿自己的猫爪横销作横向伸缩时，同时推动轴承座在轴向与汽缸一起前后移动，以保持转子与汽缸的轴向相对位置不变。在高、中压外下缸前后两端各有一 H 形中心推拉梁（见图 2 - 29），通过螺栓、定位销等分别使高、中压缸与其前、后轴承座连接成一整体，用于传递汽缸胀缩时的推拉力，并保证汽缸相对于轴承座正确的轴向和横向位置。

在前轴承座下设有纵销，该销位于前轴承座及其台板间的轴向中心线上，允许前轴承座作轴向自由膨胀，但限制其横向移动。因此，整个机组以死点为中心，通过高中压缸带动前轴承座向前膨胀。前轴承座的轴向位移就表示了高、中、低压缸向前膨胀值之和。一般说来，汽缸对座架的膨胀值称为绝对膨胀值，所以推力轴承处轴向测得的膨胀就称为高、中、低压缸的绝对膨胀。在轴承座与基础台板滑动面间有耐磨块，并可定期向滑动面与静止、摩擦面间加润滑油。

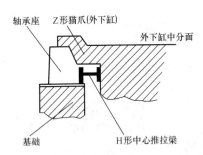

图 2 - 29　　外下缸 Z 形猫爪中分面
支承与 H 形中心推拉梁示意图

低压内缸是支持在外缸上的，它们的死点是一致的，因此低压内缸也以死点为中心向前后两端膨胀。

高中压内缸的死点在高中压进汽管中心线之间的横向截面上，高压静叶持环是支承在内缸上的，而内缸又支承在外缸上，外缸以死点为中心向前膨胀，所以高压静叶持环向前轴承座方向膨胀。中压第一静叶持环支承在内缸上，内缸又支承在外缸上，而中压第二静叶持环是直接支承在外缸上的，所以中压第一、第二静叶持环均是向前轴承座方向膨胀，和蒸汽流动方向相反。

能力训练

1. 大功率、高参数汽轮机高压缸为什么多采用双层缸？
2. 高参数汽轮机采用螺栓、法兰加热装置有什么好处，是否一定要采用螺栓、法兰加热装置？举例说明。
3. 高压缸在轴承座上有哪几种支承方式？各有什么优缺点？
4. 汽轮机滑销系统有什么作用？说明滑销系统的组成及各类滑销的作用？

任务二　喷嘴组及隔板的结构

 任务目标

熟悉喷嘴组及隔板的结构。

 知识准备

一、喷管组

近代汽轮机较多采用喷管调节配汽方式，因此汽轮机的第一级喷管，通常都根据调节阀的个数成组布置，这些成组布置的喷管称为喷管组。它一般有两种结构形式：一种是中参数汽轮机上采用的由单个铣制的喷管叶片焊接而成的喷管组，另一种是高参数汽轮机上采用的整体铣制焊接而成或精密浇铸而成的喷管组。

图 2–30 是 31–25–7 型汽轮机调节级喷管组的结构及其装配图。它是由单个铣制的喷管叶片焊接组成的，其中（a）图是单个铣制的喷管；（b）图是喷管组的装配情形，即喷管 2 进汽侧的凸肩嵌装在内环 1 和外环 3 的相应凹槽中，焊成一体后再用螺钉 4 固定在汽缸上。为防止漏汽，在汽缸和喷管组间装有垫片 5；（c）图是喷管组的展开图，由图看出，各喷管组被首、末两个带型线的端块 6、7 及隔筋 8 分开。这种喷管组的缺点是当压力较高时，喷管组和汽缸接合面处易产生漏汽，因此不能用于高参数汽轮机中。

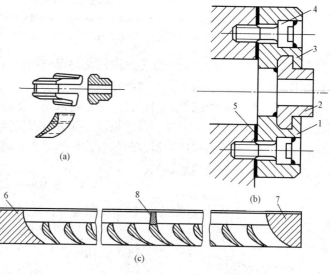

图 2–30　单个铣制的调节级喷管组及其装配

（a）单个铣制喷管；（b）喷管组段的装配；（c）喷管组段的展开
1—内环；2—喷管；3—外环；4—螺钉；5—垫片；6—首块；7—末块；8—隔筋

图 2–31 为用在高参数汽轮机上的整体铣制焊接结构的喷管组。在一圆弧形锻件上（作为内环）直接将喷管叶片铣出［见图 2–31（a）］，然后在叶片顶端焊上圆弧形的隔叶件，隔叶件的外圆上再焊上外环。喷管叶片与内环、隔叶件一起构成了喷管流道。喷管组通过凸肩装在喷管室的环形槽道中，靠近汽缸垂直中分面的一端，用一只密封销和两只定位销将喷管组固定在喷管室中；在另一端，喷管组与喷管室通过 Ⅱ 形密封键密封配合。这

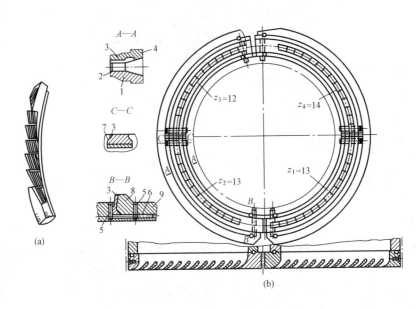

图 2-31 整体铣制焊接喷管组

1—内弧圈；2—喷管叶片；3—隔叶件（喷管顶部间壁）；4—外环；

5—定位销；6—密封销；7—Ⅱ形密封件；8—喷管组首块；9—喷管室

样，热膨胀时，喷管组以定位销一段为死点向密封键一段自由膨胀。这种喷管组密封性能和热膨胀性能比较好，广泛应用于高参数汽轮机上。

喷管组除了整体铣制的以外，精密铸造法正越来越广泛地得到应用。喷管组的这种成型方法不仅能保证足够的表面粗糙度和尺寸精度，而且可以得到任意形状的喷管汽道，因此可以很方便地采用新的喷管型线以取得理想的气流特性，提高喷管效率。此外，这种方法还可以节省大量材料，降低制造成本。

国产引进型 300MW 汽轮机调节级有六个喷管组，通过进汽侧的凸肩装在喷管室出口的环形槽道内，并用螺钉固定，如图 2-32 所示。

喷管组是汽轮机通流部分中承受汽温最高的部件之一，目前高参数汽轮机的喷管组多采用 15Cr1Mo1V、20CrMoV、Cr12WMoVNb 等热强性能好的铬钼钒合金钢。

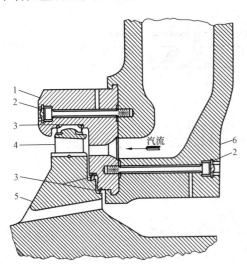

图 2-32 国产引进型 300MW 汽轮机调节级

1—喷管组；2—螺钉；3—径向汽封；

4—动叶片；5—转子；6—喷管室

二、隔板

隔板的作用是固定静叶片（喷管叶片），并将汽缸内间隔成若干个汽室。

（一）隔板的结构

冲动式汽轮机的隔板主要由隔板外缘、静叶片和隔板体组成。它可以直接固定在汽缸上或固定在隔板套上，通常都做成水平对分形式，其内圆孔处开有隔板汽封的安装槽。隔板的具体结构是根据它的工作温度和作用在隔板两侧的蒸汽压差来决定的，主要有以下两种形式。

1. 焊接隔板

如图 2-33 所示，先将铣制（或冷拉、模压、精密浇铸）的静叶片 1 焊接在内、外围带 2 和 3 之间，组成喷管组，然后再将其焊在隔板体 5 及隔板外缘 4 之间，组成焊接隔板。焊接隔板具有较高的强度和刚度，较好的汽密性，加工较方便，因此广为中、高参数汽轮机的高中压部分所采用。

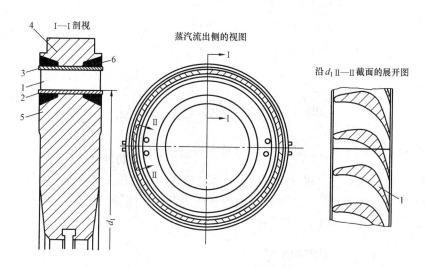

图 2-33　焊接隔板

1—静叶片；2—内围带；3—外围带；4—隔板外缘；5—隔板体；6—焊缝

对于高参数大功率汽轮机的高压部分，每一级的蒸汽压差较大，其隔板必须做得很厚，而静叶高度却很短，例如国产 20MW 汽轮机第二级隔板体的厚度已达 115mm，而静叶高度 l 只有 48mm。如果仍沿整个隔板厚度做出静叶，就会使静叶相对高度 l/b 太小，导致端部流动损失增加，喷管效率降低。为此，可以采用宽度较小的窄喷管焊接隔板。图 2-34 为国产 200MW 汽轮机第二级窄喷管焊接隔板，它的静叶宽度仅为 25mm。图中隔板体和外缘是分别加工的，然后用二十六条具有流线型的导流筋（加强筋）将它们焊接在一起，再将静叶焊在适当部位。图 2-35 表示的是另一种用在国产 125MW 和 300MW 汽轮机中的窄喷管焊接隔板，它的隔板体、隔板外缘及导流筋是一个整体。

窄喷管焊接隔板的优点是喷管损失小。但是由于有相当数目的导流筋（导流筋的数目根

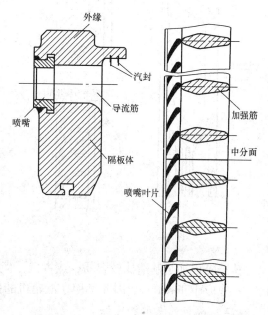

图 2-34　窄喷管焊接隔板（导流筋与板体分开焊接）

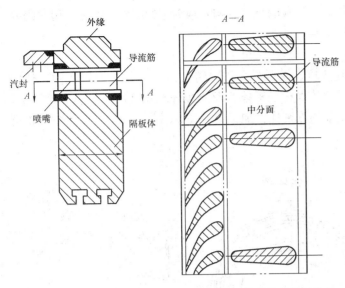

图 2-35　窄喷管焊接隔板（导流筋与板体外缘整体结构）

据强度要求确定）存在，将增加汽流的阻力。

2. 铸造隔板

铸造隔板是将已成型好的静叶片，在浇铸隔板体的同时放入其中，一体铸出而成，如图 2-36 所示。它的静叶片可用铣制、冷拉、模压以及爆炸成型等方法制成。为使静叶片与隔板体紧密地连接在一起，浇铸前在静叶片两端开出圆孔或缺口，并镀以锡或锌，如图 2-37 所示。铸造隔板的中分面往往成倾斜形（如图 2-36 所示），以避免水平对开时截断静叶片。

大功率汽轮机的末一、二级常用空心静叶片，这些叶片的顶部常设置均压用的小孔，以避免运行中由于空心静叶外部处于真空状态而内部压力升高，使静叶片在内外压差作用下变形。此外，还在根部钻有疏水小孔。

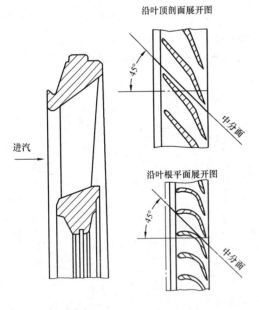

图 2-36　铸造隔板

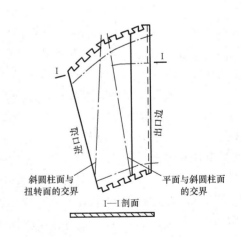

图 2-37　铸造隔板的静叶片

铸造隔板加工制造比较容易，成本低，但是静叶片的表面粗糙较高，使用温度也不能太高，一般应小于 300℃，因此都用在汽轮机的低压部分。

（二）隔板的支承和定位

隔板在汽缸内的支承和定位，通常有以下几种方法。

1. 销钉支承定位

图2-38表示了这种方法，在隔板外缘上沿圆周装有六个径向销钉，隔板通过这六个销钉支承在汽缸的隔板槽中，改变销钉的长短就可以调整隔板的径向位置。隔板轴向位置是靠调整装于隔板两侧的另外六只轴向销钉的长短来保证的。这种方法比较简单，调整也比较方便，但是由于隔板受热膨胀后中心被抬高，会使隔板汽封径向间隙发生变化。对于高压隔板来讲，这种变化尤为严重，因此这种支承定位方法仅适用于低压部分工作的铸造隔板上。

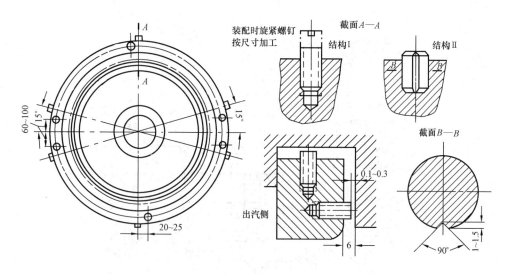

图2-38 隔板用销钉支持定位（单位：mm）

2. 悬挂销和键支承定位

图2-39表示了这种方法。下半隔板支承在靠近中分面的两个悬挂销上，隔板的上下位置是靠修整悬挂销的厚度来保证的，左右位置则靠修整下隔板底部的平键来保证。有时还在悬挂销下加一可调垫块，以备找中时用，找中完毕将垫块点焊在悬挂销上。这种方法由于隔板和汽缸的支承面（在悬挂销下）靠近中分面，因此在隔板受热膨胀后，其中心变化较小，所以广为高压部分隔板所采用。

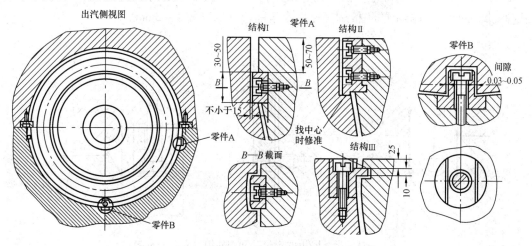

图2-39 隔板用悬挂销和键支承定位（单位：mm）

3. Z形悬挂销支承定位

为了解决超高参数汽轮机在对中方面更加严格的要求，与汽缸的中分面支承法相类似，隔板也可以采用中分面支承方式。这种方式使隔板在汽缸中的支承平面通过机组中心线，以保证隔板受热后其洼窝中心仍和汽缸中心一致，具体结构如图2-40所示。下隔板的两个Z形悬挂销支承在汽缸的水平中分面上，隔板的中心是靠修整悬挂销下面的垫块厚度及调整隔板底部的底销来完成的。

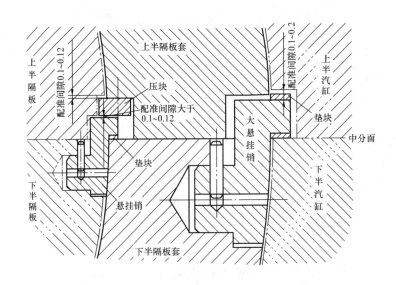

图2-40　隔板的Z形悬挂销支承定位（单位：mm）

上隔板本身没有定位结构，而是由上、下隔板结合面上的定位键或轴向圆柱销来定位的，如图2-41所示，下隔板中心找好后，上隔板的位置也就随之而定了。大多数隔板还在下半中分面上装有突出的平键（见图2-42）与上半中分面上相应的凹槽相配合，除了定位外，还可以增加隔板的刚性和汽密性。通常还用压板和螺钉将上隔板固定在上汽缸上，如图2-43所示，以便检修时和上汽缸一同起吊。为了使隔板受热后能自由膨胀，压板周围留有一定间隙。同理，汽缸上的隔板槽直径应大于隔板外缘直径1~2mm。

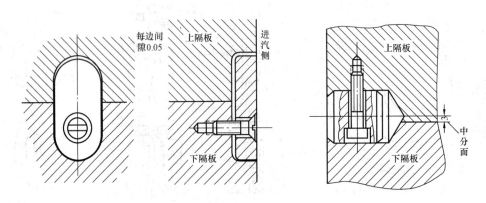

图2-41　上下隔板的定位键和圆柱销（单位：mm）

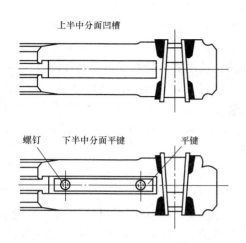

图 2-42 上下隔板结合面的平键

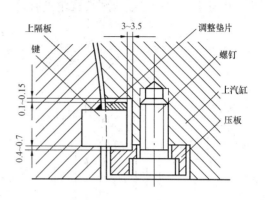

图 2-43 上隔板的固定（单位：mm）

在高参数汽轮机中还普遍采用隔板套结构，即把相邻几级隔板装在隔板套内，再将隔板套装在汽缸中，如图 2-44 所示。上、下隔板套 1、2 之间采用螺栓 3 连接，因此在上汽缸 4 起吊时，上隔板套 1 并不随之一起升起。隔板套在汽缸内的支承与定位采用悬挂销和键的结构：垂直方向靠调整悬挂销下方垫片 7 的厚度来定位；左右方向靠底部的平键 8（为减少漏汽，也可采用斜键）或定位销钉 9 来定位。为保证隔板套的热膨胀，它与汽缸凹槽之间应留有一定间隙。隔板在隔板套内的支承与定位也和隔板在汽缸内的支承与定位一样，采用悬挂销和键支承定位或 Z 形悬挂销支承定位。

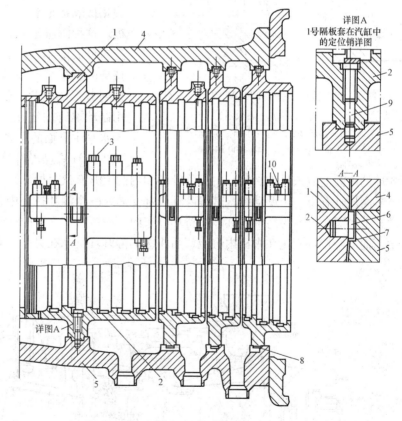

图 2-44 隔板套

1—上隔板套；2—下隔板套；3—螺栓；4—上汽缸；5—下汽缸；
6—悬挂销；7—垫片；8—平键；9—定位销；10—顶开螺钉

隔板套的采用可以简化汽缸结构，便于抽汽口的布置，使汽缸轴向尺寸减小，并且为不同种汽轮机汽缸通用化创造了条件。但是隔板套的采用会增大汽缸的径向尺寸，同时也增加了水平中分面法兰的厚度，延长汽轮机启动时间。

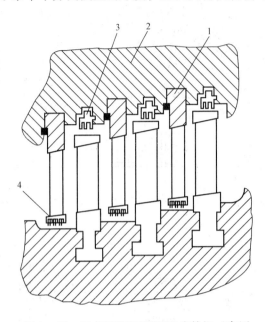

图 2-45　国产引进型 300MW 汽轮机（高压
通流部分）隔板示意

1—静叶环；2—静叶持环；3—动叶
顶部径向汽封；4—静叶环汽封

三、反动式汽轮机的静叶环和静叶持环

反动式汽轮机采用鼓式转子，动叶片直接安装在转鼓上，静叶环装在汽缸内壁或静叶持环上，所以该类型的机组没有叶轮和隔板。

1. 高中压缸的静叶环和静叶持环

国产引进型 300MW 汽轮机的压力级均为反动级，图 2-45 为该机组高压通流部分示意。本机的高中压缸静叶片由方钢加工而成，具有偏置的根部和整体围带，各叶根和围带在沿静叶片组的外圆和内圆焊接在一起，构成相似隔板形状的静叶环，有人称为叶片隔板。这种隔板形状的静叶环，在水平中分面处对分成两半，当其上下两半部分嵌入静叶持环的直槽后，在直槽侧面的凹槽中打入一系列 L 形缩紧片，使之固定。各上半部分再用制动螺钉固定在上静叶持环中，此螺钉位于水平中分面的左侧（当向发电机看时）。为减少蒸汽流经静叶环时的漏气量，在高压静

叶环的内圆上嵌入排汽封片，中压静叶环的内圆上开有汽封槽。

高压缸有十一个反动级，其静叶环全部支承在一个静叶持环中，而静叶持环固定在高压内缸上，图 2-46 为高中压缸静叶持环分布图。中压缸前 5 级的静叶环支承在一个静叶持环中，而静叶持环固定在中压内缸上，后 4 级的静叶环支承在另一个静叶持环中，而此静叶持

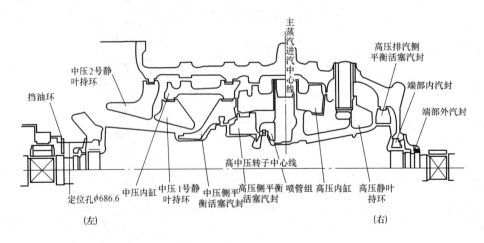

图 2-46　为高中压缸静叶持环分布图

环固定在中压外缸上。

2. 低压缸静叶环和静叶持环

低压缸的静叶环,其结构形式基本上与高中压缸的静叶环相似。低压缸是对分式布置,该缸有两个静叶持环,图 2 – 47 为低压缸静叶持环分布图。中压缸端的前 2 级静叶环支承在一个静叶持环中,而该静叶持环固定在低压 1 号内缸上。发电机端的前 4 级静叶环支承在另一个静叶持环中,而该静叶持环也固定在低压 1 号内缸上。静叶环内圆上开有汽封槽。

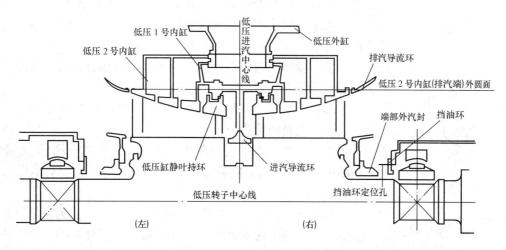

图 2 – 47　为低压缸静叶持环分布图

能 力 训 练

1. 隔板有哪几种结构形式?各应用于什么场合?
2. 汽轮机设置隔板套有什么优缺点?
3. 隔板在汽缸中有哪几种支承与定位方式?

任务三　汽封和轴封系统

任 务 目 标

熟悉汽封的结构和轴封系统的组成。

知 识 准 备

一、汽封的作用

汽轮机运转时,转子高速旋转,汽缸、隔板(或静叶环)等静体固定不动,因此转子和静体之间需留有适当的间隙(也就是我们常说的动静间隙),从而保证不相互碰磨。然而间隙的存在就要导致漏汽(漏气),这样不仅会降低机组效率,还会影响机组安全运行。为了减少蒸汽泄漏和防止空气漏入，需要有密封装置，通常称为汽封。汽封按其安装位置的不同，可分为通流部分汽封、隔板（或静叶环）汽封、轴端汽封。反动式汽轮机还装有高、中压平衡活塞汽封和低压平衡活塞汽封。

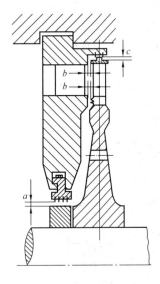

转子穿过汽缸两端处的汽封，简称轴封。高压轴封的作用是防止蒸汽漏出汽缸，造成工质损失，恶化运行环境，导致轴颈受热或冲进轴承使润滑油质劣化；低压轴封则用来防止空气漏入汽缸，破坏凝汽器的正常工作，影响凝汽器真空。

隔板内圆处的汽封叫做隔板汽封，用来阻碍蒸汽绕过喷管而引起能量损失并使叶轮上的轴向推力增大。

动叶栅顶部和根部处的汽封叫做通流部分汽封，用来阻碍蒸汽从动叶栅两端逸散致使做功能力降低。

隔板汽封和通流部分汽封的位置可参看图 2-48。

二、汽封的结构

电站汽轮机主要应用曲径式汽封，其主要有梳齿形、J 形（也叫伞柄形）和枞树形几种形式。

（一）梳齿形汽封

梳齿形汽封结构如图 2-49 所示。图中（a）为高低齿梳齿汽封。汽封环 1 通常分成 4~6 段，嵌入汽封体 2 的槽中，并且用弹簧片 3 压向中心。主轴套装着车有一排径向凸环的汽封套

图 2-48 隔板汽封和通流部分汽封

4（或直接在主轴上车出径向凸环）。汽封环的梳齿高低相间，高齿伸入凸环底部，而低齿接近凸环顶部，这样便构成了一个多次曲折并且有很多狭缝的通道，对漏汽产生很大的阻力。运行时，即使转子与汽封环发生摩擦也不会产生大量的热能而危及转子的安全，这是因为梳齿片尖端很薄，而且汽封环被弹簧片支持着可以作径向退让的缘故。图中（b）为平齿梳齿汽封。其结构较高低齿汽封简单，但汽阻亦较小，阻汽效果也差一些。

通常，汽轮机的高压轴封和高压隔板汽封采用高低齿型汽封，汽封环材料为不锈钢；低压轴封和低压隔板汽封采用平齿型汽封，汽封环材料为锡青铜。

梳齿形汽封是汽轮机中应用最广泛的一种汽封，如国产引进型 300MW 机组汽轮机汽封全部采用梳齿形汽封（平衡活塞汽封和高、中压缸轴封采用一种一高两低齿交错的高低齿型汽封），汽封环由 8 块汽封块组成，分别嵌入到相应部件的汽封槽中，并用四根带状弹簧片将

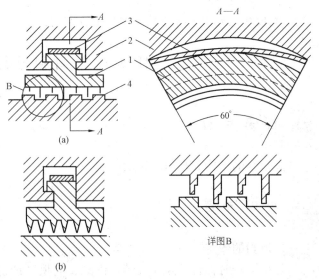

图 2-49 梳齿形汽封
1—汽封环；2—汽封体；3—弹簧片；4—汽封套

汽封环压向中心。弹簧片用螺丝固定，为使弹簧片能自由变形，在螺丝头部都留有足够的间隙，允许弹簧移动，装配时冲铆每个螺钉以防松动，这样使得汽封环具有一定的径向活动性。运行时，即使转子与汽封齿发生摩擦，也因有退让的可能性，减小危及转子的安全的程度，如图 2 - 50 所示。

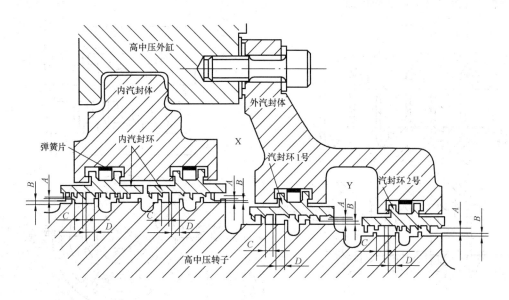

图 2 - 50　引进型 300MW 汽轮机高中压缸轴封

（二）枞树形汽封

枞树形汽封截面如图 2 - 51 所示。图中（a）适用于高压部分，（b）适用于低压部分。这种汽封不仅有径向间隙，而且有轴向间隙可以节流漏汽，汽流通道也更为曲折，故阻汽效果更好，并可大大缩短汽封长度，但因结构复杂，加工精度要求高，国产机组较少采用。

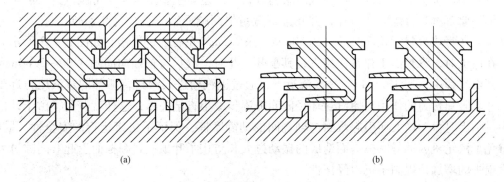

图 2 - 51　枞树形汽封
（a）适用高压部分；（b）适用低压部分

（三）J 形汽封

J 形汽封截面如图 2 - 52 所示。它的汽封齿 1 是截面为"J"形的软金属（不锈钢或镍铬合金）环形薄片，用不锈钢丝 2 嵌压在转子 3 或汽封环 4 的槽中然后铆捻而成。薄片的厚度一般为 0.2 ~ 0.5mm。这种汽封的特点是结构简单，汽封片薄而且软，即使动静部分发生摩擦，产生的热量也不多，且很易被蒸汽带走，故其安全性较前两种汽封好。国产 50MW 以上汽轮机高、中压缸的轴封，以及一些小汽轮机如 N3 型和 N1.5 型汽轮机的轴封都采用了这种型式。

　　J 形汽封的主要缺点是每一汽封片所能承受的压差较小，因而片数很多，而且拆装不方便，使安装和检修工作比较困难。

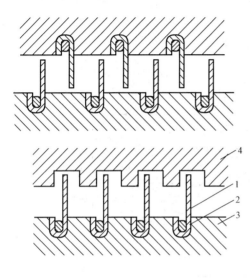

图 2 - 52　J 形汽封截面形状
1—J 形汽封片；2—不锈钢丝；
3—转子；4—汽封环

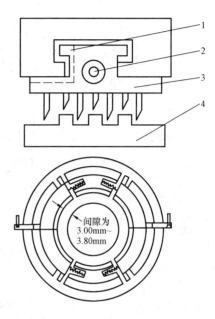

图 2 - 53　可调汽封
1—进汽槽；2—螺旋弹簧；3—汽封圈；4—转子

三、汽封改造

　　近几年，很多电厂对汽轮机的汽封结构进行了改造。主要是采用了可调汽封。可调式汽封取消了原有汽封背部的弹簧片，并在上下汽封块两端面钻一直径为 9.5mm 的孔，放入螺旋弹簧，在每块汽封背弧面铣一长约 50mm、深 2.5mm 左右的进汽槽，如图 2 - 53 所示。这样，在停机时，汽封由于弹簧作用力将其顶开，此时，汽封与轴径向间隙 3.00 ~ 3.80mm 左右；开机过程中，在 3% ~ 47% 蒸汽流量下，通过进汽槽进入汽封背弧部的蒸汽压力逐步增大，并克服弹簧力的作用，使汽封环径向间隙逐步减小直至关闭，这样就避免了由于开机过程中过临界时振动增大而引起汽封与轴之间的动静摩擦，保证了机组运行的安全性。同时，也避免了汽轮机因动静摩擦进而造成的振动过大和防止了叶顶汽封摩擦而引起其间隙过大使漏汽损失的增加，提高了机组经济性。

四、轴封系统

　　最简单的轴封系统如图 2 - 54 所示。机组启动时，蒸汽经进汽门 1、调整门 2 和 3 分别进入高、低压轴封的腔室 A_2 和 B_2，然后向两边分流：一部分进入汽缸；另一部分沿轴向流入腔室 A_1 和 B_1，防止空气顺着这条通道漏入汽缸，以保持冲动转子所必需的真空度，最后经信号管排入大气。机组正常运行时，关闭进汽门 1，高压轴封的漏汽由腔室 A_2 引出，经调整门 2 和 3 流向低压轴封的腔室 B_2 作为低压轴封汽源，多余的蒸汽可经汽门 4 排入凝汽器。少量的漏汽仍经过腔室 A_1 和 B_1 从信号管排入大气，以便监视轴封系统的工作情况。该轴封系统虽然简单，但不能避免工质损失，并且运行时需要经常进行调整，以保持两端的信号管始终有少量蒸汽冒出。这种情况显然是不能满足大型机组对运行安全性和经济性的要求的。

大型机组通常有一个比较复杂的轴封系统。在这些系统中，除有较多的汽封管道外，还有一些使其工作更加完善的辅助设备。现以国产 12.5MW 和国产引进型 300MW 汽轮机组的外部轴封系统

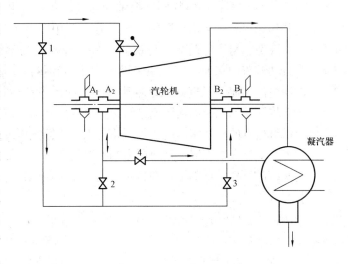

图 2 - 54 简单的轴封系统
1—进汽门；2、3—调整门；4—排汽门

为例说明大型机组轴封系统的工作情况。

大型汽轮机的轴封比较长，通常分成若干段，相邻两段之间有一环形腔室，可以装设引出或导入蒸汽的管道。国产 12.5MW 汽轮机（图 2 - 55 所示）的高压缸后轴封分五段，有四个腔室；中压缸和低压缸的后轴封均为三段两个腔室。与图 2 - 54 所示的系统相比，这个系统多了两套辅助设备：一是轴封抽气器和轴封加热器；一是轴封均压箱（轴封压力调整器）。

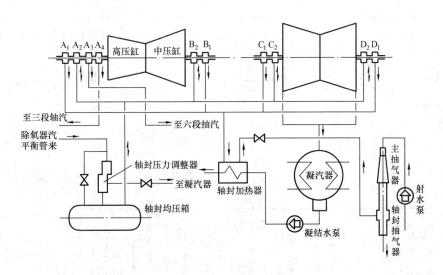

图 2 - 55 国产 12.5MW 汽轮机的轴封系统

轴封抽气器是一只低真空的射水式抽气器，装置在主抽气器下部排水管上，利用主抽气器排水的余速建立低于 0.095MPa（0.097atm）的真空。轴封加热器是一只表面式加热器，主凝结水流过它的水侧，其汽侧的进口端接轴封抽汽母管，出口端接轴封抽气器。在正常运行状态下，汽侧经常保持约 0.00267MPa（20mm 汞柱）的真空度，轴封抽汽母管中的蒸汽、空气混合物便被不断地吸入轴封加热器并将其热量传给主凝结水。混合物中的蒸汽放热后凝

结成疏水进入凝汽器，而空气则流向轴封抽气器并被射水流挟带着排入大气。

轴封均压箱又称轴封供汽联箱，与压力为 0.101~0.127MPa（1.03~1.3atm）的轴封供汽母管连通，并经轴封压力调整器与 0.589MPa（6atm）的除氧器汽平衡管连接。轴封压力调整器是一只自动调节的三通汽门，用来维持均压箱和供汽母管的压力在 0.101~0.127MPa 范围内。当均压箱汽压偏低（例如机组启动过程中和低负荷运行）时，调整器动作，开启除氧器汽平衡管至均压箱的汽门向均压箱供汽；随着汽压升高，汽门自动相应地关小。机组负荷升高时，轴封供汽母管的蒸汽将倒流入均压箱；当均压箱汽压过高时，调整器动作，开启至凝汽器的汽门，将蒸汽排入凝汽器。轴封压力调整器的旁路门是供人工操作向均压箱供汽用的。

轴封系统的工作情况如下：在机组启动和低负荷运行时，轴封均压箱通过供汽母管向各轴封第二腔室 A_2、B_2、C_2、D_2 供汽；在机组高负荷运行时，高、中压缸后轴封漏汽的压力和温度都已经比较高，此时，腔室 A_4、A_3 的部分蒸汽分别送入第三段和第六段抽汽管道，去除氧器和二号低压加热器。腔室 A_2、B_2 中的部分蒸汽倒入 0.101~0.127MPa 母管并流向腔室 C_2、D_2 供低压后轴封用，多余的部分经过轴封压力调整器排入凝汽器。各轴封末端腔室 A_1、B_1、C_1、D_1 内的蒸汽、空气混合物则通过 0.095MPa（0.097atm）母管流入轴封加热器。

由此可见，由于增加了两套辅助设备，这个系统便具有如下优点：第一，全部轴封漏汽及其热量都得到回收利用，不但提高了机组的热效率，而且保护了轴承的正常工作和运行环境；第二，轴封供汽能自动保持稳定，提高了机组运行的安全性和自动化程度；第三，在启动过程中，可以通过改变轴封系统的工况来调整汽轮机的差胀。

国产优化引进型 300MW 机组轴封系统如图 2-56 所示，它是由轴端汽封、轴封供汽母管压力调整机构、轴封加热器、减温器以及有关管道组成的闭式轴封系统。

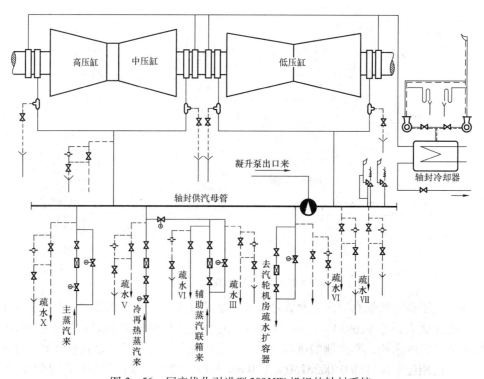

图 2-56 国产优化引进型 300MW 机组的轴封系统

该轴封系统设有定压轴封供汽母管，母管内蒸汽来自冷再热蒸汽、主蒸汽、辅助蒸汽或自密封蒸汽 4 种。机组冷态启动时，先用辅助蒸汽向轴封供汽。机组正常运行中，主蒸汽、冷再热蒸汽、辅助蒸汽作为轴封备用汽源，轴封用汽主要靠高、中压缸高压轴封漏汽（即自密封蒸汽）供给。

轴封供应母管压力维持在 0.118~0.125MPa（绝对压力）。

通向轴封装置的轴封供汽压力通过 3 个气动控制的膜片阀——高压供汽阀、冷再热蒸汽供汽阀、溢流阀进行调节。通常，在启动、跳闸甩负荷、低负荷下无冷再热蒸汽时，用主蒸汽作为轴封的汽源。

该机组轴封的工作过程和 125MW 机组相似，在汽轮机启动和低负荷时（见图 2-57），汽轮机两汽缸中的压力都低于大气压力，密封蒸汽由母管进入 "X" 腔室后，一路经过若干汽封片后流向汽缸内部，

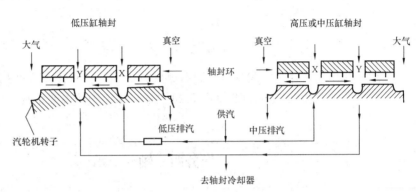

图 2-57 启动或低负荷时汽封流向图

此时 "X" 腔室压力控制在 0.114~0.126MPa（绝对压力），大于当地大气压力；另一路则经过若干汽封后，流到 "Y" 腔室，"Y" 腔室与轴封加热器相连，轴封加热器上的轴加风机抽吸此漏汽，控制该室压力为 0.097MPa（绝对压力），略低于当地大气压力。因而，外界空气通过外汽封漏入 "Y" 腔室后，与从 "X" 腔室来的密封蒸汽混合，再流向轴封加热器。

随着机组负荷的增加，调节汽阀开大，进汽量增加，汽缸内压力相应增大。当高中压缸两端的排汽压力高于 "X" 腔室压力时，汽流在内汽封环内发生相反流动，缸内的蒸汽经过第 1 段汽封片流向 "X" 腔室。随着排汽压力的增加，蒸汽流量亦增加。

因此在大约 15% 额定负荷时，高中压缸调速器端的高压排汽压力已达到密封蒸汽压力，变成自密封。在大约 25% 额定负荷时，高中压缸发电机端的中压排汽压力达到密封压力，变成自密封（见图 2-58）。这时，蒸汽从 "X" 腔室排出，流入汽封母管，蒸汽再由汽封母管流向低压汽封的 "X" 腔室。若通过 "X" 腔室流向汽封母管的漏汽量超过低压缸轴端汽封所需要的蒸汽量，则轴封供汽压力升高，这时供汽阀全关，而打开溢流阀，将过量的蒸汽排入疏水扩容器，以达到调整轴封蒸汽母管压力的目的。

为了预防由于轴封系统的供汽压力可能超过系

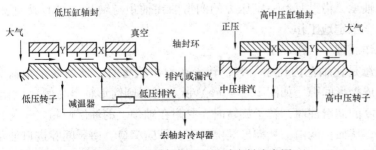

图 2-58 25% 负荷及以上时汽封流向图

统设计允许压力，系统中装设一只安全阀，借以释放可能由于调节汽阀的误动作引起的超压。安全阀动作压力为 0.275 ~ 0.79MPa（绝对压力）。

从轴封供汽母管进入低压缸轴端汽封"X"腔室前，密封蒸汽需减温，以控制蒸汽温度在 121 ~ 177℃之间，防止高温蒸汽使汽封体和轴承座受热变形或损坏转子。蒸汽的减温一方面是利用裸露进汽管自然冷却降温，另一方面用喷水减温系统来调节并加强冷却，其冷却水来自凝结水泵。使用喷水减温系统后，当进入减温器的蒸汽温度为 260℃或更高时，仍可使汽封蒸汽温度维持在规定范围内。如果进入减温器的蒸汽温度远低于 260℃，特别是在接近 121 ~ 177℃时，可停止喷水减温，依靠进汽管的自然冷却就能使蒸汽降温，甚至降低到 121℃以下。

能 力 训 练

1. 汽封的作用是什么？曲径式汽封有哪几种类型？各有什么特点？
2. 轴封系统有什么作用，以 300MW 机组轴封系统为例说明轴封系统的工作原理和工作过程？

任务四　轴　　承

任 务 目 标

熟悉汽轮机轴承的结构及工作过程。

知 识 准 备

轴承是汽轮机的一个重要组成部件，分为径向支持轴承和推力轴承两种类型，它们用来承受转子的全部重量并且确定转子在汽缸中的正确位置。径向支持轴承用来承担转子的重量和旋转的不平衡力，并确定转子的径向位置，以保持转子旋转中心与汽缸中心一致，从而保证转子与汽缸、汽封、隔板等静止部分的径向间隙正确。推力轴承承受蒸汽作用在转子上的轴向推力，并确定转子的轴向位置，以保证通流部分动静间正确的轴向间隙。所以推力轴承被看成转子的定位点，或称汽轮机转子对静子的相对死点。

由于每个轴承都要承受较高的载荷，而且工作转速很高，所以汽轮机的轴承都采用以液体摩擦为理论基础的滑动式轴承，借助具有一定压力的润滑油在轴颈与轴瓦之间形成油膜，建立液体摩擦，使汽轮机安全稳定地工作。

一、滑动轴承的基本工作原理

支持轴承中，轴颈直径总是比轴瓦内径小一些，转子在静止状态时，轴颈处于轴瓦底部，轴颈和轴瓦两者之间形成楔形间隙，如图 2 - 59（a）所示（以圆筒形轴承为例）。当连续向轴承供给一定压力和黏度的润滑油时，转子旋转时，黏附在轴颈上的油层便随之一起转动，并带动以后各层油旋转，从而把润滑油从楔形间隙的宽口带向窄口。由于间隙进口油量大于出口油量，润滑油便聚积在狭窄的楔形间隙中而产生油压。当这个油压超过轴颈上的载荷时，就把它抬起。轴颈被抬起后，间隙增大，产生的油压又降低一些，直到楔形间隙中的油压与轴颈上的载荷平衡时，轴颈便稳定在一定的位置上旋转。此时，轴颈与轴瓦完全由油膜隔开，建立了液体摩擦。显然，轴颈转速越高，润滑油黏性越大，则油膜内压力越大，将轴颈抬得越高，轴颈中心就处在较高的偏心位置。当转速为无穷大时，理论上轴颈中心便与轴承中心重合。也就是说，随着转速的升

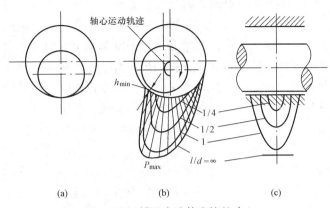

图 2 – 59　轴承中液体摩擦的建立
（a）轴在轴承中构成楔形间隙；（b）轴心运动轨迹及油楔中
的压力分布（周向）；（c）油楔中的压力分布（轴向）

高，轴颈中心的偏心位置亦不相同，其轨迹近似一个半圆曲线，如图 2 – 59（b）所示。

综上所述，可得到如下结论：要想使得有负载作用的两表面间建立稳定的油膜，就必须满足以下条件：①两滑动面之间构成楔形间隙；②两滑动面之间必须充满具有一定油性和黏性的润滑油；③两滑动面之间必须具有相对运动，而且其运动方向是使润滑油由楔形间隙的宽口流向窄口。

油楔中的压力分布如图 2 – 59（b）所示。在径向，楔形间隙进口处润滑油压力最低，然后逐渐增大，经过最大值 p_{max} 后逐渐减小，在楔形间隙（即最小间隙）后下降为零。在轴向，因为轴承有一定宽度，润滑油要从两端流出，使得润滑油压在轴承宽度方向上从中间往两端逐渐降低，到端部为零，如图 2 – 59（c）所示。由此看出，轴承宽度（也可称长度）亦影响它的承载能力。当载荷、转速、轴瓦内径、轴颈直径以及润滑油等条件都相同时，轴承越宽，产生的油压越大，承载能力越大，轴颈抬得越高。轴承越窄（越短），承载能力越小。但是，轴承太宽将不利于轴承的冷却，并增加汽轮机的轴向长度，因此必须合理选择轴承尺寸。

二、轴承的油膜振荡

随着机组容量的不断增加，导致轴颈直径的增大和轴系临界转速的下降，这两者都直接影响轴承的正常工作。轴径直径增大后，轴颈表面线速度增加，摩擦损失相应增加，特别当线速度达到一定数值（一般认为圆筒形轴承为 $50 \sim 60 \mathrm{m/s}$）后，轴承内润滑油流将从层流变为紊流，引起功耗的显著增加，机组效率降低，并引起轴瓦乌金温度和回油温度升高。轴系临界转速的下降则直接影响轴承工作的稳定性，即可能发生油膜振荡。

（一）油膜振荡现象

为了说明油膜振荡现象，首先观察一个受有一定载荷的轴承（以柔性大、轻载转子的轴承为例），当转速从零逐渐增加时，其轴颈中心的运动情况。如图 2 – 60 所示，横轴代表轴颈速度，纵轴代表轴颈中心的振动频率和振幅。

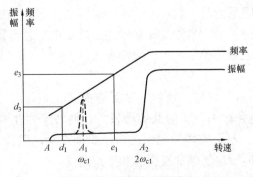

图 2 – 60　轴颈中心涡动频率、振幅与转速的关系

当转速由零开始升高时，起初没有振动，只是随着不同的转速，轴颈中心处于不同的偏心位置。当转速升高到 A 点时，轴颈中心开始出现振动，但振动较小，振幅也不大，振动频率约等于 A 点转速的一半。继续升速时振幅基本不变而频率总保持当时的转速的一半。当转速升高到转子第一临界转速 ω_{c1} 时（图中 A_1 点），振动加剧，振幅突然增加，频率等于 ω_{c1}。超过第一临界转速后，振幅重又降低，频率也恢复为当时转速的一半。当转速升高到两倍第一临界转速时（图中 A_2 点），振动又加剧，振幅增大，频率等于此时转速的一半，即等于 ω_{c1}。此时转速继续升高，振幅不再减小，频率始终等于第一临界转速不变。由于转速升高到 A 点后，轴颈开始失去稳定，因此 A 点对应的转速称为失稳转速。A 点到 A_2 点间，轴颈中心发生频率等于当时转速一半的小振动，称为半速涡动。A_2 点以后，轴颈中心发生频率等于转子第一临界转速的大振动，称为油膜振荡。当油膜振荡发生后，在较大的转速范围内，涡动频率将保持转子第一临界转速不变，振幅也始终保持在共振状态下的大振幅。因此，油膜振荡不能用提高转速的方法来消除。

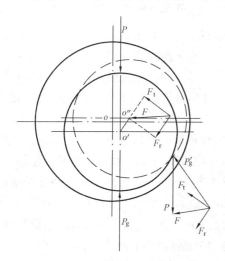

图 2-61　油膜振荡的产生

（二）油膜振荡发生的原因

从轴承工作原理知道，在一定的转速和载荷下，轴颈中心将处于某一偏心位置而达到平衡状态，如图 2-61 所示。这时载荷 P 和油楔中油膜对轴颈的作用力 P_g 大小相等，方向相反，且作用在同一条直线上，即两者的总合力为零，轴颈中心稳定在 O' 点不动。如果轴颈受到一个干扰，使其中心从 O' 偏移到 O''，发生了偏心变化，油楔也就发生改变了，油膜产生的作用力的大小、方向也发生变化，P_g 变为 P'_g。这时载荷 P 与油膜作用力 P'_g 二者的总合力不再为零，而是力 F。如图所示，F 可分解为沿油膜变形方向的弹性恢复力 F_r 和垂直于油膜变形方向的切向分力 F_t，而切向分力 F_t 将破坏轴颈稳定的旋转，引起轴颈中心在轴承内涡动，我们称它为失稳分力。这时轴颈不仅围绕其中心高速旋转，而且轴颈中心还围绕动态平衡点 O' 涡动。若失稳分力小于轴承阻尼力，涡动是收敛的，轴颈中心受到扰动而偏移后将自动回到平衡位置，此时轴承的运行是稳定的；当失稳分力大于阻尼力时，涡动是发散的，属于不稳定工作状态，油膜振荡就是这种情况；当失稳分力等于阻尼力时，轴颈产生小振幅涡动，理论和实践证明，涡动频率接近当时转速的一半，称为半速涡动。如果半速涡动的角速度正好达到转子的第一临界转速，则涡动被共振放大，使轴颈强烈振动，产生了油膜振荡。

（三）油膜振荡的防止和消除

发生油膜振荡时轴颈振幅很大，会引起轴承油膜破裂，轴颈与轴瓦碰撞甚至损坏。另外，因其振动频率刚好等于转子的第一临界转速，称为转子的共振激发力，使转子发生共振，可能导致转轴损坏。半速涡动虽然振幅不大，不会破坏油膜，但由于振动产生动载荷，长期工作，会引起零件的松动和疲劳损坏。因此应设法消除油膜振荡和半速涡动。

由前面的分析可知，只有当转子的转速高于失稳转速及第一临界转速的两倍时，才有可能发生油膜振荡。因此防止和消除油膜振荡的基本方法是提高转子的失稳转速和第一临界转速。

　　刚性转子和第一临界转速高于额定转速一半的挠性转子，在其工作转速范围内，只可能发生半速涡动，而不会发生油膜振荡。但对于大功率机组，转子第一临界转速较低，可能低于工作转速的一半，此时只能通过提高失稳转速，将失稳转速提高到工作转速之上，避免油膜振荡的发生。

　　由油膜振荡产生的原因分析可知，轴颈在轴承中运行不稳定的根本原因是轴颈受到扰动后产生了失稳分力。扰动越大，轴颈偏离其平衡位置的距离越大，失稳分力也越大，越容易产生涡动和油膜振荡。在同一扰动强度下，轴颈稳定运行时的偏心距越大，其相对偏移就越小，失稳分力也越小，越不容易产生半速涡动和油膜振荡。也就是说，轴颈在轴瓦中平衡位置的偏心距越大，失稳转速越高，转子工作越稳定。而偏心距的大小总是在相对的观点上才有意义，因此上述结论是针对轴颈在轴瓦中的相对偏心率而言的。相对偏心率即轴颈与轴瓦的绝对偏心距 oo' 与它们的半径差 $(R-r)$ 的比值，以 K 表示，即 $K = \dfrac{oo'}{R-r}$，如图 2 - 62 所示。K 越大，失稳转速越高，越不容易产生半速涡动和油膜振荡；反之，K 越小转轴工作越不稳定。通常认为 K 大于 0.8 时，轴颈在任何情况下都不会发生油膜振荡。因此可通过降低轴心位置

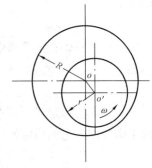

图 2 - 62　相对偏心率

以增大轴颈相对偏心率来提高轴承工作的稳定性，防止和消除油膜振荡。常用的措施有以下几种措施：

　　（1）增加比压。所谓比压，就是轴承载荷与轴承垂直投影面积（轴承长度 × 直径）之比。显然，比压越大，轴颈浮得越低，相对偏心率越大，轴承稳定性越好。增加比压的方法可以采用缩短轴承长度，以及调整轴瓦的中心等措施来达到。前者除减小轴瓦投影面积外，还可使轴瓦两端泄油量增加，轴颈浮得低，相对偏心率增大，后者主要是增大负载过小的轴承的比压。

　　某国产 300MW 汽轮机所有的轴承均为三油楔轴承，汽轮机高中低压转子及发电机转子的一阶临界转速分别为 3150 ~ 3300r/min、2450 ~ 2600r/min、3300 ~ 3400r/min、880 ~ 915r/min，发电机转子二阶临界转速为 2400 ~ 2600r/min，各转子之间采用刚性连接。运行中当转速达到 2800r/min 时发电机转子发生油膜振荡。该轴承原来尺寸为直径 $D = 450\text{mm}$、工作长度 $L = 430\text{mm}$。后将发电机轴承的长度缩短到 320mm，油膜振荡得到消除。

　　（2）降低润滑油黏度。润滑油黏度越大，轴颈旋转时带入油楔中的油量越多，油膜越厚，轴颈在轴瓦中浮得越高，相对偏心率越小，轴颈就越容易失去稳定。因此降低润滑油的黏度有利于轴承的稳定工作。降低润滑油黏度的办法主要是提高油温或者更换黏度小的润滑油。

　　（3）调整轴承间隙。对于圆筒形及椭圆形轴承而言，一般认为减少轴瓦顶部间隙可以增加油膜阻尼，产生（圆筒形轴承）或加大（椭圆形轴承）向下的油膜作用力，从而增大相对偏心率，特别是在同时加大轴瓦两侧间隙时（相当于增大椭圆度，即增大相对偏心率）效果更为显著。

　　综上所述，为防止和消除油膜振荡的发生，应当首先从设计制造上着手考虑，比如尽量

提高机组中各转子及轴系的第一临界转速，并使它超过额定转速的一半；选择稳定性好的轴瓦结构型式与参数等。当新机组投运或运行机组大修后发现油膜振荡时，则应首先检查润滑油温、转子中心、轴承间隙、轴承紧力等是否合适，以便采取相应措施予以消除。除上述防止和消除油膜振荡的措施外，还应尽量做好转子的动、静平衡，以充分降低转子在第一临界转速下的共振放大能力，减小振动的振幅。

三、轴承的结构

(一) 支持轴承

支持轴承又称径向轴承或主轴承，主要形式有圆筒形轴承、椭圆形轴承、多油楔轴承及可倾瓦轴承等。

1. 圆筒形支持轴承

圆筒形轴承轴瓦内孔呈圆柱形，静止状态下，轴承顶部间隙约为侧面间隙的两倍，工作时轴颈下形成一个油膜。圆筒形轴承按支持方式可分为固定式和自位式（又称球面式）两种。

图 2-63 为固定式圆筒形支持轴承，它用在 50、100MW 等汽轮机上。轴瓦 1 是由上、下两半组成的，它们用螺栓 8 和止口连接起来。下瓦支持在三块垫块 2 上，垫块 2 用螺钉与

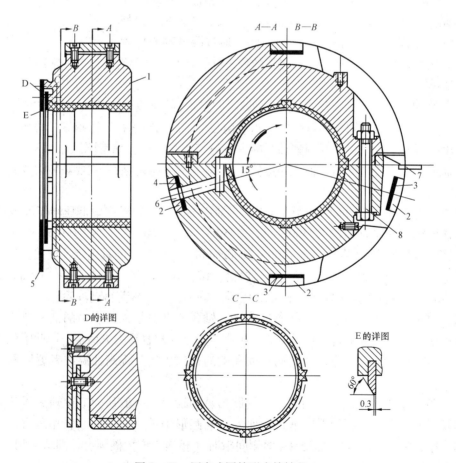

图 2-63 固定式圆筒形支持轴承

1—轴瓦；2—调整垫块；3—垫片；4—节流孔板；5—油档；6—进油口；7—锁饼；8—连接螺栓

轴瓦固定在一起，中间的垫片 3 是用来为轴瓦找中心用的，增减它的厚度就可以调整轴瓦的径向位置。上瓦顶部的垫块 2 和垫片 3 则用来调整轴瓦与轴承盖之间的紧力。

润滑油从轴瓦侧下方垫块 2 的中心孔引入，经过下瓦内的油路，由轴瓦水平结合面处流进。由于轴的旋转，使油先经过轴瓦顶部间隙，再经过轴和下瓦之间的间隙，然后从轴瓦两端泄出，由轴承座油室返回油箱。下瓦进油口处的节流孔板 4 用来调整进油量。水平结合面处的锁饼 7 是用来防止轴瓦转动的，轴承在其面向汽缸的一侧装有油档 5，以防止油从轴承座中甩出。

轴瓦一般用优质铸铁铸造，在轴瓦内部车出燕尾槽，其上浇以 ChSnSb11 - 6 锡基轴承合金（巴氏合金）。

图 2 - 64 为自位式圆筒形支持轴承，它用在 25MW 等汽轮机上，其结构与固定式圆筒形支持轴承基本相同，只是轴承体外形呈球面形。当转子中心变化引起轴颈倾斜时，轴承可以随之转动，自动调位，使轴颈和轴瓦间的间隙在整个轴瓦长度内保持不变，但是这种轴承的加工和调整较为麻烦。

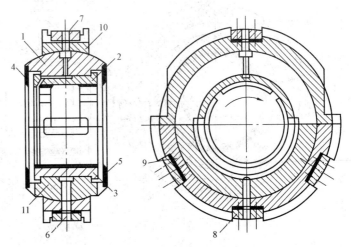

图 2 - 64　自位式圆筒形支持轴承

1—上轴承体；2—上轴瓦；3—下轴瓦；4、5—挡油环；6—进油孔；
7—油温计插孔；8—垫块；9—垫片；10—球面座；11—下轴承体

润滑油从下轴瓦 3 底部垫块 8 上的进油孔 6 引入，顺轴承体 1 与下轴瓦内的槽道流动，在中分面两边分别流进轴瓦。上轴瓦 2 和上轴承体之间开有油槽，以使润滑油通过轴承体及球面座 10 上的油孔到达油温计插孔 7 内，测量油温。

圆筒形支持轴承一般应用在容量不很大的机组上，静止状态下，轴承顶部间隙约为侧边（单侧）间隙的两倍。如 25MW 汽轮机中 $\phi260$ 的后轴承为圆筒形支持轴承，其顶部间隙为 0.39 ~ 0.52mm，侧边间隙为 0.195 ~ 0.26mm。

2. 椭圆形支持轴承

椭圆形支持轴承的结构与圆筒形支持轴承基本相同，只是轴承侧边间隙加大了，它的轴瓦内孔呈椭圆形，如图 2 - 65 所示。椭圆形支持轴承轴瓦内顶部间隙 a 为轴颈直径的 1/1000 ~ 1.5/1000，轴瓦侧面间隙 b 约为顶部间隙的两倍。例如 51 - 50 - 3 型汽轮机 2 号轴承，轴颈为 325mm，轴承顶部间隙 $a = 0.30$ ~ 0.45mm，两侧边间隙 $b = 0.60$ ~ 0.70mm。这时，轴瓦上、下部都可以形成油楔（因此又有双油楔轴承之

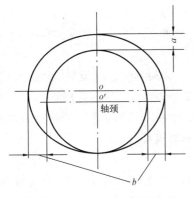

图 2 - 65　椭圆形支持
轴瓦示意图

称)。由于上瓦油膜力向下作用压低了轴心位置，以及轴瓦曲率半径增大使轴瓦中心与轴承中心不重合，增大了轴颈在轴瓦内的绝对偏心距，都使相对偏心率增加，因此具有较好的稳定性。这种轴承的比压一般可达 1.2 ~ 2MPa，甚至 2.5MPa。椭圆形支持轴承在中等容量和大容量汽轮发电机组中得到了广泛应用。

3. 三油楔支持轴承

在大容量机组中，还采用一种三油楔支持轴承。图 2 – 66 为在国产 125MW、300MW 汽轮发电机组中所采用的不对称三油楔支持轴承的轴瓦。

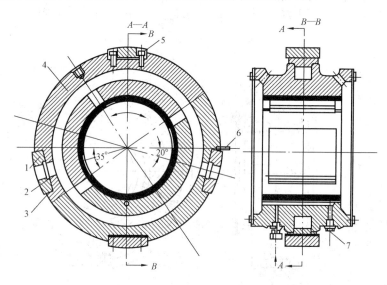

图 2 – 66　三油楔轴承
1—调整垫片；2—节流孔；3—带孔调整垫铁；4—轴瓦体；
5—内六角螺钉；6—止动垫圈；7—高压油顶轴进油

三油楔支持轴承的轴瓦上有三个长度不等的油楔 3，上瓦二个，下瓦一个，它们所对应的角度分别为 $\theta_1 = 105° \sim 110°$，$\theta_2 = \theta_3 = 55° \sim 58°$，每个油楔入口的最大深度为 0.27mm。为了使油楔分布合理又不使结合面通过油楔区，上、下瓦结合面不是放在水平位置上，而是与水平面倾斜一个角度 ϕ，一般 $\phi = 35°$，并用销子锁住。润滑油首先进入轴瓦的环形油室，然后从三个进油口 1 进入三个油楔中，转轴旋转时，三个油楔中都建立起油膜，油膜力作用在轴颈的三个方向上，下部大油楔产生的压力起承受载荷的作用，上部两个小油楔产生的压力将轴瓦向下压，使转轴比较稳定地在轴瓦中旋转，具有良好的抗震性。又由于每个油楔所对应的工作瓦面的曲率半径都比轴颈半径大，因此对应轴颈中心在轴承内的每一个小位移，都有一个较大的相对偏心率，所以它又具有较好的稳定性，其比压可达 3MPa。

三油楔轴承轴瓦的底部开有高压油顶轴装置的进油口和油池，机组启动时，利用从顶轴油泵打来的高压油将轴顶起。

三油楔轴承的加工制造和安装检修比较复杂，特别是安装时要将轴瓦反转 35°，给找中心带来不便。近年来，随着加工制造和安装、检修工艺的不断提高，已能保证轴承中分面在安装、检修过程中不会错位，而且其严密程度亦不会影响油楔中油膜的建立及其压力分布，因此已经有的厂家将它的 35°安装角改成了水平中分面而不必再反转。

4. 可倾瓦支持轴承

可倾瓦轴承又称活支多瓦轴承，通常是由 3 ~ 5 或更多块能在支点上自由倾斜的弧形瓦块组成，其原理如图 2 – 67 所示。瓦块在工作时可以随着转速或载荷及轴承温度的不同而自由摆动，在轴颈四周形成多油楔。若忽略瓦块的惯性、支点的摩擦阻力及油膜剪切摩擦阻力的影响，每个瓦块作用到轴颈上的油膜作用力总是通过轴颈中心的，故而不易产生轴颈涡动的失稳分力，因而具有较高的稳定性，它甚至可完全消除油膜振荡的可能性。可倾瓦支持轴承的减振性能很好，承载能力较大（比压可达4MPa），摩擦功耗小，能承受各个方向的径向载荷，相对三油楔轴承，其结构好，制造简单，检修方便，因而它越来越多地被现代大功率汽轮机所采用。

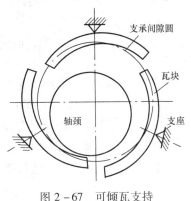

图 2-67 可倾瓦支持
轴承原理图

国产优化引进型300MW机组的高、中压缸前轴承，采用的就是可倾瓦轴承，如图2-68所示。

该轴承由4块浇有巴氏合金的可倾瓦1、轴承体（支持环）2和轴承壳体以及其他附件组成。4块独立的瓦块，互不相连。两下瓦块承受轴颈的载荷，两上瓦块保持轴承运行的稳定。各瓦块均用球面调整垫块6支承在轴承体2内，用螺栓相连。调整垫块球形表面与位于各瓦块中心的内垫片7接触，这样可允许瓦块转动和与轴颈自动对中。所以这种轴承自位性能好，特别适用于柔性转子。调整垫块的平面边与被研磨成所要求厚度的外垫片5紧贴，以保持适当的轴承径向间隙。

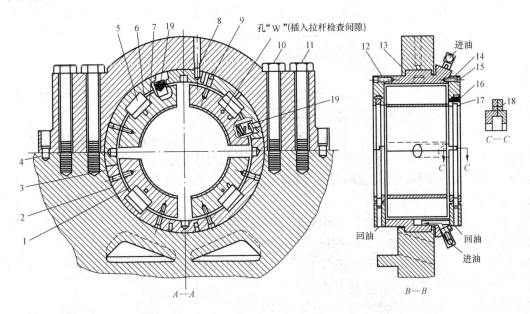

图 2-68 可倾瓦轴承

1—轴承瓦块；2—轴承体；3—轴承体定位销；4—定位销；5—外垫片；6—调整垫块；7—内垫片；
8—轴承体定位销；9—螺塞；10、11—轴承盖螺栓；12—挡油板；13—轴承盖；14—挡油板；
15—螺栓；16—挡油环限位销；17—油封环；18—挡油环销；19—弹簧

轴承体2被制成对分的两半，在中分面处用定位销3连接，并被嵌入轴承座和轴承盖13的槽中，并用挡油板12和15固定轴承的轴向位置。轴承体定位销8则固定轴承的周向位置。轴瓦、外垫片、内垫片以及调整垫块被编成1到4号，并在轴承体上刻印出对应的编号，以便在解体检查及重新装配时，这些零件仍装在原来的位置上。在部套组装时，各瓦块借助靠近其端部的临时螺栓定位，以便在装运和现场装配期间，保持原有位置。但是在现场总装时，必须拆除临时螺栓，而代以螺塞 9。螺塞旋入后，必须略低于轴承体表面或与之齐平。

为了防止轴承上半部两块瓦的进油边与轴颈发生摩擦，将该处巴氏合金刮去，并在这两块瓦出油边装有弹簧 19，该弹簧还可以起到减振的作用。

来自润滑油系统的轴承润滑油经软管引入轴承体后，然后通过位于垂直和水平中心线上的 4 个开孔进入瓦块，沿着轴颈与瓦块之间分布，并向两端流出。挡油环 17 和挡油板 14 可防止轴承两端过量泄油。油通过挡油环上的许多小孔和挡油板上的通道流入轴承座内。挡油环 14 被制成对分两半，用限位销 16 固定在轴承体上。

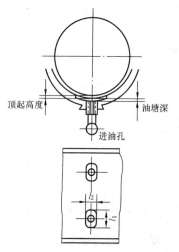

图 2-69 高压油顶起装置的油孔、油塘

现在汽轮机各支持轴承中一般都设有高压油顶起装置，目的在于减少盘车的启动力矩以及防止启动、停机过程中由于转子转速较低而油膜还没有建立时轴瓦的磨损。图 2-69 表示的是顶轴油孔及油塘的结构，其中油孔直径为 4mm，顶轴油由此进入轴瓦乌金表面的两个油塘中，塘深 0.02~0.04mm 或稍深些，呈扁圆形或近似矩形，其尺寸大小 l_1 约为 50~60mm，l_2 约为 35~40mm。当顶轴油泵将高压油打入油塘以后，建立起顶轴油压，使轴颈抬高 0.05~0.09mm。顶轴油泵通常采用轴向柱塞油泵，顶轴油压视各轴承的载荷大小而定，一般约为 8~32MPa。

（二）推力轴承

推力轴承的作用是确定转子的轴向位置和承受作用在转子上的轴向推力。虽然大功率汽轮机通常采用高中压缸对称布置以及低压缸分流布置等措施，轴向推力仍具有较大数值。例如，国产 200MW 汽轮机在额定工况下的机组轴向推力为 13.25t，300MW 汽轮机为 14t。当工况变化时，还可能出现更大的瞬时推力以及反向推力，从而对推力轴瓦提出了更高的要求。

通常应用最广泛的推力轴承是密切尔式推力轴承，它是借助于轴承上的若干片瓦片与推力盘之间构成楔形间隙建立液体摩擦的。其工作原理可用图 2-70 解释。当转子的轴向推力经过油层传给瓦片时，其油压合力 Q 并不作用在瓦片的支承点 O 上，而是偏在进油口的一侧，如图中（a）所示。因此合力 Q 便与瓦片支点的支反力 R 形成一个力偶，使瓦块略微偏转形成油楔，随着瓦块的偏转，油压合力 Q 逐渐向出油口一侧偏移，当 Q 与 R 作用在一条直线上时，油楔中的压力便与轴向推力保持平衡状态，如图中（b）所示，在推力盘与瓦片之间建立了液体摩擦。

推力轴承经常与支持轴承合为一体称为推

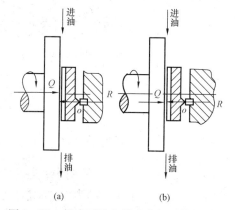

图 2-70 推力瓦片与推力盘间油楔的形成

力—支持联合轴承。图 2-71 表示的是一种联合轴承结构图，它广泛应用在国产汽轮机组中。为保证较均匀地将轴向推力分配到各个瓦片上，选用球面形支持轴瓦。轴承的径向位置靠沿轴瓦圆周分布的三块垫块及垫片来调整，轴向位置靠调整圆环 1 来调整。轴承的推力瓦片分为工作瓦片 2 和非工作瓦片（又称定位瓦片）3，各有 10 片左右。工作瓦片承受转子的正向推力，非工作瓦片承受转子的反向推力。这些瓦片利用销子挂在它们后面的两半对分的安装环 9 和 10 上，销子松宽地插在瓦片背面的销孔中，由于瓦片背面有一条突起的肋，使瓦片可以绕它略微转动，从而在瓦片工作面和推力盘之间形成楔形间隙，建立液体摩擦（见图 2-72 推力瓦片）。

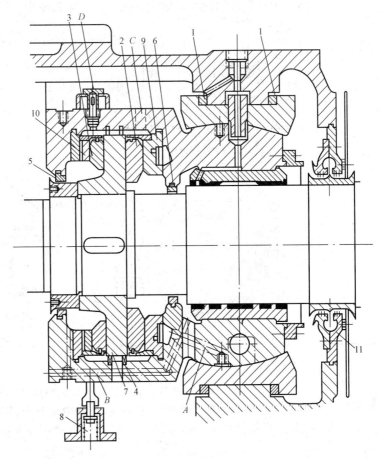

图 2-71 推力—支持联合轴承

1—调整圆环；2—工作瓦片；3—非工作瓦片；4、7、11—油封；
5、6—油封环；8—支撑弹簧；9、10—安装环

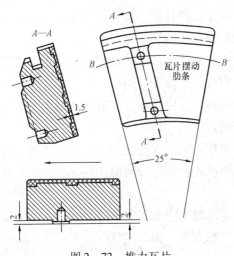

图 2-72 推力瓦片

为减少推力盘在润滑油中的摩擦损失，用青铜油封 4 来阻止润滑油进入推力盘外缘腔室中，油档 11 用来防止润滑油外泄以及防止蒸汽漏入。推力轴承前下部的支撑弹簧 8 支持着推力轴承的悬臂重量，以使支持轴承部分在轴颈全长上均匀受力。

润滑油从支持轴承下瓦调整垫片的中心孔引入，经过轴瓦上的环形腔室，一路顺中分面进入支持轴承，另一路经过油孔 A、B 流向推力盘两侧去润滑工作瓦片和非工作瓦片。最后两路油分别经过泄油孔 C、D 流回油箱，在泄油孔 D 上装有针型阀以调节润滑油量。

国产优化引进型 300MW 汽轮机的推力轴

承单独安装在高中压缸端部的前轴承座内，并具有两层调整块，因而有良好的自位性能，其结构如图 2 - 73 所示。

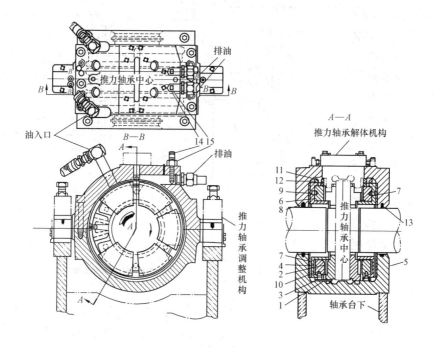

图 2 - 73　国产优化引进型 300MW 机组推力轴承
1—推力瓦块；2、6—调整块；3—调整块固定螺栓；4—支持环；5—外壳；7—外壳衬板；
8、13—油封环；9—调整块销子；10—下部调整块；11—防转键固定螺栓；12—防转键；
14—节流孔螺栓；15—螺母

　　转子的轴向推力通过推力盘传递到瓦块上，推力盘与用螺栓连接在汽轮机转子端部的短轴加工成一整体。在其两侧各安装有 6 块推力瓦块 1，推力瓦块则由调整块 2、6 支承，并一起装在有水平中分面的支承环中，用定位销 9 支承定位。

　　通过 6 块调整块的摆动使瓦块巴氏合金面的负荷中心处于同一平面，受力均匀，这就放宽了对全部瓦块的厚度必须严格相同的要求，便于加工。即使推力盘轴线与轴承座内孔不完全平行时，通过调整块的位移，仍可使负荷均匀地分布在推力瓦块上。

　　支承环沿水平中分面分为两半，装在轴承外壳中，并通过支承环键螺钉来防止支承环和轴承外壳的相对移动。轴承外壳制成两半，在水平中分面处分开，用螺栓和定位销连接在一起。轴承外壳被安装在轴承座中。为防止轴承外壳在轴承座中转动，在轴承外壳上下两部的水平面处均有凸缘插入定位机构，以固定轴承外壳的轴向位置。

　　在运行中，任何时候轴承中都充满润滑油，油直接从径向支持轴承供油管路供给，润滑油随着推力盘的转动被带入轴承，形成油楔，并对轴承各表面进行润滑。在排油管路上设有 2 个节流孔螺钉，控制排油量。

　　推力瓦片上的乌金厚度应小于通流部分及轴封处的最小轴向间隙，以保证即使在事故情况下乌金熔化时，动、静部分也不致相互碰撞。一般厚度为 1.5mm 左右。

能 力 训 练

1. 试说明滑动轴承的工作原理？
2. 说明汽轮机轴承根据作用分哪两种，各有什么作用？
3. 常见的支持轴承有哪几种形式，各有什么特点？
4. 什么是油膜振荡，油膜振荡是如何产生的？
5. 油膜振荡有什么危害？防止和消除油膜振荡的主要措施有哪些？
6. 推力轴承的液体摩擦是如何建立的？

任务五 动 叶 片

 任 务 目 标

熟悉汽轮机动叶片的结构。

 知 识 准 备

动叶片安装在转子叶轮（冲动式汽轮机）或转鼓上，接受喷管叶栅射出的高速汽流，把蒸汽的动能转换成机械能，使转子旋转。

动叶片的工作条件很复杂，除因高速旋转和汽流作用承受较高的静应力和动应力以外，还因其分别处于过热蒸汽区、两相过渡区（指从过热蒸汽区过渡到湿蒸汽区）和湿蒸汽区内工作而承受高温、高压、腐蚀和冲蚀作用，因此其结构不但应保证有良好的流动特性，而且还要保证有足够的强度。

一、叶片的结构

叶片一般由叶型、叶根和叶顶三部分组成，如图 2 - 74 所示。

（一）叶型部分

叶型部分是叶片的工作部分，相邻叶片的叶型部分之间构成汽流通道，蒸汽流过时将动能转换成机械能。为了提高能量转换的效率，叶片断面型线及其沿叶高的变化规律应符合气体动力学要求，同时还要满足结构强度和加工工艺的要求。

按叶型部分横截面的变化规律，叶片可分为等截面直叶片（见图 2 - 74）和变截面扭曲叶片（见图 2 - 75）。等截面直叶片的断面型线和面积沿叶高是相同的，具有加工方便、制造成本低、有利于在部分级实现叶型通用等优点，但其气动特性较差，主要用于短叶片。变截面扭曲叶片的截面型线及截面积沿叶高变化，各截面形心的连线连续发生扭转，具有较好的气动特性及强度，但制造工艺较复杂，主要用于长叶片。随着加工工艺的不断进步，变截面扭曲叶片正逐步用于短叶片。与

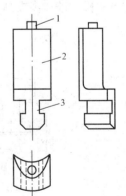

图 2 - 74 动叶片的结构
1—叶顶；2—叶型；
3—叶根

变截面扭曲动叶片对应的静叶片见图 2 - 76。

图 2 - 75 变截面扭曲动叶片　　　图 2 - 76 与变截面扭曲动叶片对应的静叶片

在湿蒸汽区工作的叶片，为了提高其抗冲蚀能力，通常在叶片进口的背弧上采用强化措施，如镀铬、电火花强化、表面淬硬及贴焊硬质合金等。

（二）叶根

叶根是将动叶片固定在叶轮（或转鼓）上的连接部分，它应保证在任何运行条件下连接牢固，同时力求制造简单、装配方便。叶根的形式较多，常用的有 T 形、枞树形和叉形等。

1. T 形叶根

T 形叶根如图 2 - 77（a）所示，它结构简单，加工、装配方便，被普遍使用在较短叶片上，如国产引进型 300MW 汽轮机的高压级采用的就是这种形式的叶根。但这种叶根在离心力的作用下会对轮缘两侧产生弯曲应力，使轮缘有张开的趋势。为此，有的 T 形叶根的两侧做出凸肩［见图 2 - 77（b）］，将轮缘包住，阻止轮缘张开。国产 300MW 汽轮机的高压部分就采用了这种形式的叶根。图 2 - 77（c）所示为双 T 形叶根，这种形式增大了叶根的受力面积，进一步提高了叶根的承载能力，多用于中长叶片。

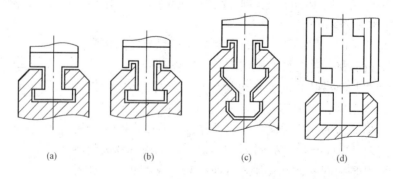

(a)　　　　(b)　　　　(c)　　　　(d)

图 2 - 77 T 形叶根

（a）T 形叶根；（b）外包 T 形叶根；（c）双 T 形叶根；（d）T 形叶根的装配

T 形叶根在轮缘上的装配采用周向埋入，如图 2 - 77（d）所示。安装时，将叶片从轮缘上的一个或两个锁口处逐个插入，并沿周向移至相应位置，最后锁口处的叶片用铆钉固定在轮缘上。这种装配方法较简单，但在更换叶片时拆装工作量较大。

2. 叉形叶根

叉形叶根结构如图2-78所示，其叶根制成叉型，安装时从径向插入轮缘上的叉槽中，并用铆钉固定。叉型叶根加工简单，强度高，适应性好，更换叶片方便，较多用于中、长叶片。但这种叶根装配时工作量大，且钻铆钉孔需要较大的轴向空间，这限制了它在整锻和焊接转子上的应用。哈尔滨汽轮机厂生产的引进型300、600MW汽轮机，调节级汽室有较大空间，其调节级采用了每三个叶片为一个整体的三叉型叶根，如图2-79所示。

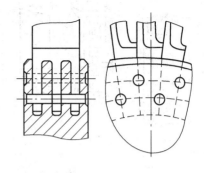

图2-78 叉形叶根

3. 枞树形叶根

图2-80所示为枞树形叶根，它的形状呈楔形，安装时，叶根沿轴向装入轮缘上枞树形槽中，底部打入楔形垫片（填隙条）将叶片向外胀紧在轮缘上，同时，相邻叶根的接缝处有一圆槽，用两根斜劈的半圆销对插入圆槽内将整圈叶根周向胀紧。这种叶根承载能力大，强度适应性好，拆装方便，但加工复杂，精度要求高，主要用于载荷较大的叶片，主要应用在大功率汽轮机的调节级和末级叶片。

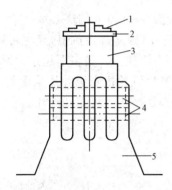

图2-79 哈汽厂生产的引进
型300MW汽轮机调节级叶片
1—铆接围带；2—整体围带；
3—动叶片；4—铆钉；5—转子

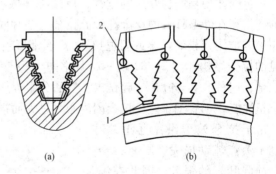

(a)　(b)

图2-80 枞树形叶根
1—楔形垫片；2—装销子的圆槽

（三）叶顶部分

汽轮机的短叶片和中长叶片通常在叶顶用围带连在一起，构成叶片组。长叶片则在叶身中部用拉金连接成组，或者围带、拉金都不装，而成为自由叶片。

1. 围带

围带的主要作用是：①增加叶片刚性，改变叶片的自振频率，以避开共振，从而提高了叶片的振动安全性；②减小汽流产生的弯应力；③可使叶片构成封闭通道，并可装置围带汽封，减小叶片顶部的漏汽损失。

常用的围带有以下几种形式：

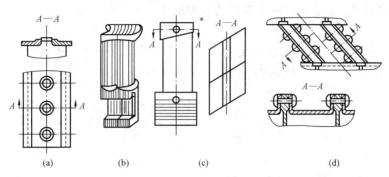

图 2 - 81　围带的型式

（a）铆接围带；（b）、（c）整体围带；（d）弹性拱型围带

（1）铆接围带。如图 2 - 81（a）所示，围带由扁钢制成，用铆接的方法固定在叶片的顶部。通常将 4 ~ 16 片叶片连接成一组，各组围带间留有 1 ~ 2mm 的膨胀间隙。

（2）整体围带。这种围带与叶片为一整体，叶片安装好后，相邻围带紧密贴合或焊在一起，将汽道顶部封闭，如图 2 - 81（b）所示。图 2 - 81（c）所示为国产引进型 300MW 汽轮机压力级叶片的整体围带形式，围带为平行四边形并随叶顶倾斜30°，在围带上开有拉金孔，叶片组装后围带间相互靠紧，并用短拉金连接起来。该汽轮机调节级叶片在叶顶的整体围带上又铆接了一层围带，构成了双层围带结构（见图 2 - 79）。

（3）弹性拱形围带。如图 2 - 81（d）所示，它是将弹性钢片弯成拱形，用铆钉固定在叶片的顶部，形成整圈连接。这种围带可抑制叶片的 A 型振动和扭转振动。

2. 拉金

拉金的作用是增加叶片的刚性，以改善其振动特性。拉金为 6 ~ 12mm 的实心或空心金属圆杆，穿在叶型部分的拉金孔中。拉金与叶片间可以采用焊接结构（焊接拉金），也可以采用松装结构（松装拉金或阻尼拉金）。通常每级叶片上穿 1 ~ 2 圈拉金，最多不超过 3 圈。常见的拉金结构如图 2 - 82 所示，其中图（e）为意大利 320MW 汽轮机末级叶片采用的 Z 形拉金，这种拉金与叶片一起铣出，然后分组焊接。这种拉金节距较小，可提高叶片的刚性和抗扭性能，也有利于避免拉金因离心力过大而损坏。

由于拉金处于汽流通道之中，增加了蒸汽流动损失，同时拉金孔还会削弱叶片的强度，因此在满足了叶片振动要求的情况下，应尽量避免采用拉金，有的长叶片就设计成自由叶片。

二、叶片的受力分析

叶片工作时的受力主要有：

（1）叶片、围带和拉金产生的离心力。离心力不仅在叶片的横截面上产生离心拉应力，而且当离心力的作用线不通过承力面的形心时，

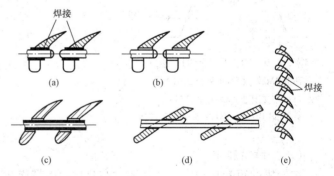

图 2 - 82　拉金结构示意图

（a）实心焊接拉金；（b）实心松装拉金；（c）空心松装拉金；
（d）剖分松装拉金；（e）Z 型拉金

还会产生离心弯应力。离心拉应力和离心弯应力不随时间的变化而变化，属于静应力。

（2）汽流的作用力。该力是随叶片的旋转而呈周期性变化的，可分解为一个不随时间变化的平均值分量和一个随时间变化的交变分量。平均值分量在叶片中产生静弯应力，交变

分量则迫使叶片振动，并在叶片中引起交变的振动应力。

离心力和汽流力还可能在叶片中引起扭应力，扭应力数值较小，可略去不计。

（3）叶片中的温差引起的热应力。

 能 力 训 练

1. 动叶片由哪几部分组成？常用的叶根形式有哪几种，各有什么特点？
2. 围带、拉金分别有什么作用？围带有哪几种形式？

任 务 六　叶 片 的 振 动

 任 务 目 标

熟悉汽轮机动叶片振动的原因，了解汽轮机动叶片静频率的测定方法。

知 识 准 备

叶片是一个弹性体，当受到一个瞬时外力的冲击后，它将在原平衡位置的两侧做周期刚性的摆动。这种摆动称为自由振动，其振动频率称为叶片的自振频率。当叶片受到一周期性外力（又称激振力）作用时，它会按外力的频率振动，即为强迫振动。在强迫振动时，若叶片的自振频率与激振力频率相等或成整数倍，叶片将发生共振，使振幅和振动应力急剧增加，可能导致叶片产生疲劳裂纹进而断裂。当叶片断裂后，其碎片有可能将相邻叶片及后边级的叶片打坏，使转子失去平衡，引起机组发生强烈振动，造成严重后果。

运行经验表明，在汽轮机事故中，叶片振坏占相当大的比重，其中又以叶片振动损坏为主。据国外统计，叶片事故约占汽轮机事故 25% 以上。因此，叶片振动性能的好坏对汽轮机的安全运行影响非常大，必须对叶片振动的有关问题加以讨论。

一、引起叶片振动的激振力

激振力按其来源不同可分为机械激振力和汽流激振力。机械激振力是汽轮机其他零部分的振动传给叶片的，只要查明原因予以消除即可；汽流激振力是由于沿圆周方向的不均匀汽流对旋转着的叶片的脉冲作用而产生的。汽流激振力按频率的高低可分为低频激振力和高频激振力。

（一）低频激振力

在喷管叶栅轮周上，有个别处汽流速度的大小或方向可能异常，动叶片每转到此处所受的汽流作用力就变化一次，这样形成的激振力频率较低，称为低频激振力。

1. 产生低频激振力的主要原因

（1）个别喷管有残缺，或加工、安装偏差大。

（2）上下隔板之间的喷管错位，如图 2 - 83（a）所示；或隔板结合面有间隙，如图 2 - 83（b）所示。

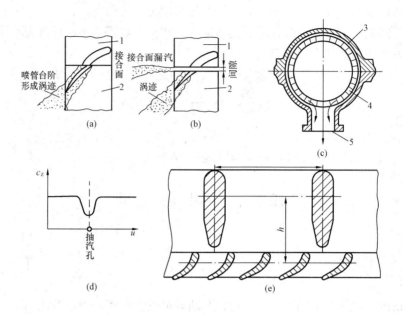

图 2 – 83　产生低频激振力的原因

（a）上下隔板结合面处喷管错位；（b）隔板结合面有间隙；（c）抽汽口处汽流扰动；
（d）抽汽口汽流速度变化；（e）具有加强筋的窄喷管隔板展开图
1—上隔板；2—下隔板；3—汽缸；4—喷管；5—抽汽口

（3）级前后有抽汽口，使抽汽口旁汽流异常，如图 2 – 83（c）与（d）所示。

（4）级前后有加强筋，使汽流受到干扰，如图2 – 83（e）所示。

（5）部分进汽或喷管组分段。采用喷管配汽方式的汽轮机，每两个喷管之间被不通汽的弧段隔开，且沿圆周方向不一定对称，如图 2 – 84 所示。叶片经过调节汽门开启的喷管弧段时，受到力 F_m 的作用；叶片经过不进汽的弧段时，$F_m = 0$，引起低频激振力。部分进汽引起低频激振力的原因与之相同。

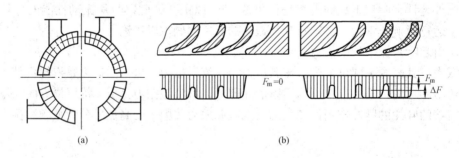

图 2 – 84　喷管配汽汽流力分布情况

（a）喷管组分布示意；（b）喷管组之间和喷管后汽流分布

2. 低频激振力频率的计算

若一级中有 i 个突变处，则低频激振力的频率为

$$f = i n_s$$

式中　n_s——转子转速，r/s。

（二）高频激振力

由于喷管叶片出汽边具有一定的厚度，使得喷管叶栅出口汽流的速度及对动叶片的作用力分布不均匀，喷管通道中间部分大而出汽边尾迹处小，如图 2-84（b）所示。动叶片每经一个喷管时，所受的汽流力的大小就变化一次，即受到一次激振。如果一级的喷管数为 z_n，汽轮机的转速为 n_s，则这种激振力的频率为

$$f_k^h = z_n n_s$$

由于一个级的喷管数目较多，通常有 $40 \sim 80$ 个喷管，汽轮机转速为 $n_s = 50 \text{r/s}$，则 f_k^h 可达到 $2000 \sim 4000 \text{Hz}$，故这种激振力被称为高频激振力。

对于部分进汽的级

$$f_k^h = z_n' n_s / e$$

式中　z_n'——进汽弧段中的喷管数；

　　　e——级的部分进汽度。

二、叶片的振动型式

叶片的振动主要有两种基本形式，即弯曲振动和扭转振动，弯曲振动又分为切向振动和轴向振动（参照图 2-85）。绕叶片截面最小主惯性轴的振动，其振动方向接近叶轮圆周的切线方向，称为切向振动；绕叶片截面最大主惯性轴的振动，其振动方向接近于汽轮机的轴向，称为轴向振动；沿叶高方向绕通过各截面形心的连线的往复扭转，称为扭转振动。

叶片的轴向振动和扭转振动发生在汽流作用力较小而叶片的刚度较大的方向，所以振动应力比较小。切向振动发生在叶片刚度最小的方向，并且几乎与汽流的主要作用力

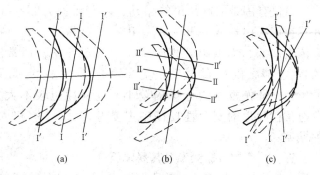

图 2-85　叶片的基本振动形式
（a）切向振动；（b）轴向振动；（c）扭转振动

的方向一致，所以切向振动最容易发生又最危险。以下对叶片的切向振动进行讨论。

按振动时叶片顶部是否摆动，切向振动可分为 A 型振动和 B 型振动。

1. A 型振动

叶片振动时，叶根固定、叶顶摆动的振动形式称为 A 型振动。A 型振动按叶片上节点（振幅为零的点，实际上是一条不动的线）个数可分为 A_0 型、A_1 型、A_2 型，…，单个叶片的 A 型振动如图 2-86 所示。随着激振力频率提高，叶片上节点数增加，振幅减小，依次出现以上振型。

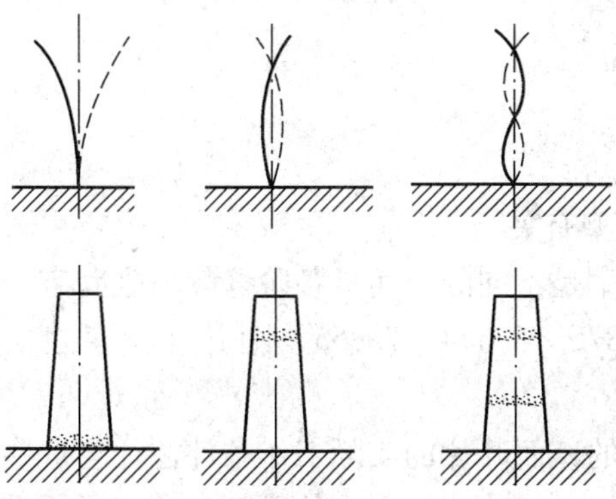

叶片组也会发生 A_0、A_1、A_2 等不同频率的 A 型振动，如图 2-87 所示。叶片组发生 A 型振动时，组内各叶片的频率及相位都相同。

图 2-86　单个叶片的 A 型振动
（a）A_0 型；（b）A_1 型；（c）A_2 型

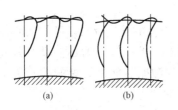

图 2-87　叶片组的 A 型振动

(a) A_0 型；(b) A_1 型

2. B 型振动

叶片振动时，叶根固定、叶顶基本不动的振动形式称为 B 型振动。用围带连接的叶片组可能发生 B 型振动。按节点的个数，B 型振动也可分为 B_0、B_1 等振型，但有节点的 B 型振动不易发生，故只需考虑 B_0 型。

叶片组发生 B_0 型振动时，组内叶片的相位大多是对称的，如果组内叶片数为奇数，则中间的叶片不振动。若叶片组中心线两侧对称的叶片振动相位相反，称为第一类对称的 B_0 型振动；若叶片组中心线两侧对称的叶片振动相位相同，称为第二类对称的 B_0 型振动。如图 2-88 所示。

很明显，单个叶片和只用拉金联成的叶片组只会发生 A 型振动而不会发生 B 型振动，因为叶片顶部没有支点；用围带和拉金联成的叶片组不会发生 B_0 型振动，因为 B_0 型振动的特点是组内叶片节距不相等并且没有节点，而拉上拉金后，叶片节距就保持一定了。

对仅有围带的叶片组的振动，随着激振力频率提高，叶片组依次出现 A_0、B_0、A_1、B_1、…型振动，其自振频率依次增加，而振幅则相应减小。实践证明，通常出现的是 A_0、B_0 和 A_1 型振动，更高阶振型的振动一般不容易发生，即使发生由于振幅较小，危险性也较不大，所以通常在叶片的安全性校核中主要考虑 A_0、B_0 和 A_1 三种振型。

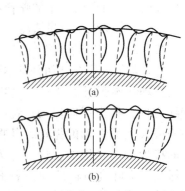

图 2-88　叶片组的对称 B_0 型振动

(a) 第一类对称 B_0 型振动；

(b) 第二类对称 B_0 型振动

三、叶片的自振频率及其影响因素

叶片在静止状态下振动的自振频率称为叶的静频率。单个等截面自由叶片切向振动的静频率的计算公式为

$$f = \frac{(kl)^2}{2\pi} \sqrt{\frac{EI}{ml_b^3}} \tag{2-1}$$

由上式可知，影响叶片静频率的主要因素有：

（1）叶片的抗弯刚度 EI。EI 越大，静频率越高。

（2）叶片的质量 m。m 越大，静频率越低。

（3）叶片的高度 l_b。l_b 越大，静频率越低。

（4）叶片频率方程式的根 kl，其值与叶片的振型有关。

由上式可知，对于同一叶片，不同振型的静频率是不同的，而且各阶静频率之间有一定的比例。例如 A_0、A_1、A_2 型振动的 kl 分别为 1.875、4.694、7.855，则其静频率之比为 $f_{A_0} : f_{A_1} : f_{A_2} = 1 : 6.25 : 17.6$。

上述静频率的计算公式是在一定的条件下导出的，而叶片的实际工作条件往往与这些条件不相符，因此，叶片工作时的自振频率并不等于按上述公式计算出的静频率，它还要受到工作条件的影响，主要有：

（1）叶根的连接刚性。叶片制造不精确、安装不当或工作时叶根连接处产生弹性变形

等，都可能使其根部夹紧力不够，叶根也会部分地振动。这样，叶片参与振动的质量增加而刚性降低，自振频率降低。

（2）叶片的工作温度。叶片材料的弹性模量 E 随着温度的升高而减小，使叶片的抗弯刚度 EI 减小，自振频率降低。

（3）离心力。当转子处于旋转状态下，叶片因振动而偏离平衡位置时，叶片上的离心力将偏离截面形心而形成一个附加弯矩作用在叶片上，促使叶片返回平衡位置。因此，离心力的存在相当于增加了叶片的刚度，使叶片自振频率增加。

叶片在旋转状态下的自振频率叫作动频率 f_d，动频率和静频率之间的关系为

$$f_d = \sqrt{f^2 + Bn^2} \qquad\qquad (2-2)$$

式中　f——经过连接刚度和工作温度修正后的静频率；

　　　n——叶片的工作转速；

　　　B——动频系数，通常根据经验公式进行计算。

（4）叶片成组。叶片用围带和拉金连接成组后，对叶片自振频率的影响有两方面：一方面，它们的质量分配到各叶片上，相当于叶片的质量增加，使频率降低；另一方面，它们对叶片的反弯矩使叶片抗变形能力增加，使频率升高。一般情况下，刚度增加使频率增加的值大于质量增加使频率降低的值，所以叶片组的频率通常比单个叶片的同阶频率高。

四、叶片自振频率的测定

由于影响叶片自振频率的因素很多，且难以准确估计，用计算的方法来确定叶片的自振频率有一定的困难，故现场中广泛通过试验来测定叶片（叶片组）的自振频率。叶片频率的测定又分静频率和动频率的测定两类。

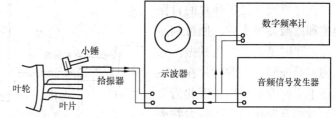

图 2-89　自振法测定叶片自振频率的原理

（一）静频率的测定

1. 自振法

图 2-89 表示了自振法测频的原理。先用橡皮锤敲击要测的叶片，使其产生自由振动，然后用拾振器将叶片的振动转化为电气信号（或者是再经放大器将信号放大），送至示波器，与音频信号发生器产生的信号相比较，参照李沙如图（见图 2-90），可确定叶片的静频率。自振法是一种简单迅速并可准确测定自振频率的方法。自振法可以用来测量中、长叶片的 A_0 型振动。

当音频信号发生器产生的频率与叶片自振频率为整数比，而相位为不同数值时，则示波器中所显示的图形如图 2-90 所示。

现在新式的叶片测频仪表，由拾振器将信号输入，可直接用数字显示出叶片的自振频率，但这种仪表仅使用于较长的叶片。

2. 共振法

图 2-91 为共振法测频的原理。由音频信号发生器产生的信号，除送到示波器及数字频率计外，另送入放大器。信号功率放大后送到激振器，在激振器内将电气信号转换成机械振动，经拉杆振动叶片，使叶片发生强迫振动。当音频信号发生器输入的信号频率与叶片自振

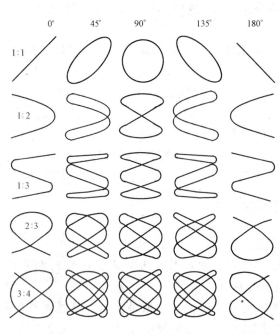

图 2-90　李沙如图

频率相等时，叶片发生共振。在音频信号发生器输出的信号幅值不变的条件下，振动达最大值，此时利用示波器上的李沙如图就可以判别其自振频率。当叶片被强迫共振时，将拾振器探头沿叶片移动，找出叶片上各处振幅及相位的变化规律，即可判断出叶片的振型。采用共振法可测定叶片各种振型的自振频率。

（二）动频率的测定

叶片旋转时振动频率的测定方法有两种：第一种方法是用贴在叶片上的晶体片将机械振动信号转换为电信号，输入到装在转子上的微型发报机，经调制后发出，再由装在汽缸内的天线接收，由高频电缆引出汽缸到接收机，经解调放大后，送到示波器或录波器，对波形进行分析，求出振动频率。第二种测动频率的方法是采用涡流式传感器，利用非接触式的方法测量叶片的振动信号，将信号放大后经 C/D 转换，送入微机，经程序计算得到动频率。

五、叶片振动安全性准则

在计算或实测了叶片的自振频率和激振力频率后，便可判断叶片工作时是否会发生共振。长期的实践证明，有的叶片在共振状态下工作容易损坏，因此需要将叶片的自振频率与激振力频率调开，避免运行中发生共振，称为调频叶片；而有的叶片在共振状态下仍能长期安全工作，因此不需要调频，称为不调频叶片。

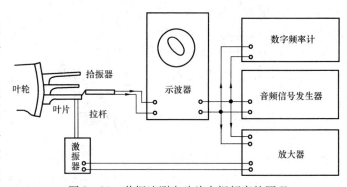

图 2-91　共振法测定叶片自振频率的原理

叶片工作时的受力是在一不随时间变化的静应力 σ_m 基础上叠加一幅值为 σ_d 内的交变动应力，如图 2-92 所示。其中 σ_d 是迫使叶片振动的动应力幅值，它正比于汽流弯应力 σ_{sd}。

为了保证叶片的工作安全，必须满足静强度和动强度的要求。叶片的静强度主要是以材料的屈服极限、蠕变极限和持久强度极限作为校核准则，而动强度则以耐振强度 σ_a^* 作为校核指标。耐振强度是指叶片在一定工

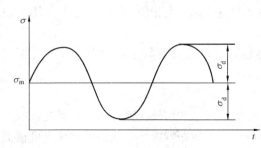

图 2-92　叶片工作时的受力

作温度和一定的静应力作用下，所能承受的最大交变应力的幅值，也称复合疲劳强度。耐振强度可以通过试验求得。

（一）不调频叶片振动强度安全准则

不调频叶片在共振时的动应力幅值则必须满足如下条件：

$$\sigma_d \leqslant \frac{\sigma_a^*}{k_s} \qquad\qquad (2-3)$$

式中　k_s——安全系数。

由于 $\sigma_d = D\sigma_{sb}$（D 为应力放大系数），上式可写为

$$\frac{\sigma_a^*}{\sigma_{sb}} \geqslant DK_s \qquad\qquad (2-4)$$

式中 σ_a^* 和 σ_{sb} 可以分别通过材料试验和计算确定。在实际应用时，考虑到各种因素的影响，必须引入一系列的系数加以修正，修正后的耐振强度与汽流弯应力的比值称为安全倍率，用 A_b 表示。于是，动强度条件可以表示为

$$A_b = \frac{\sigma_a^* K_1 K_2 K_d}{\sigma_{sb} K_3 K_4 K_5 K_\mu} \geqslant DK_S \qquad\qquad (2-5)$$

式中　K_1——介质腐蚀修正系数；

　　　　K_2——叶片表面质量修正系数；

　　　　K_d——尺寸修正系数；

　　　　K_3——应力集中修正系数；

　　　　K_4——通道修正系数；

　　　　K_5——流场不均匀修正系数；

　　　　K_μ——成组影响系数。

式（2-5）右端的 DK_S 不能准确计算，一般通过统计的方法得到。对国内大量的叶片进行统计，对其中能在共振状态下长期安全运行的叶片和由于共振而损坏的叶片，分别算出它们的安全倍率值和振动倍率 K（叶片的动频率与激振力频率之比），按不同的振型归纳，然后将这些数据点标在 A_b-k 图上。图 2-93 为与低频激振力产生共振的 A_0 型振动的安全倍率曲线，由图可以看出，安全叶片与损坏叶片之间有一条较明显的分界线，分界线上的 A_b 值定义为许用安全倍率，记作 $[A_b]$。这样，不调频叶片的振动强度的安全准则即为

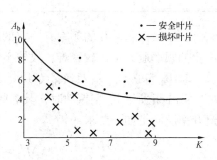

图 2-93　不调频叶片 A_0 型
共振安全倍率曲线

$$A_b \geqslant [A_b]$$

对低频激振力下的 A_0 型振动，在不同振动频率时叶片的 $[A_b]$ 见表 2-1；对低频激振力下的 B_0 型振动，要求 $[A_b] \geqslant 10$；对高频激振力下的 A_0 型振动，全周进汽的级要求 $[A_b] \geqslant 45$，部分进汽的级 $[A_b \geqslant 55]$。为保证安全，$K=2$ 的叶片采用了调频叶片，以避开共振。

表 2 - 1 　　　　　　　不调频叶片 A_0 型振动的 $[A_b]$ 值

k	3	4	5	6	7	8	9	10	11	12
$[A_b]$	10.0	7.8	6.2	5.0	4.4	4.1	4.0	3.9	3.8	3.7

（二）调频叶片的振动强度安全准则

对于调频叶片，由于其动强度不允许在共振条件下长期运行，因此需要使叶片的自振频率与激振力频率及其整数倍避开一定的距离，同时还应满足许用安全倍率要求。由于已避开共振，动应力大为减小，所以允许有较小的安全倍率值。

1. A_0 型振动与低频激振力共振的叶片

为保证叶片的安全，应将叶片的动频率调至 kn 和 $(k-1)n$ 之间，并满足下列条件：

$$f_{d_1} - (k-1)n_1 \geq 7.5$$
$$kn_2 - f_{d_2} \geq 7.5$$

式中　n_1、n_2——工作转速允许波动的上下限；

　　　f_{d_1}——在 n_1 转速下叶片的动频率（取同一级中最低的），Hz；

　　　f_{d_2}——在 n_2 转速下叶片的动频率（取同一级中最高的），Hz；

　　　k——振动倍率。

这种叶片在调开频率后，其安全倍率还应大于表 2 - 2 推荐的 $[A_b]$ 值，才能保证叶片的安全。

表 2 - 2 　　　　　　　调频叶片 A_0 型振动的 $[A_b]$ 值

	k	2～3	3～4	4～5	5～6
$[A_b]$	自由叶片	4.5	3.7	3.5	3.5
	成组叶片	3			

由于级内各叶片的频率有一定的分散度及电网周波有一定的波动范围，当 $k>6$，要求一定的频率避开率比较困难，故按不调频叶片处理。

2. B_0 型振动与高频激振力共振的调频叶片组

叶片组发生 B_0 型振动时，其静频率与动频率已很接近，可用动频率代替静频率。频率避开率应满足如下要求：

$$\Delta f_1 = \frac{f_1 - Z_n n}{Z_n n} \times 100\% > 15\%$$
$$\Delta f_2 = \frac{Z_n n - f_2}{Z_n n} \times 100\% > 12\%$$

式中　Δf_1、Δf_2——频率避开率；

　　　f_1、f_2——全级叶片组最低、最高的 B_0 型振动静频率；

　　　Z_n——喷管叶片数（部分进汽为当量喷管数）；

　　　n——额定转速。

B_0 型振动满足上述调频要求后，其 A_0 型振动往往又和低频激振力处于共振状态，仍属 A_0 型共振的不调频叶片，所以这种叶片组的许用安全倍率仍采用表 2 - 1 中的值。

六、叶片的调频

当调频叶片的自振频率不符合频率避开率的要求时，就需要对叶片的自振频率或激振力频率进行调整，使叶片工作时避开共振，称为调频。由于激振力频率不好改变，所以实用中通常是调整叶片的自振频率。

调整叶片自振频率的措施主要是改变叶片的质量和刚度（包括连接刚度）。常用的调频方法有：

（1）重新研磨叶根间的接触面，以增加叶根的连接刚性。这对于因安装质量不佳而导致频率不合格的叶片是一种提高自振频率和减小频率分散度的有效方法。

（2）在叶片顶部钻孔或切角，以减小叶片质量。

（3）改善围带或拉金与叶片的连接质量，增加连接牢固程度。对焊接围带或拉金可采用加焊的方法，对铆接围带可重新捻铆不合格的铆钉。

（4）改变围带或拉金尺寸。这将使叶片的刚度和质量都发生变化，由此引起的频率变化需根据具体条件进行计算或试验才能确定。

（5）改变叶片组内的叶片数。当组内叶片数增加时，围带或拉金对叶片的反弯矩相应增加，使叶片自振频率提高。但是当组内原有叶片数较多时，此法效果就不大了。

（6）采用松拉金。运行中，松拉金由于离心力而紧贴在叶片上，可以有效地抑制叶片的 A_0 型和 B_0 型振动，减小振幅和振动应力。

能 力 训 练

1. 什么是激振力？工作时引起叶片振动的激振力是如何产生的？
2. 叶片有哪些主要的振动型式？最容易发生又最危险的是哪几种？
3. 什么是自振频率、静频率和动频率？叶片自振频率的大小主要与哪些因素有关？
4. 什么是调频叶片、不调频叶片？它们的振动强度安全准则分别是什么？
5. 常用的叶片测频、调频方法有哪些？

任务七 转 子

任务目标

熟悉汽轮机动叶片振动的原因，了解汽轮机动叶片静频率的测定方法。

知识准备

一、转子的结构

汽轮机转子可分为轮式转子和鼓式转子两种基本类型。轮式转子装有安装动叶片的叶轮，鼓式转子则没有叶轮（或有叶轮但其径向尺寸很小），动叶片直接装在转鼓上。通常冲动式汽轮机采用轮式转子；反动式汽轮机为了减小转子上的轴向推力，采用鼓式转子。

（一）轮式转子

按制造工艺，轮式转子可分为套装式、整锻式、组合式和焊接式四种形式。一台机组采用何种类型转子，由转子所处的温度条件及各国的锻冶技术来确定。

1. 套装转子

套装转子的结构如图 2-94 所示，套装转子的叶轮、轴封套、联轴节等部件是分别加工后，热套在阶梯形主轴上的。各部件与主轴之间采用过盈配合，以防止叶轮等因离心力及温差作用引起松动，并用键传递力矩。

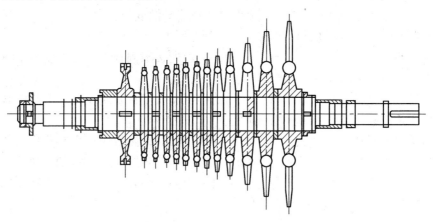

图 2-94　套装转子

套装转子在高温条件下，叶轮内孔直径将因材料的蠕变而逐渐增大，最后导致装配过盈量消失，使叶轮与主轴之间产生松动，从而使叶轮中心偏离轴的中心，造成转子质量不平衡，产生剧烈振动，且快速启动适应性差。因此，套装转子不宜作为高温高压汽轮机的高压转子。此套装转子只用于中压汽轮机转子或高压汽轮机的低压转子。

2. 整锻转子

整锻转子的叶轮、轴封套和联轴节等部件与主轴是由一整锻件车削而成，无热套部件，这解决了高温下叶轮与主轴连接可能松动的问题，因此整锻转子常用作大型汽轮机的高、中压转子，如图 2-95 所示。

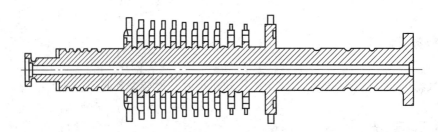

图 2-95　整锻转子

整锻转子的优点是：①结构紧凑，装配零件少，可缩短汽轮机轴向尺寸；②没有套装的零件，对启动和变工况的适应性较强，适于在高温条件下运行；③转子刚性较好。缺点是锻件大，工艺要求高，加工周期长，大锻件质量难以保证。且检验比较复杂，又不利于材料的合理使用。

现代大型汽轮机，由于末级叶片长度的增加，套装叶轮的强度已不能满足要求，所以某些机组的低压转子也开始采用整锻结构。美国西屋公司系列的机组（包括国产引进型300MW 和 600MW 机组、日本三菱公司生产的 350MW 机组），BBC 公司系列的机组，法国阿尔斯通和大西洋公司生产的 300、330、360MW 机组，美国 GE 公司（包括日本日立生产的 250MW 机组和安莎多公司生产的 320MW 机组）350MW 机组和英国 GEC 公司生产的350MW 机组的高、中、低压转子全都采用整锻转子。

整锻转子通常钻有一直径为 φ100 左右的中心孔，目的是去掉锻件中心的杂质及疏松部分，以防止缺陷扩展，同时也便于借助潜望镜等仪器检查转子内部缺陷。随着金属冶炼和锻造水平的提高，国外已有些大的整锻转子不再打中心孔，我国日照电厂引进西门子 350MW机组采用的就是实心转子。

3. 组合转子

组合转子由整锻结构和套装结构组合而成，如图 2-96 所示。它兼有前面两种转子的优点，国产高参数大容量汽轮机的中压转子多采用这种结构。

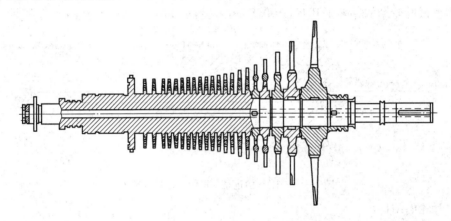

图 2-96 组合转子

4. 焊接转子

汽轮机的低压转子直径大，特别是大功率汽轮机的低压转子质量大，叶轮承受很大的离心力。当采用套装结构时，叶轮内孔在运行中将发生较大的弹性形变，因而需要设计较大的装配过盈量，但这样又引起很大的装配应力。若采用整锻转子，则因锻件尺寸太大，质量难以保证。为此采用分段锻造、焊接组合的焊接转子。它主要由若干个叶轮与端轴拼合焊接而成，如图 2-97 所示。

焊接转子质量轻，锻件小，结构紧凑，承载能力高。与尺寸相同、带有中心孔的整锻转子相比，焊接转子强度高，刚性好，质量减轻 20% ~ 25%。由于焊接转子工作可靠性取决于焊接质量，

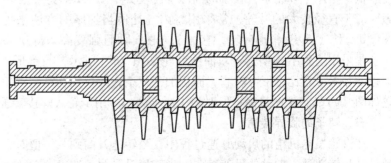

图 2-97 焊接转子

故要求焊接工艺高，材料焊接性能好。因此这种转子的应用受到焊接工艺及检验方法和材料种类的限制，随着焊接技术的不断发展，它的应用将日益广泛。我国生产的 125MW 和 300MW 汽轮机以及引进的法国 300MW 汽轮机的低压转子采用焊接结构。此外，反动式汽轮机因为没有叶轮也常用此类转子。如瑞士制造的 1300MW 双轴反动式汽轮机的高、中、低压转子均为焊接转子。

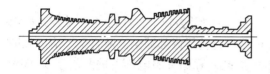

图 2 – 98　鼓式转子（国产引进型 300MW 的高中压转子）

（二）鼓式转子

国产引进型 300MW 和 600MW 汽轮机为反动式汽轮机，其转子采用的是鼓式转子。图 2 – 98 所示为高、中压转子，由 30Cr1Mo1V 合金钢整锻而成，各反动级动叶片直接装在转子上开出的叶片槽中。其高中压压力级反向布置，同时转子上还设有高、中、低压三个平衡活塞，以平衡轴向推力。低压转子由 30Cr2Ni4MoV 合金钢整锻而成，中部为转鼓形结构，末级和次末级为整锻叶轮结构，转子开有 ϕ190.5 的中心孔，如图 2 – 99 所示。

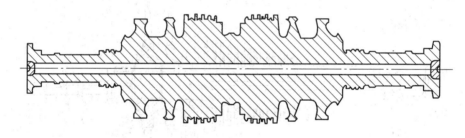

图 2 – 99　国产引进型 300MW 的低压转子

二、叶轮的结构

冲动式汽轮机的转子上都有叶轮，用来装置动叶片并将叶片上的转矩传递到主轴上。

叶轮由轮缘和轮面组成，套装式叶轮还有轮毂。轮缘是安装叶片的部位，其结构取决叶根型式，轮毂是为了减小内孔应力的加厚部分；轮面将轮缘与轮毂连成一体，高、中压级叶轮上通常开有 5~7 个平衡孔，以疏通隔板漏汽和平衡轴向推力。

根据轮面的型线，叶轮可分为等厚度叶轮、锥形叶轮、双曲线叶轮和等强度叶轮等，如图 2 – 100 所示。图中（a）和（b）为等厚度叶轮，这种叶轮加工方便，轴向尺寸小，但强度较低，多用于叶轮直径较小的高压部分。其中图（b）为整锻转子的高压级叶轮，没有轮毂。对于直径较大的叶轮，常采用将内径处适当加厚的方法来提高承载能力，如图（c）。图（d）和（e）为锥形叶轮，它加工方便，而且强度高，得到了广泛应用。套装式叶轮几乎全是采用这种结构型式。双曲线叶轮如图（f）所示，与锥形叶轮相比，它的重量较轻，但强度并不一定比锥形叶轮高，而且加工复杂，故仅用在某些汽轮机的调节级中。等强度叶轮如图（g），它强度最高，但对加工要求高，多用于轮式焊接转子。

三、转子的临界转速

在汽轮发电机组的启动升速过程中，当转速升高到某一值时，机组便发生强烈振动，而越过这一转速后，振动便迅速减弱；当转速升到另一更高转速时，又可能出现同样的现象。通常将这些机组发生强烈振动时的转速称为临界转速。

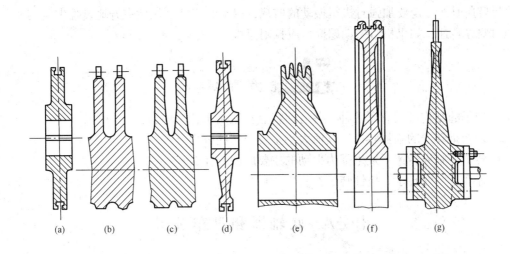

图 2-100 叶轮的结构形式

(a)、(b)、(c) 等厚度叶轮；(d)、(e) 锥形叶轮；(f) 双曲线叶轮；(g) 等强度叶轮

临界转速下的强烈振动是共振现象。在汽轮机转动时，由于制造、装配的误差及材质不均匀造成转子质量偏心所引起的离心力作用在转子上，相当于一个频率等于转子角速度的周期性激振力，转子在其作用下作强迫振动。当激振力频率即转子的角速度等于转子的自振频率时，便发生共振，振幅急剧增大，此时的转速就是临界转速。

临界转速值与转子的刚度、质量和跨距有关。刚度大、质量轻、跨距小的转子，临界转速值高；反之，临界转速值就低。理论上讲，同一转子的临界转速有无穷多个，数值最小的叫作一阶临界转速，随着转速升高依次称为二阶、三阶……临界转速。

在汽轮发电机组中，每一根转子两端都有轴承支承，称为单跨转子。各单跨转子用联轴器连接起来，就构成了多支点的转子系统，称为轴系。轴系的临界转速由组成该轴系的单跨转子的临界转速汇集而成，但又不是它们的简单集合。用联轴器连接后，各转子的刚度增大，使轴系的各阶临界转速比单跨转子相应的各阶临界转速有所提高，且联轴器刚性越好，临界转速提高得越多。此外，临界转速的大小还受到转子工作温度和支承刚度的影响。工作温度升高和支承刚度降低，将使临界转速值降低。

按一阶临界转速与工作转速间的关系，转子可分为刚性转子和挠性转子。工作转速低于一阶临界转速的转子称为刚性转子，工作转速高于一阶临界转速的转子称为挠性（柔性）转子。为了保证安全，转子的工作转速应与其临近临界转速避开一定的范围。对于刚性转子，通常要求其一阶临界转速 n_{c1} 比工作转速 n_0 高 20%~25%，即 $n_{c1} > (20\% ~ 25\%) n_0$，但不允许在 $2n_0$ 附近。对于挠性转子，其工作转速在两阶临界转速之间，应比其中低的一个临界转速 n_{cn} 高出 40% 左右，比另一较高的临界转速 $n_{c(n+1)}$ 低 30% 左右，即 $1.4n_{cn} < n_0 < 0.7n_{c(n+1)}$。对于做过高速动平衡的转子，平衡精确度大大提高，质量偏心引起的离心力大为减小，因此临界转速与工作转速间的避开裕量可以减小很多。国外有的制造厂只采取了 5% 的避开裕量。

机组经过转子临界转速时，是汽轮机在启动和停机过程中产生振动最大的时候。而过大的振动会造成局部的轴、叶片或围带和汽封齿尖的碰擦，使转子局部温度升高，造成转子受热不均，导致转子产生暂时性弯曲，振动加剧，动静碰擦加剧。所以运行中当汽轮机转子经过临界转速时，一定要加强对机组振动的监视，启动时应特别注意在升速过程中应迅速平稳的通过临界转速，如果机组振动超标，应打闸停机。

　能力训练

1. 转子的结构形式有哪几种，各有何特点？适用于什么场合？
2. 什么是转子的临界转速？其值大小主要与哪些因素有关？
3. 转子在临界转速下发生强力振动的主要原因是什么？
4. 什么是刚性转子、挠性转子？

任务八　联轴器和盘车装置

　任务目标

熟悉汽轮机联轴器和盘车装置的作用。

知识准备

一、联轴器

联轴器又叫靠背轮，用来连接汽轮机的各个转子以及发电机转子，并将汽轮机的扭矩传给发电机。在多缸汽轮机中，如果几个转子合用一个推力轴承，则联轴器还将传递轴向推力；如果每个转子都有自己的推力轴承，则联轴器应保证各转子的轴向位移互不干扰，即不允许传递轴向推力。

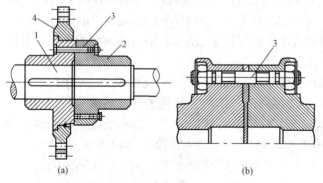

图2-101　刚性联轴器
1、2—联轴器；3—螺栓；4—盘车齿轮

现代汽轮发电机组用的联轴器通常有三种形式，即刚性联轴器、半挠性联轴器和挠性联轴器。

（一）刚性联轴器

刚性联轴器的结构如图2-101所示。其中图（a）为装配式，两半联轴器（也叫对轮）1和2用热套加双键分别套装在相对的轴端上，对准中心后再一起铰孔，并用配合螺栓3紧固，以保证两个转子同心，螺栓和螺孔分别打有相应的编号，不能互换。扭矩就是通过这些螺栓以及联轴器端面间的摩擦力由一个转子传给另一个转子的。联轴器法兰的圆周上常套装着盘车齿轮4，以备盘车装置驱动转子之用。有些联轴器在端面之间做出止口或加对心垫片，以便于两个转子对准中心。

高参数大容量汽轮机常采用整锻式或焊接式转子，它的联轴器则与主轴成一整体，如图2-101（b）所示。这种联轴器的强度和刚度均较装配式高，也没有松动的危险。联轴器端面间设有垫片，安装时根据具体尺寸配制，以容许转子轴向位置作少量调整。

刚性联轴器结构简单、尺寸小；工作时不需润滑，没有噪音；用在多缸汽轮机上时还可以节省主轴承以缩短机组长度。例如125MW汽轮机的高中压转子和低压转子以及200MW汽轮机的高压转子和中压转子采用刚性联轴器后都只用了三个主轴承。它的缺点是传递振动和轴向位移；找中心要求高，制造和安装的少许偏差都可能引起机组较大的振动。

（二）半挠性联轴器

半挠性联轴器的结构如图2-102所示。联轴器1与主轴锻成一体，联轴器2则用热套加双键套装在相对的轴端上。两对轮之间用一波形半挠性套筒3连接起来，并以配合螺栓4和5紧固。波形套筒在扭转方向是刚性的，在弯曲方向则是挠性的。

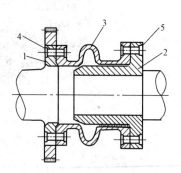

图2-102 半挠性联轴器
1、2—联轴器；3—波形
套筒；4—螺栓

这种联轴器广泛用来连接汽轮机转子和发电机转子。因为波形套筒具有一定弹性，故可吸收部分振动，允许两转子中心有少许偏差和两轴间有少许轴向位移。国产125、200MW和300MW机组的汽轮机转子之间都采用了半挠性联轴器。

（三）挠性联轴器

挠性联轴器通常有两种型式，齿轮式和蛇形弹簧式。

齿轮式联轴器多用在小型汽轮机上以连接汽轮机转子与减速箱的主动轴，其结构如图2-103所示。两齿轮1和2用热套加键分别套装在相对的轴端上，并用大螺帽3和4防止其滑脱。套筒5两边的内齿分别与齿轮1和2啮合，从而使两个转子连接起来。挡环6和7用与旋转方向相反的螺纹旋在套筒上以限制套筒的轴向位置，螺钉8用来防止挡环松动。这种联轴器由于通过齿轮和齿套连接，有一定的活动性，可以消除或减弱振动的传递，转子对中的要求不如前两种联轴器高。它的缺点是必须有专门的润滑装置，而且检修工艺要求高，安装质量稍差就会产生很大的噪音并较快地磨损。很明显，齿轮式联轴器是不能传递轴向推力的。

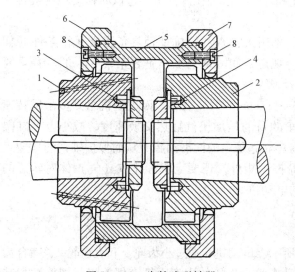

图2-103 齿轮式联轴器
1、2—齿轮；3、4—螺帽；5—套筒；6、7—挡环；8—螺钉

蛇形弹簧联轴器的构造和工作情况如图2-104所示。分别套装在相对轴端上的对轮1和2的外缘铣出类似渐开线齿形

的牙齿，沿圆周嵌入若干段弹性钢带制成的蛇形弹簧 3 把两边的牙齿联系起来，外面再用由两半组成的外壳 4 罩住，以防弹簧飞出。主动轮 1 的扭矩便通过牙齿和蛇形弹簧传给从动轮 2。这种联轴器不会传递振动，又允许转子有稍大的中心偏差和轴向位移。但因结构复杂、成本高，且运行中需要润滑，现已很少使用，国产 51－50－1 型汽轮机的主油泵转子与减速齿轮轴之间以及某些进口机组中还可以看到这种形式的联轴器。

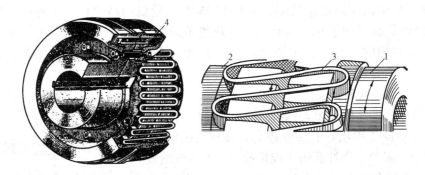

图 2－104　蛇形弹簧联轴器
1—主动轮；2—从动轮；3—蛇形弹簧；4—外壳

二、盘车装置

汽轮机停机后，由于汽缸的上部与下部存在温差，如果转子静止不动，便会因为自身的温差而向上弯曲。对于大型汽轮机，这种热弯曲可以达到很大的数值，并且需要经过几十个小时才能逐渐消失。在热弯曲减小到规定数值以前，是不允许重新启动汽轮机的。另外，在汽轮机启动过程中，为了迅速提高真空，常常需要在冲动转子以前向轴封送汽。由于热蒸汽大部分滞留在缸内上部，将会造成转子的热弯曲，妨碍启动工作的正常进行，甚至引起动静部分的摩擦。

为了避免转子的热弯曲，就需要一种设备，能够在汽轮机冲转前和停机后使转子以一定的转速连续地转动，以保证转子的均匀受热和冷却。这种在汽轮机不进汽时拖动汽轮机转动的机构就叫盘车装置。

盘车不但能使机组随时可以启动，而且是用来检查汽轮机是否具备正常运行条件（如动静部分是否有摩擦，主轴弯曲度是否符合规定，润滑系统工作是否正常等）的一种重要方法。

中、小型汽轮机通常采用盘车转速为 3～4r/min 的低速盘车，而大型机组则多采用转速为 40～70r/min 的高速盘车。采用高速盘车的目的是加快汽缸热交换速度，减小上下缸温差，缩短机组的启动时间，并在支持轴承内建立起稳定的润滑油膜，从而保护轴瓦的乌金工作面。但是高速盘车除了要克服转子的静摩擦力矩外，还要克服静止汽（气）体对转子的阻力，消耗功率较大，需要配置功率较大的电动机。

下面介绍两种常见的盘车装置。

（一）具有螺旋轴的电动盘车装置

这种盘车装置的工作原理如图 2－105 所示。电动机 5 通过小齿轮 1 和大齿轮 2、啮合齿轮 3 和盘车齿轮 4 两次减速后带动转子转动。啮合齿轮的内表面铣有螺旋齿与螺旋轴相啮合，并可沿螺旋轴左右滑动。推转手柄可以改变啮合齿轮在螺旋轴上的位置，并同时控制盘车装置的润滑油门和行程开关。

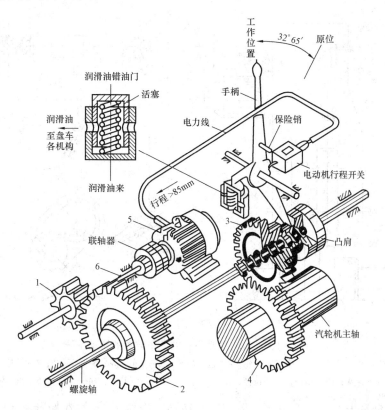

图 2-105 具有螺旋轴的电动盘车装置原理图
1—小齿轮；2—大齿轮；3—啮合齿轮；4—盘车大齿轮；5—电动机；6—螺旋轴

投入盘车装置时，首先拔出保险销，然后向左（图示方向）推转手柄，啮合齿轮向右移动并靠向盘车齿轮，同时用手盘动联轴器，齿轮即可与齿轮全部啮合（与凸缘靠住）。此时，润滑油门自动打开向盘车装置供油，同时行程开关闭合，电动机接上电源，盘车装置便投入工作，带动转子以盘车转速转动。依靠螺旋齿上的轴向分力，啮合齿轮便被压紧在凸肩上，保持与盘车齿轮的完全啮合。

汽轮机冲动转子以后，转子转速高于盘车转速，啮合齿轮由主动轮变为从动轮，螺旋齿的轴向分力改变了方向，将啮合齿轮向左边推，直至退出啮合位置。借助于润滑油门下的油压和弹簧的作用，手柄将一直向右摆转到断开位置，并同时使啮合齿轮、油门和行程开关复位。此时，保险销自动落入销孔，将手柄锁住；润滑油路切断，停止向盘车装置供油；电动机电源断开，盘车装置停止工作。

操作停止按钮切断电源，亦可使盘车装置停止工作。此时，转子因惯性仍以盘车转速转动，而盘车装置自身的转速则迅速下降，啮合齿轮同样会被推向左边。此后各构件的动作与盘车装置自动退出时完全一样。

多数国产 125、300MW 机组汽轮机采用的是这种盘车装置。

（二）具有摆动齿轮的盘车装置

这种盘车装置的传动系统如图 2-106（a）所示。电动机依次通过齿轮 1、2 及另一组

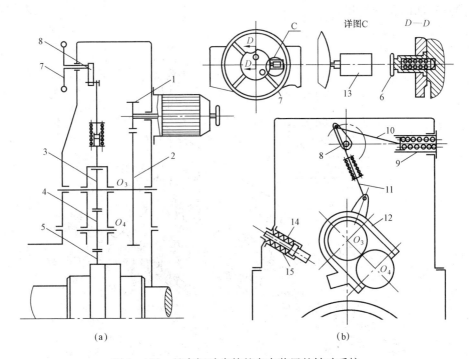

图 2 - 106　具有摆动齿轮的盘车装置的转动系统
1—小齿轮；2—大齿轮；3—中间轴齿轮；4—摆动齿轮；5—盘车齿轮；6—锁紧销；7—手轮；8—曲柄；
9—压弹簧；10—连杆；11—拉杆；12—摆动壳；13—行程开关；14—顶杆；15—盘形弹簧

齿轮 3、4 和盘车齿轮 5 两次减速后带动转子转动。齿轮 3、4 装在摆动壳 12 内，摆动壳套在中间轴 O_3 上，在外力作用下可以绕 O_3 轴摆动，所以摆动齿轮 4 不仅能绕自身的轴 O_4 旋转外，又能随摆动壳一起绕中间轴摆动。曲柄连杆和带缓冲器的拉杆组成一个杠杆系统。盘车装置的投入或退出是通过摆动壳连同摆动轮在杠杆系统操纵下的上下摆动而实现的。杠杆系统的动作由操作手轮控制。

盘车系统脱开时，摆动壳、杠杆系统及手轮的位置如图 2 - 106（b）所示。此时，摆动壳被杠杆系统吊起，齿轮 4 与 5 分离；行程开关 13 断路，电动机不转；手轮 7 上的锁紧销 6 插入销孔，将手轮锁在脱开位置；连杆 10 在压弹簧 9 的作用下逆时针方向推紧曲柄 8，整个装置不能有任何运动。

投入盘车的过程如下：拔出锁紧销，顺时针方向转动手轮 7，使同轴的曲柄 8 随之转动，克服压弹簧的推力带动连杆向右下方运动；连杆 11 同时下降，使摆动壳 12 和摆动齿轮 4 向下摆动。当齿轮 4 与 5 进入啮合状态时，行程开关 13 闭合接通电动机电源，齿轮 1、2、3、4 即开始转动。由于转子尚处于静止状态，齿轮 4 将沿着齿轮 5 的牙齿向左滚并带着摆动壳继续顺时针摆动，直到被顶杆 14 顶住。此时摆动壳处于中间位置，齿轮 4、5 完全啮合并开始传递力矩，使转子逐渐转动起来。顶杆由盘形弹簧 15 支持，足以承受摆动壳的冲击并将它顶住。盘车装置正常工作时摆动壳、杠杆系统及手轮的位置如图 2 - 107 所示。

盘车装置自动脱开过程如下：冲动转子后，齿轮 5 的转速突然升高，而齿轮 4 的转速未变。于是，齿轮 4 由主动轮变为从动轮，被齿轮 5 迅速推向右方，并带着摆动壳逆时针摆动，推力拉杆上升。当拉杆上端点超过平衡位置（曲柄和连杆在一条线时的位置）时，连杆在压弹簧推力作用下推着曲柄继续逆时针旋转，顺势将摆动壳拉起，直到手轮转过预定的角度，锁紧销自动落入销孔将手轮锁住。此时，行程开关已断开，电动机电源切断，各齿轮均停止转动，曲柄被连杆推紧在其极端位置上，盘车装置恢复到图 2-106（b）所示位置。操作盘车停止按钮切断电源，也可以使盘车装置停止工作。

国产 50、100、200MW 汽轮机均采用了这种盘车装置。

对有顶轴系统的机组，当（机组启动）投入或（停机时）脱开盘车装置时，要注意适时的投入顶轴系统。

（三）具有链轮—蜗轮蜗杆的盘车装置

国产优化引进型 300MW 汽轮机

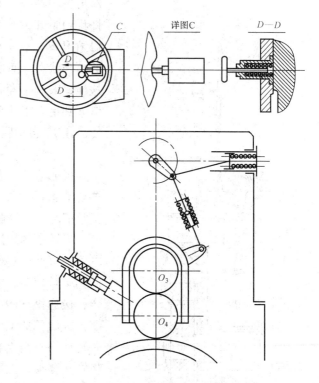

图 2-107　盘车装置的工作位置

的盘车装置是由一台立式交流电动机驱动，经过一整套的蜗轮螺杆和多级直齿轮减速后与盘车大齿轮啮合，该传动齿轮传递盘车转矩，使转子转动。采用低速盘车，盘车转速为 3r/min，盘车电动机功率为 0.3MW，转速为 980r/min，电压为 380V。

本机盘车装置主要由电动机、用来减速的传动齿轮系统、减速齿轮、啮轮杠杆以及联锁装置等组成，见图 2-108。

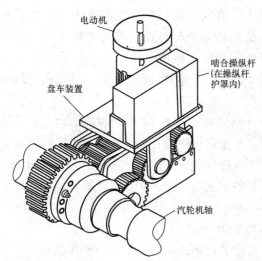

图 2-108　侧装式盘车装置

本机盘车装置的传动、齿轮系统如图 2-109 所示。电动机轴驱动主动链齿轮 10 旋转，再通过 "HY-VO" 链条 9 带动从动链齿轮 8、蜗杆 7、蜗轮 6、蜗轮轴小齿轮 5 和惰轮（跨轮）4 来转动减速齿轮 3，而减速齿轮 3 则通过键与主齿轮轴 2 相连接，主齿轮轴 2 上的齿轮又跟减速小齿轮 12 相啮合，齿轮 12 则与盘车大齿轮（传动齿轮）1 相啮合。盘车大齿轮是用螺栓连接在中间轴与发电机联轴器之间，故而能带动汽轮机发电机转子作低速旋转。

减速小齿轮 12 围绕支承在 2 块杠杆板上的齿轮轴转动，而杠杆板又以主齿轮轴 2 为支承轴转动。这两块板通过适当的连杆机构与操纵杆相连接。当杠杆移到位置时，齿轮 12 即与传

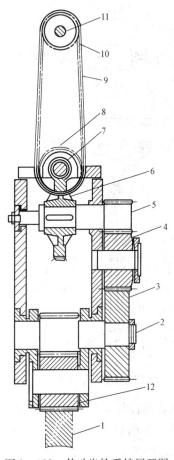

图 2-109 传动齿轮系统展开图
1—盘车大齿轮；2—主齿轮轴；3—减速齿轮；4—惰轮；5—第一级小齿轮；6—蜗轮；7—蜗杆；8—链轮；9—HYVO链条；10—主动链轮；11—电动机轴；12—减速小齿轮

动齿轮相啮合，通过传动齿轮，带动转子旋转；当杠杆移到脱开位置均与杠杆板的支承点有关，只要齿轮12在传动齿轮上传递一个转动力矩，就能保持小齿轮的啮合状态。两块挡板限制了齿轮12向传动齿轮位移，这样就限制了轮齿的啮合深度。当汽轮机转子的转速增大到足以驱动盘车装置时，传动齿轮所施加的转矩，使齿轮12自动脱离啮合状态。

盘车装置可自动投入运行和脱开。

（1）在汽轮机停机时，将控制开关旋转到盘车装置自动运行的位置，以开始自动投入程序。此后，在正常情况下，控制开关就停留在这个位置上。

当转子的转速降低到大约600r/min时，自动顺序电路被接通，将润滑油供给盘车装置。在转子转速降低到零转速时，零转速指示器发出信号，压力开关闭合，接通供气阀电源，使其开启，压缩空气进入气动啮合缸活塞的上部，活塞下移，带动杠杆作顺时针方向转动，直至齿轮和传动齿轮啮合为止。此时，杠杆将停止移动，然而，活塞将继续下移，接通触点，启动电动机，盘车装置将自动投入。

如果齿轮12未完全啮合好，那么它将滑过一个轮齿而啮合。啮合之后，转子将在盘车转速下运转，并将打开零转速指示器的压力开关，而将压缩空气关掉，盘车装置则正常工作。

通常，随着热态停机直至转子冷却到149～204℃时，机组应保持在盘车状态。这样，可能需要10～15天，它取决于停机前汽轮机内部的温度水平。如果希望加快汽轮机部件的冷却过程，以便能较快地进行检修，那么，可降低机组负荷，并在低负荷下运行一段时间，在减负荷期间降低主蒸汽和再热蒸汽的温度，以助于降低汽缸内温度，即采用蒸汽冷却金属。

（2）在汽轮机启动时，当汽轮机转速超过盘车转速时，齿轮12自动脱离啮合，带动杠杆移动。当杠杆移动脱开位置时，压力开关接通，压缩空气使啮合完全脱离。当杠杆到达完全脱开位置时，限位开关将关掉电动机电源和切断压缩空气。在转子转速升到大约600r/min以后，连续自动程序装置将不再起作用，盘车装置停止运行，并切断其润滑油，至此，盘车结束。

在任何运行方式下，控制电路能把自动切换为手动。

此外，在苏联和意大利的机组上，还配备有使转子自动转动180°的定时盘车装置。

能　力　训　练

1. 联轴器的作用是什么？常用的型式有哪几种？各有什么特点？
2. 盘车装置有什么作用？

综　合　测　验

问答题

1. 大功率汽轮机的高压缸为什么多采用双层缸？
2. 汽缸在轴承座上的支撑方式有几种？每一种支撑方式各有什么特点？不同的支撑方式一般用于什么场合？
3. 汽轮机的滑销系统主要由哪几种滑销组成？每种滑销主要起什么作用？
4. 高参数汽轮机采用螺栓、法兰加热装置有什么好处？是否一定要采用螺栓、法兰加热装置？举例说明。
5. 汽封的作用是什么？曲径式汽封有哪几种类型？
6. 什么是油膜振荡，油膜振荡是如何产生的？
7. 油膜振荡有什么危害？防止和消除油膜振荡的主要措施有哪些？
8. 盘车装置有什么作用？
9. 转子的结构形式有哪几种？各有何特点？适用于什么场合？
10. 什么是转子的临界转速？其值大小主要与哪些因素有关？
11. 转子在临界转速下发生强力振动的主要原因是什么？
12. 什么是刚性转子、挠性转子？
13. 什么是叶片的 A 型振动？B 型振动？
14. 什么是调频叶片？不调频叶片？

项目三　汽轮机的变工况

项 目 目 标

熟悉汽轮机变工况的基本知识，为学习汽轮机运行做好准备。

知 识 准 备

汽轮机的通流面积是按照经济功率（经济功率为额定功率的80%～100%，设计时通常取100%）设计的，此时进、排汽参数均为设计参数，此时的工况称为设计工况。汽轮机在设计工况工作时，不仅效率最高，而且安全、可靠。与设计工况不符合的工况就称为变工况。

造成汽轮机变工况的主要原因有如下几个方面：

（1）外界负荷的变化。由于外界负荷的变化，使得进入汽轮机的蒸汽量发生变化，汽轮机输出的功率偏离经济功率。

（2）锅炉及凝汽器运行工况变化。锅炉及凝汽器运行工况变化将分别引起汽轮机进汽及排汽参数偏离设计值。

（3）汽轮机本身状态的变化。如通流部分结垢、加装喷管或叶片折断等，将引起汽轮机通流部分面积的变化。

汽轮机在变工况下运行时，各级的压力、焓降、反动度及轴向推力等都会发生变化，从而引起各级效率及各处应力的变化，因此影响汽轮机运行的经济性和安全性。本章主要讨论汽轮机变工况原理，并用它来分析汽轮机在各种变工况下运行时可能出现的不安全因素和效率的变化，从而决定汽轮机是否能在该工况下运行或者在运行中采取相应措施。因此本章是汽轮机运行的理论基础，对汽轮机的运行具有指导意义。

为了便于讨论，对本章所采用的符号作如下规定：凡变工况时所采用的符号，都是在设计参数下角标中多加一个"1"字。例如，设计工况下，喷管出口的压力为p_1，动叶出口为p_2，则变工况下分别对应为p_{11}和p_{21}。

任 务 一　喷 管 的 变 工 况

任 务 目 标

分析汽轮机中广泛采用的渐缩斜切喷嘴的变工况特性。

知 识 准 备

汽轮机的变工况，绝大部分都可以归结为流量的变化。对通流部分尺寸已定的汽轮机，流量变化后各处的状态参数都将发生变化。因此研究喷管的变工况，主要是分析喷管前后压力与流量之间的关系，这种关系是以后研究级和汽轮机变工况特性的基础。本节主要分析汽轮机中广泛采用的渐缩斜切喷管的变工况特性。将动叶看作是旋转的喷管，结论同样适用于动叶。

一、初压不变、改变背压时渐缩斜切喷管的变工况

图 3 – 1 为一渐缩斜切喷管，其中 $A–K–L$ 表示喷管轴线，K、L 分别表示喷管最小截面和斜切出口截面。

1. 蒸汽流动特性的变化

（1）当 $p_{11}=p_0^*$，即 $\varepsilon_{n1}=1$ 时，喷管前后压力相等，蒸汽不流动，喷管出口蒸汽速度 $c_{11}=0$，其压力变化情况如图 3 – 1（b）中 aa' 所示。

（2）当 $p_0^*>p_{11}>p_c$，即 $1>\varepsilon_{n1}>\varepsilon_c$ 时，汽流处于亚临界状态，蒸汽在喷管最小截面 K 处的压力为 p_{11}，蒸汽仅在喷管的渐缩部分膨胀加速，斜切部分只起导向作用。喷管出口汽流速度小于临界速度，即 $c_{11}<c_c$，射汽角 $\alpha_1=\alpha_{1g}$。其压力变化情况如图 3 – 1（b）中 abc 线所示。

（3）当 $p_{11}=p_c$，即 $\varepsilon_{n1}=\varepsilon_c$ 时，蒸汽在喷管的最小截面 K 处膨胀到临界状态，该处压力等于临界压力 p_c，在斜切部分不产生膨胀。喷管出口蒸汽速度等于临界速度，即 $c_{11}=c_c$，射汽角 $\alpha_1=\alpha_{1g}$。其压力变化情况如图 3 – 1（b）中 ade 线所示。

（4）当 $p_{11}<p_c$，即 $\varepsilon_{n1}<\varepsilon_c$ 时，蒸汽在喷管最小截面 K 处已膨胀到临界状态，此后蒸汽在斜切部分将继续膨胀，达到超临界状态，现分以下三种情况讨论：

1）当 $p_c>p_{11}>p_{1L}$，即 $\varepsilon_c>\varepsilon_{n1}>\varepsilon_{nL}$ 时，蒸汽在喷管斜切部分要继续膨胀，压力由 p_c 降至 p_{11}，汽流速度由 c_c 增加到 c_{11}，汽流方向偏转一个角度 δ，汽流射汽角 $\alpha_1=\alpha_{1g}+\delta$。其压力变化情况如图 3 – 1（b）中 $adfg$ 线所示。

2）当 $p_{11}=p_{1L}$，即 $\varepsilon_{n1}=\varepsilon_{nL}$ 时，蒸汽在喷管斜切部分膨胀达到极限，此时喷管出口汽流速度 $c_{11}\gg c_c$，汽流偏转角 δ 也达到最大值，汽

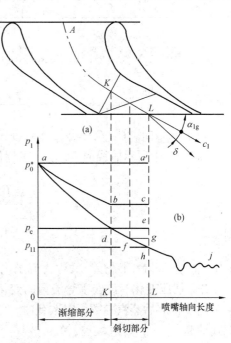

图 3 – 1 渐缩斜切喷管的变工况

流射汽角 $\alpha_1=\alpha_{1g}+\delta_{max}$。其压力变化情况如图 3 – 1（b）中线 $adfh$ 所示。

3）当 $p_{11}<p_{1L}$，即 $\varepsilon_{n1}<\varepsilon_{nL}$ 时，蒸汽在喷管出口截面 L 处只能膨胀到 p_{1L}，由 p_{11} 降至 p_{1L} 的膨胀过程将在喷管外进行。由于此时没有喷管壁面的约束，因而膨胀是紊乱的，并不能使汽流速度增加，却造成损失增加，其压力变化情况如图 3 – 1（b）中 $adfhj$ 线所示。

由上述分析可知，渐缩斜切喷管能够在较大背压变化范围（$1 > \varepsilon_{n1} > \varepsilon_{nL}$）内良好的工作。

2. 蒸汽流量的变化

根据

$$G = \frac{A_n c_{1t}}{v_{1t}}$$

和

$$c_{1t} = \sqrt{\frac{2\kappa}{\kappa - 1} p_0^* v_0^* \left[1 - \left(\frac{p_1}{p_0^*} \right)^{\frac{\kappa - 1}{\kappa}} \right]}$$

可得出

$$G = A_n \sqrt{\frac{2\kappa}{\kappa - 1} \frac{p_0^*}{v_0^*} \left(\varepsilon_n^{\frac{2}{\kappa}} - \varepsilon_n^{\frac{\kappa + 1}{\kappa}} \right)} \tag{3-1}$$

由上式可以看出，在初参数不变和喷管尺寸一定的情况下，流过喷管的流量只与喷管后压力有关，其关系曲线如图3-2所示。

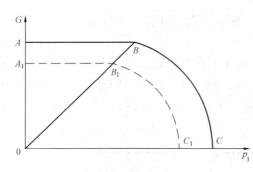

图3-2 渐缩喷管流量与背压的关系曲线

当 $p_1 = p_0^*$，即 $\varepsilon_n = 1$ 时，$G = 0$。随着背压 p_1 的减小，流量就按式（3-1）的规律逐渐增大，如图3-2中的 CB 曲线所示。当背压 p_1 等于临界压力 p_c 时，流量达到最大值 G_c，此后背压若再继续降低，蒸汽在斜切部分发生膨胀，但由于最小截面处始终保持为临界状态，故通过喷管的流量仍保持临界流量 G_c 不变，如图3-2中的 BA 线所示。综上所述，当喷管前蒸汽参数不变时，流过喷管的流量只与喷管后的压力有关。

当 $p_1 \leqslant p_c$ 时

$$G = G_c = 0.648 A_{min} \sqrt{p_0^* / v_0^*} \tag{3-2}$$

当 $p_1 > p_c$ 时，$G < G_c$，并且流量按式（3-1）的规律变化，p_1 越大，流量 G 越小。

图3-2中所示曲线的 BC 段，可近似地用椭圆方程式表示。

即

$$G = G_c \sqrt{1 - \left(\frac{p_1 - p_c}{p_0^* - p_c} \right)^2}$$

则有

$$\beta = \frac{G}{G_c} = \sqrt{1 - \left(\frac{p_1 - p_c}{p_0^* - p_c} \right)^2} = \sqrt{1 - \left(\frac{\varepsilon_n - \varepsilon_c}{1 - \varepsilon_c} \right)^2} \tag{3-3}$$

式中 β——彭台门系数，又称为流量比，其值仅与压力比 ε_n 有关。

二、初压变化时流经喷管流量的变化

当喷管前后蒸汽参数同时改变时，不论喷管是否达到临界状态，通过喷管的流量均可按下式计算：

$$\frac{G_1}{G} = \frac{\beta_1 G_{c1}}{\beta G_c} = \frac{\beta_1}{\beta} \sqrt{\frac{p_{01}^* v_0^*}{v_{01}^* p_0^*}} = \frac{\beta_1}{\beta} \frac{p_{01}^*}{p_0^*} \sqrt{\frac{T_0^*}{T_{01}^*}} \tag{3-4}$$

若工况变动不大，则可以近似认为喷管前蒸汽温度不变，即：$T_0^* \approx T_{01}^*$，于是式（3-4）简化为

$$\frac{G_1}{G} = \frac{\beta_1}{\beta} \frac{p_{01}^*}{p_0^*} \tag{3-5}$$

如果变工况前后喷管均为临界状态，则 $\beta_1 = \beta = 1$，故有

$$\frac{G_{c1}}{G} = \frac{p_{01}^*}{p_0^*} \qquad (3-6)$$

式（3-6）表明，在喷管前后温度变化不大时，通过喷管的临界流量与喷管前蒸汽的滞止压力成正比。

运用以上诸式，可进行喷管的变工况计算，即由已知工况确定任意工况的流量或压力。

在实际计算中，大都采用图解法，现介绍如下。从图 3-2 中曲线 CBA 的绘制可以知道，在一定的初参数时，随喷管的背压变化可以求得一条曲线。每对应一个初压 p_0^* 就可以得到一条类似 CBA 的流量曲线，初压越小，流量曲线越靠近坐标原点。因此，选取不同的初压，改变背压，就可依次得到如图 3-3 所示的渐缩喷管流量与压力的变化关系曲线——流量网图。

在实际计算中，大都采用相对坐标。假定最大初压为 p_{0max}^*，其对应的最大临界流量为 G_{0max}，图中 $\alpha = \dfrac{G}{G_{0max}}$，$\varepsilon_0 = \dfrac{p_0^*}{p_{0max}}$，$\varepsilon_n = \dfrac{p_1}{p_{0max}}$。尽管初压变化，但由于同一工质的临界压力比相同，所以各曲线的临界点的连线必定是一条通过坐标原点的辐射线 OB。利用图 3-3 可以很方便地根据三个比值（β、ε_0、ε_n）中的任意两个，求得第三个数值。

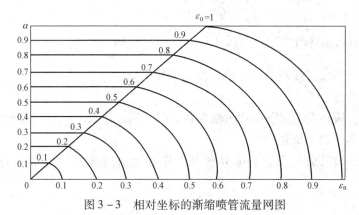

图 3-3 相对坐标的渐缩喷管流量网图

 能 力 训 练

1. 什么是汽轮机的设计工况和变工况？
2. 汽轮机产生变工况的原因有哪些？
3. 通过喷嘴的流量与喷嘴前后压力之间有什么关系？

任务二 级与级组的变工况

🌱 任 务 目 标

喷嘴的蒸汽流量变化时，喷嘴及动叶前后的压力也要随之变化，从而引起级的焓降、反

动度、效率、轴向推力等发生变化，本任务主要分析其变化的基本规律。

 知 识 准 备

由任务一可知，当喷管前后压力发生变化时，流经喷管的蒸汽流量要相应发生变化。反之，当流经喷管的蒸汽流量变化时，喷管及动叶前后的压力也要随之变化，从而引起级的焓降、反动度、效率、轴向推力等发生变化，本任务主要分析其变化的基本规律。

一、变工况时级与级组中流量与压力的变化规律

（一）变工况时级前后压力与流量的关系

1. 级在临界工况下工作

级中无论是喷管还是动叶达到临界状态，则称该级为临界状态。如果变工况前后级均为临界状态，则通过该级的流量只与级前的蒸汽参数有关，而与级后压力无关。其关系可用下式表示：

$$\frac{G_1}{G_0} = \frac{p_{01}}{p_0}\sqrt{\frac{T_0}{T_{01}}} \qquad (3-7)$$

若忽略级前蒸汽温度的变化，则式（3-7）可以写成

$$\frac{G_1}{G_0} = \frac{p_{01}}{p_0} \qquad (3-8)$$

式（3-8）说明，级在变工况前后均为临界状态时，通过该级的流量与级前压力成正比。

2. 级在亚临界工况下工作

变工况前后，如果级均没达到临界状态，那么级前后压力与流量的关系可以用下式表示：

$$\frac{G_1}{G_0} = \sqrt{\frac{p_{01}^2 - p_{21}^2}{p_0^2 - p_2^2}}\sqrt{\frac{T_0}{T_{01}}} \qquad (3-9)$$

式中　G_0、p_0、p_2、T_0——设计工况下的级内流量、级前压力、级后压力和级前绝对温度；

　　　　G_1、p_{01}、p_{21}、T_{01}——变工况后的级内流量、级前压力、级后压力和级前绝对温度。

式（3-9）表明，级在变工况前后均未达到临界状态时，流经该级的流量与级前后压力平方差的平方根成正比，与级前绝对温度的平方根成反比。若忽略级前蒸汽温度的变化，则式（3-9）可以写成

$$\frac{G_1}{G_0} = \sqrt{\frac{p_{01}^2 - p_{21}^2}{p_0^2 - p_2^2}} \qquad (3-10)$$

式（3-10）表明了除调节级外的任何一级，在变工况前后均未达到临界状态时，流经级的流量与级前后压力的变化规律。

（二）变工况时级组前后压力与流量的关系

在多级汽轮机中，流通面积不随工况变化而发生改变，流量相等的若干个相邻单级的组合成为级组，每一台多级汽轮机都可根据上述条件划分若干个级组。由于级组中各级的流通面积保持不变，并且同一工况下各级的流量相等，因此，可把一个级组的变工况当作一个级的变工况来看待，级组前、后的压力就相当于单独一级的前、后压力。图3-4就是一个由三个单级组成的级组示意图。

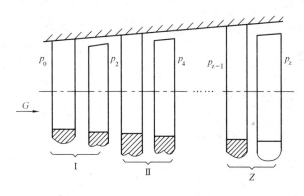

图3-4　级组示意图

1. 变工况前后级组中所有级均未达到临界工况

上面已经讨论了级在变工况前后未达到临界工况时，级前后压力与流量之间的关系。因此，级组内各级在变工况前后均未达到临界工况时，流量与级组前后参数的变化关系可表示如下：

$$\frac{G_1}{G_0} = \sqrt{\frac{p_{01}^2 - p_{z1}^2}{p_0^2 - p_z^2}} \sqrt{\frac{T_0}{T_{01}}} \qquad (3-11)$$

若忽略温度变化的影响，则得

$$\frac{G_1}{G_0} = \sqrt{\frac{p_{01}^2 - p_{z1}^2}{p_0^2 - p_z^2}} \qquad (3-12)$$

式（3-12）就是级组在变工况前后均未达到临界工况时，级组前后压力与流量之间的关系式，通常称为弗留格尔公式。利用该式计算时，在一个级组内可以取不同的级数。例如，要求调节级后的压力时，可将所有非调节级取为一个级组；需要求中间某级前的压力时，可从该级开始直到最后一级为止，取为一个级组（以上只使用于无调节抽汽的汽轮机）。

在应用弗留格尔公式时，应注意以下几点：

（1）使用在工况变化前后级组内未达临界状态时；

（2）严格讲，只有当级组内级数为无穷时弗留格尔公式才准确，但当粗略地估算级组的变工况时，只要级数超过五级则仍可应用弗留格尔公式，显然级组内级数越多，计算结果越精确。

（3）应用时级组内各级的通流面积不随工况而变化。

（4）级组内各级的蒸汽流量相等，没有抽汽或者旁通。但在具有回热抽汽的机组中，因回热抽汽量与蒸汽流量成正比，故弗留格尔公式尚可应用。

还需要注意，虽然计算单级的变工况公式（3-10）与弗留格尔公式（3-12）在形式上是相同的，但不能认为前者是后者的特例，即不能认为弗留格尔公式可以应用于单级，更不能认为弗留格尔公式与级数无关。

2. 变工况前后级组中某一级始终为临界工况

图3-4所示的级组，若级组内的第三级在变工况前后均为临界状态，而前面各级均未达

到临界状态，则通过该级的流量与级前压力成正比（忽略级前温度变化），即

$$\frac{G_1}{G_0} = \frac{p_{41}}{p_4}$$

因第三级前的级组汽流未达到临界状态，故第二级可写为

$$\frac{G_1}{G_0} = \sqrt{\frac{p_{21}^2 - p_{41}^2}{p_2^2 - p_4^2}}$$

因通过各级流量相等，因此有

$$\frac{p_{41}}{p_4} = \sqrt{\frac{p_{21}^2 - p_{41}^2}{p_2^2 - p_4^2}}$$

整理化简得

$$\frac{G_1}{G_0} = \frac{p_{41}}{p_4} = \frac{p_{21}}{p_2}$$

同理可得到该级组前的压力与流量成正比的关系式

$$\frac{G_1}{G_0} = \frac{p_{01}}{p_0} = \frac{p_{21}}{p_2} = \frac{p_{41}}{p_4} \tag{3 - 13}$$

由此得出结论：只要级组内某一级在变工况前后始终为临界状态，则这一级以前的各级中的流量均与级前压力成正比关系变化（忽略温度的变化）。

对于凝汽式汽轮机，若把所有压力级视为一个级组，那么这个级组后的压力就是凝汽式汽轮机的背压 p_{co}，则式（3 - 12）可写成

$$\frac{G_1}{G_0} = \sqrt{\frac{p_{01}^2 \left[1 - \left(\frac{p_{co1}}{p_{01}} \right)^2 \right]}{p_0^2 \left[1 - \left(\frac{p_{co}}{p_0} \right)^2 \right]}} \tag{3 - 14}$$

由于凝汽式汽轮机的背压很低，约为 0.0039 ~ 0.0049MPa，当级组中的级数较多时，$\left(\frac{p_{co1}}{p_{01}} \right)^2$ 及 $\left(\frac{p_{co}}{p_0} \right)^2$ 的数值很小，可忽略不计，则式（3 - 14）可简化成

$$\frac{G_1}{G_0} = \frac{p_{01}}{p_0} \tag{3 - 15}$$

从式（3 - 15）可看出凝汽式汽轮机的中间各压力级（除调节级和末三级）在工况变动时的一个重要规律，即凝汽式汽轮机中间级的级前压力与流量成正比。

（三）压力与流量关系式的应用

式（3 - 15）不但形式简单，而且使用也方便，在汽轮机运行中有如下作用：

（1）监视汽轮机通流部分运行是否正常，即在已知流量（或功率）的条件下，根据运行时各级组前压力是否符合式（3 - 15）的关系，来判断级组内通流部分面积是否改变。故在运行中常利用调节级汽室压力和各抽汽口压力，来监视汽轮机通流部分的工作情况和了解机组的带负荷情况，并把这些压力称为监视段压力。如果在同一流量下监视段压力比原来数值增加了，说明通流部分阻力变大，可能是某一级或某几级的通流部分有结垢；当压力增加值超过规定数值时，应考虑对汽轮机通流部分进行清洗。

例如：某高压汽轮机，在运行 21 个月后进行检查，发现出力以不变的速率逐渐下降已

持续两个月，运行数据变化情况如下：

流量	功率	调节级后压力	高压缸效率
-17.2%	-16.5%	+21.2%	-12.2%

1）原因分析：引起调节级后压力增大的原因可能是流量增大或非调节级通流面积发生堵塞。从运行数据可知，流量不是增大而是减小，这说明是因通流面积被堵塞使调节级后压力升高。由于功率是以不变速率下降，说明堵塞程度是稳定增加的，不是机械损坏所引起，因而可判定是通流槽道结垢引起的。

2）检查结果：经停机揭盖检查，发现高压缸通流部分严重结垢，喷管上结垢厚度从第一级的 1.04mm 到第七级的 2.36mm，动叶结垢厚度由第一级的 0.25mm 到第四级的 1.35mm，检查结果证明分析是正确的。

（2）可推算出不同流量（功率）时各级的压差和焓降，从而计算出相应的功率、效率及零件的受力情况。

二、工况变动时流量与各级焓降的变化规律

汽轮机一级的理想焓降，若按理想气体考虑并忽略进口速度，则可以用下式表示：

$$\Delta h_t = \frac{\kappa}{\kappa-1} p_0 v_0 \left[1 - \left(\frac{p_2}{p_0}\right)^{\frac{\kappa-1}{\kappa}} \right] = \frac{\kappa}{\kappa-1} R T_0 \left[1 - \left(\frac{p_2}{p_0}\right)^{\frac{\kappa-1}{\kappa}} \right] \tag{3-16}$$

式中 κ、R 均为常数，故级的理想焓降仅与级前温度 T_0 和级前后的压力比 p_2/p_0 有关。如果忽略工况变动时级前温度的变化，则级的理想焓降的变化只取决于级前后压力比的变化。下面将分别讨论工况变动时各级焓降的变化情况。

1. 变工况前后级组均为临界状态

以图 3-4 所示的非调节级级组为例，当变工况前后级组均为临界状态时，通过级组的流量与级组的初压成正比，即

$$\frac{G_1}{G_0} = \frac{p_{01}}{p_0}$$

同理，若把第二级及其以后的各级视为一个级组，则有

$$\frac{G_1}{G_0} = \frac{p_{21}}{p_2}$$

由此得到

$$\frac{p_{01}}{p_0} = \frac{p_{21}}{p_2} \quad \text{或} \quad \frac{p_2}{p_0} = \frac{p_{21}}{p_{01}}$$

上式说明：变工况前后第一级的压力比没有发生变化。由式（3-16）可得

$$\frac{\Delta h_{t1}}{\Delta h_t} = \frac{\dfrac{\kappa}{\kappa-1} R T_{01} \left[1 - \left(\dfrac{p_{21}}{p_{01}}\right)^{\frac{\kappa-1}{\kappa}} \right]}{\dfrac{\kappa}{\kappa-1} R T_0 \left[1 - \left(\dfrac{p_2}{p_0}\right)^{\frac{\kappa-1}{\kappa}} \right]} = \frac{T_{01}}{T_0} \tag{3-17}$$

当温度变化不大时，$T_{01} \approx T_0$，则

$$\Delta h_{t1} \approx \Delta h_t$$

上式表明，变工况前后级组中第一级的焓降不变，同理还可证明，级组中其余各级的焓

降也不变。需要注意的是：这一结论不适用于末级，因为末级的级后压力，随工况变动很小，而级前压力是随流量变化的，因此末级的压力比是变化的。

结论：如果变工况前后，级组均为临界状态，则中间各级的焓降基本不变（不论是凝汽式汽轮机还是背压式汽轮机）。

2. 变工况前后级组均为亚临界状态

级组在亚临界状态下其流量与级前后压力的关系是

$$\frac{G_1}{G_0} = \sqrt{\frac{p_{01}^2 - p_{z1}^2}{p_0^2 - p_z^2}}$$

因此，工况变动后，第一级的级前压力为

$$p_{01}^2 = \left(\frac{G_1}{G_0}\right)^2 (p_0^2 - p_z^2) + p_{z1}^2$$

工况变化后，第一级的级后压力为

$$p_{21}^2 = \left(\frac{G_1}{G_0}\right)^2 (p_2^2 - p_z^2) + p_{z1}^2$$

若近似令：$p_{z1} \approx p_z$，则工况变动后级的压力比为

$$\left(\frac{p_{21}}{p_{01}}\right)^2 = \frac{\left(\frac{G_1}{G_0}\right)^2 (p_2^2 - p_z^2) + p_z^2}{\left(\frac{G_1}{G_0}\right)^2 (p_0^2 - p_z^2) + p_z^2} = 1 - \frac{p_0^2 - p_2^2}{p_0^2 - p_z^2 + p_z^2 \left(\frac{G_0}{G_1}\right)^2} \quad (3-18)$$

式（3-18）中设计工况下的 p_0、p_2、p_z 皆为定值，故 $\frac{p_{21}}{p_{01}}$ 随流量比 $\frac{G_0}{G_1}$ 而变化，即焓降只随 $\frac{G_0}{G_1}$ 而变。当变工况下流量减小（即 $\frac{G_0}{G_1}<1$）时，使 $\frac{p_{21}}{p_{01}}$ 增大，由式（3-16）可知，级的理想焓降 Δh_{t1} 将减小；反之，级的理想焓降 Δh_{t1} 将增大。

由式（3-18）还可以看出，p_0 越大，流量变化对焓降的影响就越小。所以当流量变化时，各级的焓降变化以级前压力最低的最末级为最大，越到高压级焓降变化越小。

3. 特例

（1）凝汽式汽轮机的中间级。对于凝汽式汽轮机，由于汽轮机的背压很低，当所研究的级组内的级数在三级以上时，$p_z/p_0 \approx 0$，于是公式（3-18）变为

$$\frac{p_2}{p_0} \approx \frac{p_{21}}{p_{01}}$$

这一结果表明，对于凝汽式汽轮机，除了最末级或末几级以外的其他各个中间级，在工况变动不太大的情况下，不论是否达到临界状态，各级的压力比保持不变，焓降也不变。当流量变化时，其级前压力总是与流量成正比。

（2）凝汽式汽轮机的末几级。凝汽式汽轮机在设计工况和变工况下，通常最末级均处于临界状态，故各级的级前压力均与流量成正比。如末级的排汽压力也基本不变，则当工况变化时，只有最末级的焓降变化，其余非调节级的焓降基本保持不变，只有当流量减小很多而使最末级转为亚临界状态后，最末级前的各级的焓降才开始减小。在汽轮机空转时（流量相当于额定值的5%～10%），甚至高压各级的焓降也大幅度减少。

根据上面的分析可知：当流量变化时，各中间级的焓降基本保持不变，调节级和最末级的焓降之和保持一常数。因此工况变动后只是调节级和最末级的焓降重新做了分配，当流量增大时末级的焓降增大而调节级的焓降减小；反之变化相反。

三、焓降变化时级的反动度的变化

汽轮机工况变动时，由于流量的变化引起了级的压力比和级的焓降变化，而级的焓降变化时又要引起级的反动度产生相应的变化，下面分析其变化规律。

为讨论问题的方便，略去喷管与动叶间隙中的漏汽，并假定蒸汽在喷管斜切部分不发生膨胀。设计工况下，汽流在动叶进出口速度三角形如图 3-5 中的实线所示。此种工况时，汽流从喷管流出都能平滑地流过动叶片，并满足连续流动条件，符合连续性方程式，即

$$Gv = \pi d_n l_n c_1 \sin\alpha_1 = \pi d_b l_b w_1 \sin\beta_1$$

移项得

$$\frac{w_1}{c_1} = \frac{l_n \sin\alpha_1}{l_b \sin\beta_1}$$

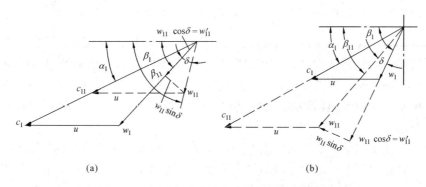

图 3-5　工况变动时动叶片速度三角形的变化
（a）喷管速度减小时动叶进口速度三角形；（b）喷管速度增大时动叶进口速度三角形

（一）工况变动引起动叶进口处的撞击损失

当工况变动引起级的焓降变化时，喷管的出口速度 c_1 亦将变化，因而进入动叶的相对速度 w_1 的大小和方向都要改变。图 3-5（a）中虚线所示的速度三角形表示焓降减小时进入动叶汽流速度的大小和方向，此时 $c_{11} < c_1$，$w_{11} < w_1$，$\beta_{11} > \beta_1$ 汽流冲击在动叶的背弧面上，此时的冲角 δ（$\delta = \beta_1 - \beta_{11}$）为负值；图 2-5（b）中的虚线所示的进汽角 β_{1g} 是按 β_1 设计的，故无论是负冲角还是正冲角，都会发生动叶中的撞击损失，降低了级的效率。试验说明，负冲角引起的撞击损失要比正冲角小，故汽轮机一般设计时均采用接近于零或稍偏向于负值的冲角，以减小撞击损失。

将进入动叶的相对速度 w_{11} 分解为两个分速，撞击损失由垂直于叶片弧面的分速 $w_{11}\sin\delta$ 的作用产生，并认为这部分动能能全部损失，故撞击损失为

$$\Delta h_{\beta 1} = \frac{(w_{11}\sin\delta)^2}{2} \tag{3-19}$$

为减少此项损失，目前采用的新叶型都将进汽边做成圆弧型，且背弧的入口部分呈曲线形，使最佳进汽角的范围扩大，故当进汽角变化不大时，此项损失可不计算。

(二) 变工况时级内反动度的变化

由图 3 - 5 (a) 可知，当级的焓降减小时，喷管出口的速度三角形由实线变成虚线。动叶入口相对速度变成 w_{11}，此时汽流的相对进汽角为 $\beta_{11} = \beta_1 + \delta$。但因动叶的进口角是按 β_1 制造的，所以蒸汽进入动叶的相对速度不是 w_{11}，而是它的分速度 $w_{11}\cos\delta$。根据连续流动原理，此时仍应满足连续性方程式，即

$$\frac{w_{11}\cos\delta}{c_{11}} = \frac{l_n \sin\alpha_1}{l_b \sin\beta_1} = \frac{w_1}{c_1} \qquad (3 - 20)$$

式 (3 - 20) 表明，不论在任何工况下，汽流要保证连续流动，就必须满足式 (3 - 20) 的关系，但是从图 3 - 5 中的速度三角形可以清楚地看出

$$\frac{w_{11}\cos\delta}{c_{11}} < \frac{w_1}{c_1} \qquad (3 - 21)$$

显然，违反了蒸汽流动的连续性。式 (3 - 21) 说明，如果速度 c_{11} 能满足喷管出口的连续方程式，则分速度 $w_{11}\cos\delta$ 就偏小，不能使喷管中流出的汽流全部进入动叶内。但这种情况是不可能的，实际的汽流总是完全充满喷管和动叶流道并连续不断流动的，不可能出现一部分蒸汽在喷管和动叶之间堆积起来。而要满足连续流动条件，即要使 $\frac{w_{11}\cos\delta}{c_{11}} = \frac{w_1}{c_1}$，就必须使进入动叶的蒸汽速度比 w_{11} 大，这就是说，汽流在动叶流道中还要继续发生膨胀，获得加速，因而使级内的反动度增加。在级焓降减小时，级内反动度增加的原因还可以这样解释：当级内焓降减小时，汽流以 w_{11} 方向流入动叶时，因 w_{11} 偏转了一个角度 δ，不能全部进入动叶，形成动叶入口流道的阻塞，使喷管与动叶间的压力增高，从而动叶前后压力差增大，故级的反动度增加。

当工况变动使级内焓降增大时，级的反动度减小，其原因可根据上述方法推出。

由此得出结论：工况变动时，级的焓降减小，则级的反动度增加；级的焓降增加，则级的反动度减小；并且，级的焓降变化越大，其反动度也相应变化越大。

根据前面分析可知，流经级组的蒸汽流量改变时，级组最末级的焓降变化最大，因此，最末级的反动度变化最大；级组中间各级焓降变化不大，故这些级的反动度变化也不大。

需要指出的是，反动度的变化量不仅与焓降的改变量有关，而且与设计工况下选取的反动度的大小有关。若设计工况下的反动度较小，工况变动时其反动度的变化就较大；反之，反动度的变化则较小。所以，反动式汽轮机，变工况时其反动度的变化就很小，常可忽略不计。

四、变工况下轴向推力的变化

当汽轮机的蒸汽流量发生变化时，各级叶片、叶轮、轴封套和平衡活塞前后的压力都要发生变化，从而引起整个汽轮机的轴向推力改变。另外当汽轮机的初、终参数发生变化或通流部分结垢时，也会引起轴向推力的改变。为了防止推力轴承由于过负荷而损坏，必须了解变工况下轴向推力的变化情况。

1. 蒸汽流量变化对轴向推力的影响

对于凝汽式汽轮机，如果蒸汽流量增大（功率增加）时，调节级的焓降减小，反动度增大；而末一、二级的焓降增大，反动度减小。因此调节级动叶前后的压差增加，同时部分进汽度增大，因而该级的轴向推力增大；末一、二级虽然反动度减小，但因这些级原有反动度较大，因此反动度减小甚微，同时这些级动叶前的压力都升高，故动叶前后的压差减小较

少，也就是它们的轴向推力虽有所减小，但减小较少。对大多数中间级，焓降基本不变，反动度也就基本不变，级动叶前后的压力比基本保持不变。不过由于流量增大，这些级动叶前的压力都有所升高，在压力比不变压力升高时压差是增大的，因此中间各级的轴向推力是增大的。故当流量增大时，各级的轴向推力总和是增加的，平衡活塞上的反推力因调节级汽室的压力升高而有所增大，因此汽轮机的总轴向推力就决定于上述两者之和。通常情况下流量增大时，总推力是增加的，且流量最大时轴向推力最大；反之，当流量减小时，机组的总推力也相应减小。

2. 喷管和动叶截面变化对轴向推力的影响

汽轮机在运行中若喷管和动叶因结垢而使截面积发生变化时，将改变级的反动度，进而引起轴向推力的变化。级的反动度决定于叶栅的面积比 $f = \dfrac{A_b}{A_n} = \dfrac{c_1}{w_2} \dfrac{v_2}{v_1}$，以及级前后的压力比。

设级前后的参数不变而减小 f 时，若级的反动度也不变，则因 c_1、w_2、v_1、v_2 都不变，会使流出喷管的流量大于流出动叶的流量，使喷管后的压力 p_1 升高，c_1 减小，w_2 增大，同时 v_1 减小，即减小了 $\dfrac{c_1}{w_2}$，增大了 $\dfrac{v_2}{v_1}$。但与 $\dfrac{c_1}{w_2}$ 相比，$\dfrac{v_2}{v_1}$ 增加较小，故乘积 $\dfrac{c_1}{w_2} \dfrac{v_2}{v_1}$ 仍减小。当喷管后压力 p_1 升高到一定值后，又重新使 $\dfrac{A_b}{A_n} = \dfrac{c_1}{w_2} \dfrac{v_2}{v_1}$，达到新的流量平衡，但此时 p_1 将稳定在较高的数值上，也就是反动度增大了；反之，动叶和喷管叶栅的面积比增大，则级的反动度减小。

从上述分析可以看到，当汽轮机中某级叶片结垢时，对汽轮机的轴向推力有如下影响（与相同的蒸汽流量相比）：

（1）结垢的级如果喷管和动叶结垢情况差不多，即面积比 f 保持不变，则该级的反动度不变，若动叶结垢比喷管严重，即 f 减小，则该级的反动度增大，轴向推力增大，一般动叶结垢较喷管严重。

（2）某级结垢后，则该级流道堵塞，该级前各级级前压力均增加，即使各级的焓降和反动度均不变，也会使动叶前后的压差增大从而使轴向推力增大。

总之当通流部分结垢后而汽轮机的负荷不变时，汽轮机的轴向推力将增大。

五、变工况时，蒸汽流量对级的效率的影响

由汽轮机工作原理可知，级在最佳速度比下工作时效率最高，偏离最佳速度比时级的效率下降，速度比不变，级的效率也基本不变。而当汽轮机工作转速一定的情况下，焓降的变化将引起级的速度比变化，从而引起级效率的变化。由此可得出如下结论：对于凝汽式汽轮机，当其流量发生改变时，末级焓降变化最大，其速度比偏离最佳值较多，级的效率下降较大，而各中间级的焓降基本保持不变，故其效率也基本不变。

能 力 训 练

1. 什么是级组？
2. 通过级组的流量与级组前后压力之间有什么关系？

任务三　调节方式及其对变工况的影响

任 务 目 标

分析凝汽式汽轮机采用不同调节方式时的变工况性能。

知 识 准 备

改变汽轮机功率都是通过改变调节汽门开度来实现的，而不同的调节方式对汽轮机工作状况的影响不同，本节主要分析凝汽式汽轮机采用不同调节时的变工况。

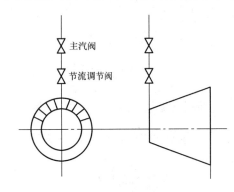

图 3-6　节流调节汽轮机示意图

一、节流调节

节流调节是指进入汽轮机的全部蒸汽都经过一个或几个同时启闭的调节汽门后流入汽轮机的第一级喷管，如图3-6所示。这种调节方式主要是通过改变调节汽门的开度来改变对蒸汽的节流程度，以改变进汽压力，使进入汽轮机的蒸汽流量和做功的焓降改变，从而调整汽轮机的功率。

显然，这种调节方式，当工况发生变化时，第一级的通流面积是不变的，因此可以把包括第一级在内的全部级作为级组，即节流调节的汽轮机没有调节级。除了中小型汽轮机以外，第一级通常作成全周进汽。在工况变动时，第一级的变工况特性和中间压力级完全相同，即第一级级前压力与流量成正比，焓降、反动度、速度比和效率等在变工况时近于保持不变，只有最末级的焓降随着工况的变化而发生变化。

节流调节汽轮机的热力过程如图3-7所示，在设计工况下，调节汽门全开，汽轮机的理想焓降ΔH_t达到最大，其热力过程如图中的ab线所示。当功率减小时，调节汽门关小，在减少进汽量的同时，蒸汽在调节汽门中产生节流，使第一级前的蒸汽压力由p_0降至p_{01}，汽轮机的理想焓降由ΔH_t降至$\Delta H_t'$，其热力过程如图中的cd线所示。

需要注意的是：节流调节汽轮机在部分负荷时，汽轮机理想焓降的减少并不是太大的。如当流量减少到额定流量的$\frac{1}{2}$及$\frac{1}{4}$时，中参数凝汽式汽轮机的理想焓降只减少7.7%及14.6%；高压凝汽式汽轮机只减少7%及13.3%。由此可见，节流调节

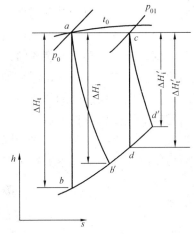

图 3-7　工况变动时节流调节
汽轮机的热力过程线

时，减少汽轮机功率主要是借助节流作用减少流量，而不是主要靠焓降的减少。尽管如此，节流调节总要使汽轮机理想焓降变小，造成汽轮机相对内效率下降，特别是负荷越低时，这种节流损失越大，相对内效率越低。若汽轮机调节后的相对内效率为 η'_{ri}，节流效率为 η_{th}，则有

$$\eta'_{ri} = \frac{\Delta H'_i}{\Delta H_t} = \frac{\Delta H'_t}{\Delta H_t} \frac{\Delta H'_i}{\Delta H'_t} = \eta_{th}\eta_{ri} \tag{3-22}$$

式中　η_{ri}——汽轮机不考虑节流损失时的相对内效率。

由上式可以看出，节流调节汽轮机，工况变动后的机组效率主要取决于节流效率 η_{th}。功率越低，节流程度越大，节流效率越低，则机组效率越低。显然，只有在设计工况时节流调节汽轮机的效率才最高。

节流调节汽轮机的优点是：结构简单，制造成本低；由于采用全周进汽，因而对汽缸加热均匀；在负荷变化时级前温度变化较小，对负荷变化的适应性较好等。其缺点是在部分负荷时，节流损失大，经济性较差。因此节流调节的应用受到限制，一般用于如下机组：

（1）小功率机组，使调节系统简单。

（2）带基本负荷的机组，因为这种机组经常在满负荷下运行，调节汽门全开，不致引起额外的节流损失，同时也简化了调节系统。

（3）超高参数机组，为使进汽部分的温度均匀，在负荷突变时不致引起过大的热应力和热变形。

背压式汽轮机由于背压高，蒸汽在汽轮机中的理想焓降较小，如果采用节流调节，负荷突变时节流损失将占较大比例，使汽轮机相对内效率显著下降。所以背压式汽轮机不宜采用节流调节方式。

二、喷管调节

喷管调节是指新蒸汽经过自动主汽门后，再经过几个依次启闭的调节汽门流向汽轮机的第一级（调节级）。每个调节汽门控制一组调节级的喷管，调节级都是作成部分进汽的，一般进汽度 $e < 0.8$。每一个调节汽门控制的流量不一定相同，一般是第一调节汽门所控制的流量要比其余的汽门大些，最后开启的调节汽门通常是在超负荷时使用。

图 3-8 所示为具有四个调节汽门的喷管调节汽轮机示意图，运行时调节汽门是随负荷的增减依次开启或关闭的，即在增加负荷时调节汽门逐一开启，前一个调节汽门接近全开时，下一个调节汽门开始开启；反之，在减少负荷时，各调节汽门依

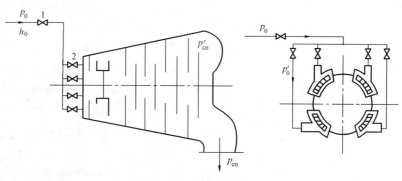

图 3-8　喷管调节示意图
1—主汽门；2—调节汽门

次关闭，阀门的关闭顺序与开启顺序相反。在设计工况下，除超负荷汽门而外，所有调节汽门均处于全开状态，无节流损失。

喷管调节的工作原理可以概述如下：

（1）喷管调节是通过改变第一级的喷管数来改变通流面积从而改变蒸汽的流量，调整汽轮机的功率。当然，在部分开启的汽门中，由于节流作用，也改变了蒸汽的焓降，但因其流量只占总流量的一小部分，故其焓降的变化对功率的影响较小。

（2）在部分负荷时，只是在部分开启的一个调节汽门中产生节流损失，因而喷管调节汽轮机在低负荷时的经济性要比节流调节高。

（3）第一级的通流面积是随着调节汽门开启数量的变化而变化的，而其后各压力级的通流面积是不随工况变动的。

（4）喷管后的蒸汽压力 p_1 对各喷管组都相同，因为喷管后的环形腔室是互相连通的，未开启的调节汽门后（即喷管前）的压力也等于 p_1。

（5）调节级汽室（即非调节级级组前）压力 p_2，对各喷管组均相等。

（6）各调节汽门前的压力 p_0 都相同，由于在运行中主汽门始终保持全开位置，故 p_0 随流量增大而降低的幅度很小。

因此讨论汽轮机的变工况时，可将整个汽轮机分成两个级组，调节级和压力级。压力级的变工况特性与级组情况相同，不再重复。下面着重分析调节级的变工况特性。

为了便于讨论，并能反映调节级变工况的主要特点，做如下假设：

（1）调节级的反动度在各个工况下均为零，即 $\rho = 0$，$p_1 = p_2$；

（2）主汽门后的压力 p_0 不随流量改变；

（3）各调节汽门启闭时没有重叠度，且调节汽门全开时无节流损失；

（4）不考虑调节级汽室温度的变化。

（一）压力与流量的关系

调节级各喷管组的压力与流量变化如图 3-9 所示。该调节级采用渐缩斜切喷管，临界压力比为0.546。第一个调节汽门全开时汽轮机流量为设计值的一半，即 $0.5G_0$，第一、二调节汽门全开时可通过 $0.76G_0$，当第三个汽门全开时流量达到设计值 G_0，第四个调节汽门为过负荷阀。

把所有压力级视为一个级组时，由于级组前的压力 p_2 与流量成正比关系，则调节级汽室压力 p_2 与流量 G 成正比关系，如图 3-9（b）中 0-2-4-6-8 线所示。

当第一个调节汽门开启，其余各汽门

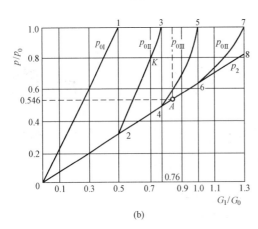

图 3-9 喷管调节时，调节级变工况曲线
（a）各喷管组流量分配曲线；（b）各喷管组压力分配曲线

关闭时，由于调节级的通流面积为第一喷管组的通流面积，并保持不变，因此可以把第一级和后面的压力级视为一个级组，该调节汽门后的压力，即第一个喷管前的压力 $p_{0\text{I}}$ 即为级组前的压力。所以 $p_{0\text{I}}$ 随流量成正比增加，如图3-9（b）中0-1线所示。当第一个调节汽门全开时，节流降至最小程度，可认为该汽门后的压力 $p_{0\text{I}}$ 与初压 p_0 相等，即图3-9（b）中的1点。在以后各调节汽门开启时，$p_{0\text{I}} = p_0$ 保持不变，如图3-9（b）中的1-3-5-7所示。

随第一调节汽门逐渐开启，通过第一喷管组的流量逐渐增大，如图3-9（a）中0B线所示，当第一调节汽门全开时，流过第一喷管组的流量达到最大值，即图中的B点。

在第一调节汽门全开后，第二调节汽门未开启时，因为调节级汽室压力已经达到了第一调节汽门全开时对应的压力 p_2，又因为喷管后的蒸汽压力对各喷管组都相同，均为 p_1（$p_1 = p_2$），且此时第二喷管组前后压力相等，即 $p_{0\text{II}} = p_2$，如图3-9（b）中的2点所示。

在第一调节汽门全开后，第二调节汽门逐渐开启，此时的总流量是通过第一、二两个调节汽门流量之和。随着流量增加，调节级汽室压力 p_2 逐渐升高，在第二调节汽门刚开启时，调节级汽室压力 p_2 已经达到一定的数值，而第二调节汽门后压力 $p_{0\text{II}}$ 还较小，故 $p_2/p_{0\text{II}} >$ 0.546，即通过第二个喷管组汽流未达到临界状态，故 $p_{0\text{II}}$ 和流量之间呈曲线关系变化，如图3-9（b）中2-3的2-K段所示。随着第二个调节汽门的逐渐开大，第二个喷管组前的压力 $p_{0\text{II}}$ 逐渐升高，由于喷管后压力 p_2 升高较慢，故 $p_2/p_{0\text{II}}$ 逐渐减小，当 $p_2/p_{0\text{II}} \leqslant 0.546$ 时，通过第二喷管组中的汽流达到临界状态，即压力 $p_{0\text{II}}$ 和流量之间成正比关系，如图3-9（b）中2-3线的K-3段所示。

第二调节汽门全开后，第二个喷管组前的压力就按图3-9（b）中3-5-7线变化。在第二调节汽门开启过程中，进入汽轮机的总流量由图3-9（a）中的B点逐渐增加到B'，此时通过第一调节汽门的流量保持不变。

当第二调节汽门全开后，第三调节汽门逐渐开启。这时总的流量为第一、二、三个调节汽门的流量之和。由于调节级汽室压力 p_2 更高，故第三个喷管组始终处于非临界状态。所以第三调节汽门后（即第三个喷管组前）的压力 $p_{0\text{III}}$ 就按图3-9（b）中4-5曲线变化，当第三个调节汽门全开后，进入汽轮机的总流量达到图3-9（a）中的B"点。

同理可知，当第四调节汽门开启时，第四个喷管组前的压力 $p_{0\text{IV}}$ 与流量之间的变化关系按图3-9（b）中的曲线6-7变化。

喷管调节各个喷管组的流量变化规律是：当调节级汽室的压力 p_2 升高至 $0.546p_0$ 时，即图3-9（b）中的A点，第一、二调节汽门均全开，第三调节汽门也部分开启，在第一、二两喷管组中，汽流速度刚好达到临界速度。在这之前，由于 p_2 始终低于临界压力，所以，尽管 p_2 升高，也不会使第一、二喷管组中的流量下降，故图3-9（a）中的BC及B'C'均为水平直线。在这之后，只要第三个调节汽门的开度再增加，p_2 就将高于临界压力，于是这两个喷管组中的流量将随 p_2 的升高而下降。从喷管的变工况可知，这时流量与背压的变化就是椭圆曲线关系，所以图3-9（a）中的CE、C'E'及B"E"为椭圆曲线。曲线B'C'E'及BCE之间的距离表示通过第二个喷管组中的流量。同理，曲线B"E"与B'C'E'之间的距离，表示通过第三个喷管组的流量。

由此可得出如下结论：在调节汽门的开启过程中，当 $p_2 < 0.546p_0$ 时，全开汽门对

应的喷管组流量保持不变，正在开启的调节汽门所对应的喷管组的流量增加；当 $p_2 > 0.546p_0$ 时，全开汽门对应的喷管组流量减小，正在开启的调节汽门所对应的喷管组的流量增加。显然，当某一汽门刚刚全开时，该汽门所对应的喷管组的流量达到了最大。

（二）调节级焓降的变化

工况变动时，调节级的焓降的变化情况如下：

在第一调节汽门的开启过程中，蒸汽在第一喷管中的焓降即为调节级的焓降，此时调节级的工作情况与节流调节汽轮机相同。在第一调节汽门刚全开，而第二调节汽门尚未开启时，焓降达到最大值。

第二调节汽门未开启时，第二喷管组的前、后压力相等，焓降为零。在第二调节汽门逐渐开大过程中，随调节汽门节流作用的逐渐减弱，$p_{0\mathrm{II}}$ 的增加比 p_2 要快，因此 $p_2/p_{0\mathrm{II}}$ 逐渐减小，使第二喷管组的理想焓降逐渐变大，直至第二调节汽门全开时，第二喷管组的焓降达到了最大。此时，第一、二喷管组的前后压力相等，理想焓降相等，但在第二调节汽门逐渐开大过程中，由于第一调节汽门后压力 p_{01} 不变，而调节级汽室压力 p_2 却随流量的增加而成正比地增加，故第一喷管组中的焓降逐渐减小。

同理可知，第三调节汽门开启过程中，第三喷管组中的理想焓降也将逐渐增大，到该汽门全开时，第三喷管组的理想焓降达到最大值，在此过程中，第一、二调节汽门所控制的第一、二喷管组的焓降随 p_2/p_0 的升高而继续减小。对于第四调节汽门也有同样的变化规律。

综上所述，调节级的焓降是随汽轮机的流量变化而变化的，流量增加时，部分开启汽门所控制的喷管焓降增大，全开汽门所控制的喷管焓降减小。在第一调节汽门全开而第二调节汽门尚未开启时，调节级焓降达到最大值，此时流过第一喷管组的流量也最大。由于蒸汽对动叶的冲击力与流量和焓降的乘积成正比，故这时位于第一喷管组后的调节级动叶的应力也最大，因此调节级的最危险工况不是在额定功率时，而是在第一调节汽门全开而第二调节汽门尚未开启时，这一点在运行中应充分注意。

由以上分析可知，汽轮机在部分负荷下运行时，喷管调节比节流调节的效率高，且较稳定，但在变工况下喷管调节汽轮机高压部分的金属温度变化比较大，使调节级所对应的汽缸壁产生较大的热应力，从而降低了机组迅速改变负荷的能力。

三、节流—喷管联合调节

为了同时发挥节流调节和喷管调节的优点，在一些带基本负荷的大容量机组上采用节流—喷管联合调节，即在高负荷时采用喷管调节，低负荷时转为节流调节。例如，N300－16.7/537/537 型汽轮机就采用了这种调节方式，它是在低负荷区域以 2～4 个调节汽门同时开启（该进汽弧段已能保证机组头部受热均匀），这时采用的是节流调节法。在几个调节汽门开足后（对当时的汽压已无节流），在调节汽门不动的情况下，提升主汽门前压力（与此同时负荷也增加），当主汽门前汽压达到额定值后，转为喷管调节，依次开启其他各个调节汽门，直到带上额定负荷。这样，5% 额定负荷以下采用的是节流调节，从低汽压上升到额定汽压是采用滑压运行（各调节汽门全部开启或开启在某一固定位置，然后依靠改变主蒸汽参数来改变进入汽轮机的蒸汽量，以改变汽轮机的功率），最后在主汽压力保持为额定值下将负荷升至额定负荷，这时采用的是喷管调节。

能力训练

1. 调节级和压力级能否视为一个级组？为什么？
2. 汽轮机常用的调节方式有哪些？各有何特点？
3. 什么是调节级的最危险工况？为什么？

任务四　蒸汽参数变化对汽轮机工作的影响

 任务目标

分析蒸汽参数变化对汽轮机工作的影响。

知识准备

分析蒸汽参数变化对汽轮机工作的影响，对汽轮机运行具有重要意义。因为在发电厂的运行中，由于锅炉和凝汽器操作不当或处于故障状态下，都会使汽轮机的进汽或排汽参数偏离设计值，这不仅影响机组运行的经济性，还将影响汽轮机运行的安全性。所以在日常运行中，应该认真监督汽轮机初、终参数的变化。

一、新蒸汽压力升高

1. 节流调节

对于采用节流调节的汽轮机，当新蒸汽压力升高时，若保持负荷不变，则需关小调节汽门，以保证进入汽轮机第一级喷管前的蒸汽压力与设计值相等，这会使节流损失增加，但是各级内的工作状况并未变化，因此，不影响机组运行的安全性。如果新蒸汽压力升高时，保持调节汽门开度不变，则流量和焓降都要增大，机组超负荷运行，将引起各压力级，主要是最末几级应力增大，甚至超过允许值，这是不允许的。

2. 喷管调节

图 3 - 10 所示为新蒸汽压力升高后汽轮机的热力过程。可以看出，初压升高后，汽轮机的理想焓降增加，即 $\Delta H_{t1} > \Delta H_t$。

如果维持额定负荷不变，并忽略机组效率的变化，则变工况后的流量 G_{01} 为

$$G_{01} = G_0 \frac{\Delta H_t}{\Delta H_{t1}}$$

由上式可以看出，初压升高，保持额定负荷不变时，流量将减少。由于流量的减少，非调节级级前压力

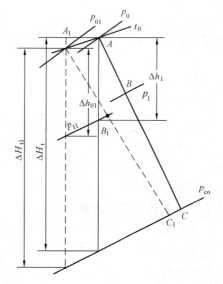

图 3 - 10　初压提高后汽轮机的热力过程

要相应降低，因中间级焓降基本保持不变，故流量减少，各级动叶的应力都有所降低，同时隔板的压差和轴向推力也都有所减少，因此初压升高对中间级的安全没有影响。

对末几级，由于流量的减少而使级前压力降低，级的焓降减少，从强度观点来看也是安全的，因焓降的减少而使反动度增加，有可能使末几级的轴向推力增大，但由于这些级处于低压部分，动叶前后的压差本身较小，同时又有级前压力降低的相反作用，故即使轴向推力增加，也增加得有限，因为有数目较多的中间级的存在，整机的轴向推力还是减小的。

对调节级，由于调节级汽室压力降低而初压又增加，工作于全开调节汽门后的调节级焓降增大，且流量也因喷管前压力升高喷管后压力降低而有所增加。因此工作于全开调节汽门后的动叶所承受的应力要比初压未升高前增大，但调节级的危险工况不在额定负荷下，动叶应力一般不会超过初压未升高前最危险工况的应力。

但是在对应于第一个调节汽门刚开全的负荷下，调节级是危险的。因为与初压未增加时相比，通过其喷管组的流量因初压的升高而成正比增加，调节级后压力也随流量成正比提高，因而调节级焓降保持不变，但由于流量增加，动叶应力增加，仍有可能超过材料的许用应力。

如果新蒸汽压力升高超过允许范围时，对汽轮机的安全将带来如下不利影响：

（1）新蒸汽压力升高时，要维持负荷不变，需减小调节汽门的总开度，但这只能通过关小未全开的调节汽门来实现。在关小到第一调节汽门全开，而第二调节汽门将要开启时，调节级汽室的压力降低，使调节级焓降超过最大值，流过第一喷管组的流量也超过了最大值，造成调节级叶片过负荷。长期超压运行的机组，可以采用增大调节汽门重叠度的方法来限制调节级的最大应力，因为增大重叠度可以增加第一调节汽门全开时流经汽轮机的总流量，提高调节级级后压力，焓降有所下降，当初压升高较多时，可让第一、二调节汽门同时开启，以保证调节级的安全。

（2）末级叶片可能过负荷。新蒸汽压力升高后，由于蒸汽比体积减小，即使调节汽门开度不变，蒸汽流量也要增加，再加上蒸汽的总焓降增大，将使末级叶片过负荷。

（3）新蒸汽温度不变，只是新蒸汽压力升高，将使末几级的蒸汽湿度变大，机组末几级湿汽损失增加，并影响叶片寿命。

（4）承压部件和紧固部件的内应力会加大。新蒸汽压力升高后，主蒸汽管道，自动主汽门及调节汽门、汽缸、法兰、螺栓等部件的内应力都将增加，这会缩短其使用寿命，甚至造成这些部件变形或受到损伤。

由于新蒸汽压力升高会带来许多危害，所以当新蒸汽压力超过允许的变化范围时，不允许在此压力下继续运行。若新蒸汽压力超过规定值，应及时联系锅炉值班员，使它尽快恢复到正常范围；当锅炉调整无效时，应利用电动主闸阀节流降压。如果采用上述降压措施后仍无效，新蒸汽压力仍继续升高，应立即打闸停机。

二、新蒸汽压力降低

当新蒸汽压力降低时，汽轮机的理想焓降减小，如果调节汽门限制在额定开度，则蒸汽流量将与初压成正比例地减少，机组负荷降低。若初压降低过多时，机组将带不到满负荷，运行经济性降低。这时调节级焓降仍接近于设计值，而其他各级焓降均低于设计值，所以对机组运行的安全性没有不利影响。

如果新蒸汽压力降低后，机组仍要维持额定负荷不变，就要开大调节汽门增加蒸汽流量。此时会引起非调节级各级的级前压力升高，而使末几级焓降增大，因此非调节级各级的负荷都有所增加，并以末几级过负荷最为严重，同时全机的轴向推力增大，这对汽轮机的安全产生不利影响。

三、新蒸汽温度升高

在实际运行中，新蒸汽温度变化的可能性较大，新蒸汽温度对机组安全性、经济性的影响比新蒸汽压力变化时的影响更大。

新蒸汽温度升高时，蒸汽在汽轮机中的理想焓降、汽轮机的相对内效率和热力系统的循环热效率都有所提高，热耗降低，使运行经济效益提高。但是新蒸汽温度升高超过允许值时，对设备的安全十分有害。

新蒸汽温度升高的危害如下：

（1）调节级叶片可能过负荷。新蒸汽温度升高时，首先调节级的焓降要增加；在负荷不变的情况下，尤其当调节汽门中，仅有第一调节汽门全开，其他调节汽门关闭的状态下，调节级叶片将发生过负荷。

（2）金属材料的强度降低，蠕变速度加快。新蒸汽温度过高时，主蒸汽管道、自动主汽门、调节汽门、汽缸、高压轴封及调节级进汽室等高温金属部件的机械强度将会降低，蠕变速度加快。汽缸、汽门、高压轴封等易发生松弛，将导致设备损坏或使用寿命缩短。若温度变化幅度大、次数频繁，这些高温部件会因交变应力而疲劳损伤，产生裂纹损坏。这些现象随着高温下工作时间的增长，损坏速度加快。

（3）机组可能发生振动。汽温过高，会引起各受热金属部件的热变形和热膨胀加大，若膨胀受阻，则机组可能发生振动。

在机组的运行规程中，对新蒸汽温度的极限值及在某一超温条件下允许工作的小时数，都应作出严格的规定。一般的原则是：当新蒸汽温度超过规定范围时，应联系锅炉值班员尽快调整、降温，汽轮机值班员应加强全面监视检查，若汽温尚在汽缸材料允许的最高使用温度以下时，允许短时间运行，超过规定运行时间后，应打闸停机；若汽温超过汽缸材料允许的最高使用温度，应立即打闸停机。例如 C12 - 3.43/0.49 型汽轮机额定蒸汽温度为 435℃，当新蒸汽温度超过 440℃时，应联系锅炉值班员降温；当新蒸汽温度升高到 445 ~ 450℃之间时，规定连续运行时间不得超过 30min，全年累计运行时间不得超过 20h；当新蒸汽温度超过 450℃，应立即故障停机。

四、新蒸汽温度降低

在新蒸汽温度低于设计值而其他参数保持设计值时，汽轮机的理想焓降随之减少，若保持流量为额定值，则机组的实发功率也成比例地减少。

新蒸汽温度降低时，若要维持额定负荷，必须开大调节汽门的开度，增加新蒸汽的进汽量。一般机组新蒸汽温度每降低 10℃，汽耗量要增加 1.3% ~ 1.5%。

新蒸汽温度降低时，不但影响机组运行的经济性，也威胁着机组的运行安全。其主要危害如下：

（1）末级叶片可能过负荷。因为新蒸汽温度降低后，为维持负荷不变，则蒸汽流量要增加，末级焓降增大，末级叶片可能处于过负荷状态。

（2）末几级叶片的蒸汽湿度增大。新蒸汽的压力不变，温度降低时，末几级叶片的蒸汽湿度将要增加，这样除了会增大末几级叶片的湿汽损失外，同时还将加剧末几级叶片的水滴冲蚀，缩短叶片的使用寿命。

（3）汽轮机的轴向推力将增大。非调节级前后压差增大，汽轮机的轴向推力将增大。

（4）高温部件将产生很大的热应力和热变形。若新蒸汽温度快速下降较多时，自动主汽门、调节级、汽缸等高温部件的内壁温度会急剧下降而产生很大的热应力和热变形，严重时可能使金属部件产生裂纹或使机内动、静部件造成磨损事故。

（5）有水冲击的可能。当新蒸汽温度急剧下降 50℃ 以上时，往往是发生水冲击事故的先兆，汽轮机值班员必须密切注意，当新蒸汽温度还继续下降时，为确保机组安全，应立即打闸停机。

五、排汽压力升高

当新蒸汽压力和温度不变，汽轮机排汽压力升高（即真空降低），蒸汽的理想焓降减少，排汽温度升高。这不但影响机组运行的经济性，对机组的安全性也有较大的影响，主要有：

（1）汽轮机的排汽压力升高时，新蒸汽的理想焓降减少，机组的出力减少，甚至带不上额定负荷。排汽温度升高，被循环水带走的热量增多，蒸汽在凝汽器中的冷源损失增大，机组的热效率明显下降。

（2）当排汽压力升高时，要维持机组负荷不变，需增加新蒸汽流量，这时末级叶片可能超负荷。

（3）当排汽压力升高时，排汽温度过高时，会引起下列不利影响：

1）引起排汽缸及轴承座等部件受热膨胀，使机组中心发生变化，造成振动。

2）使凝汽器温度升高，可造成冷却水管热胀过大而产生泄漏，破坏凝结水水质。

3）最末几级焓降减小，反动度增加，轴向推力增加。

4）排汽压力升高时，将使排汽的容积流量减小，蒸汽流速将减小，这时蒸汽通过末级叶片时，将会产生脱流及漩涡，同时还会在叶片的某一部位产生较大的激振力，使叶片产生自激振动，即所谓叶片的颤振，这种颤振的频率低，振幅大，极易损坏叶片。

六、排汽压力降低

排汽压力降低时，蒸汽在汽轮机内的理想焓降增加，排汽温度降低，被循环水带走的热量损失减少，机组运行的经济性提高。因此凝汽式汽轮机尽量维持在较低排汽压力下运行。但是排汽压力过低又会带来一些不利影响：

（1）蒸汽在末级动叶或喷管产生膨胀不足的现象，造成能量损失。同时可能造成隔板和动叶过负荷。

（2）过分降低排汽压力，需要增加循环水量，使循环水泵耗功增加，机组运行费用增大。

（3）排汽压力过低，还会使汽轮机末几级的蒸汽湿度增加，使末几级叶片的湿汽损失增加。

所以汽轮机在运行过程中，尽量维持最佳排汽压力。

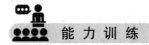

　　能 力 训 练

1. 当新蒸汽压力超过允许值时，对凝汽式汽轮机的安全运行有何影响？运行中应如何监视与调整?

2. 当蒸汽排汽压力升高时,对凝汽式汽轮机的安全运行有何影响? 运行中应如何监视与调整?

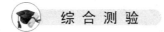 综 合 测 验

一、问答题

1. 什么是汽轮机的设计工况和变工况?

2. 汽轮机产生变工况的原因有哪些?

3. 通过喷嘴的流量与喷嘴前后压力之间有什么关系?

4. 调节级和压力级能否视为一个级组? 为什么?

5. 汽轮机常用的调节方式有哪些? 各有何特点?

6. 什么是调节级的最危险工况? 为什么?

7. 什么是节流调节? 喷嘴调节? 各有什么特点?

二、综合题

某汽轮机调节级变工况如下图所示,问当汽轮机的流量为额定流量的85%时,各组喷嘴前后的压力是多少 p_0? 各组喷嘴的流量是多少 G_0?

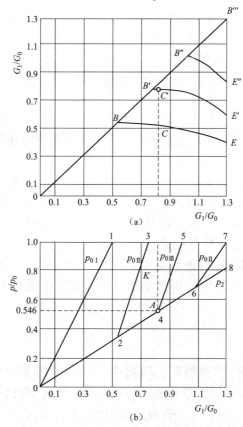

项目四 汽轮机的调节系统

项 目 目 标

熟悉汽轮机调节的基本知识，为学习汽轮机运行做好准备。

知 识 准 备

一、汽轮机调节系统的任务

由于电力用户的耗电量是随时变化的，而电能又不能大规模储存。因此，电站汽轮机的功率只能随外界用户用电量的多少而定，即汽轮发电机组应能及时地调整它所发出的功率，以适应用户耗电量的变化。电力生产除应保证供电的数量外，还应保证供电的质量。供电的质量指标主要有两个：一是频率；二是电压。这两者都与汽轮机转速有一定的关系。发电电压除了与汽轮机转速有关外，还可以通过对励磁机的调整来进行调节，而发电频率则直接取决于汽轮机的转速，转速越高发电频率就越高，反之则越低。对于具有一对磁极、工作转速为 3000r/min 的发电机组，其发电频率为

$$f = \frac{发电机每分钟转数}{60}$$

显然，在额定转速下运行时，发电频率是 50Hz。通常要求电网频率的变动小于 ±0.5Hz,亦即转速的波动不允许超过 ±30r/min。供电频率的过高或过低，不仅影响用户的生产，而且也影响电厂本身的安全和经济运行。

所以汽轮机调节系统的任务，一方面是供应用户足够的电量，及时调节汽轮机的功率以满足外界用户的需要；另一方面又要使汽轮机的转速始终保持在规定范围内，从而把发电频率维持在规定的范围内。以上两项任务不是孤立的而是有机地联系在一起，这可以由以下叙述来说明。汽轮发电机组在运行中其转子上受到的力矩有三个：一是汽轮机的主力矩 M_e；二是发电机的电磁阻力矩 M_1；三是摩擦力矩 M_f。由于摩擦力矩与汽轮机的蒸汽主力矩、发电机的电磁阻力矩相比非常小，常常可以忽略不计，所以转子的运动方程可以写为

$$I\frac{\mathrm{d}\omega}{\mathrm{d}t} = M_e - M_1$$

式中 I 为汽轮发电机转子的转动惯量。当功率平衡（外界用电量保持不变）时，$M_e = M_1$，因为 $I \neq 0$，所以 $\mathrm{d}\omega/\mathrm{d}t = 0$，即角速度 ω = 常数，转速维持恒定。当用户耗电量减少时，反力矩 M_1 相应减少，如果主力矩 M_e 仍保持不变，则 $M_e - M_1 > 0, \mathrm{d}\omega/\mathrm{d}t > 0$，即转子的角速度 ω 增加（汽轮机转速升高），发电频率也随之增加；反之，当用户耗电量增加时，转子的角速度将减小（汽轮机转速降低），电频率降低。由此可见，汽轮机转速

的变化与汽轮机的输入、输出功率不平衡有着极其密切的关系，只要维持汽轮机输入、输出功率平衡，就能保持其转速的稳定。汽轮机的调节系统就是根据这个基本原理设计而成的，它能够感受汽轮机转速的变化，并根据这个转速变化来控制调节阀的开度，使汽轮机的输入和输出功率重新平衡，并使转速保持在规定的范围内，从而使汽轮发电机组的发电频率保持在规定的范围内。

二、汽轮机调节系统的型式

汽轮机调节系统按其结构特点可划分为两种形式。

1. 液压调节系统

早期的汽轮机调节系统主要由机械部件和液压部件组成，主要依靠液体作为工作介质来传递信息，因而被称为液压调节系统。又由于是根据机组转速的变化来进行调节，所以又称为液压调速系统。这种调节系统的调节精确度低，反应速度慢（反应迟缓），运行时工作特性是固定的，不能根据转速以外的信号进行调节，而且调节功能少，但是由于它的工作可靠性好，并且能够满足机组运行调节的基本要求，所以至今仍具有应用价值（现阶段电网中 12000kW 以下机组仍采用液压调节系统）。本项目任务一将介绍小机组采用的液压调节系统。

2. 电液调节系统

随着单机容量的不断增大、蒸汽参数的逐步提高、中间再热循环的广泛采用以及机组运行方式的多样化，对机组运行的安全性、经济性、自动化程度以及多功能调节提出了更高的要求，仅靠原有的液压调节技术已不能完全适应。于是，电液调节系统便应运而生了。该系统主要由电气部件、液压部件组成。电气部件测量与传输信号方便，并且信号的综合处理能力强，控制精确度高，操作、调整与调节参数的修改又方便。液压部件用作执行器（调节阀的驱动装置）时充分显示出响应速度快、输出功率大的优越性，是其他执行器所无法替代的。

目前，绝大多数数字电液调节系统是由汽轮机制造厂设计与制造的专用装置，它是分散控制系统的重要组成部分，其优点是：设备硬件通用，软件透明，便于掌握、维护和改进；数字电液调节系统通过分散控制系统的高速通信网络同机组其他控制系统交换信息，便于协调，减少设备的重复设置，提高了系统的可靠性，简化了运行人员的操作步骤。随着分散控制系统技术水平的不断提高，一个电厂由单一类型的分散控制系统来完成所有控制任务将是未来的发展趋势。

本项目从任务四开始将着重讲述具有代表性的微机型数字电液调节系统 XHDEH – Ⅲ，它是由新华电站控制工程有限公司引进美国西屋公司技术生产的。

任务一　液压调节系统

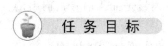 **任务目标**

熟悉液压调节系统的组成、调节原理及其静态特性；了解调节系统动态特性的基本知识。

知 识 准 备

一、典型机组的液压调节系统

目前，山东电网中新投入运行的机组，一般只有 12000kW 及以下机组采用液压调节系统，并且大都由青岛汽轮机厂和南京汽轮机厂生产，这两个汽轮机厂生产汽轮机的调节系统极为相似，其调节系统原理图如图 4-1 所示。下面仅以该调节系统为例讲述液压调节系统的调节原理。

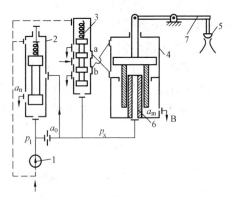

图 4-1　径向泵液压调节系统原理图
1—径向泵；2—压力变换器；3—错油门；4—油动机；5—调节汽阀；6—反馈油口；7—传动杠杆

该系统由三大机构组成：径向钻孔调速油泵 1 作为转速感受机构；传动放大机构由压力变换器 2、错油门 3、油动机 4 组成；配汽机构由调节阀 5 及调节阀与油动机之间的传动杠杆 7 组成。

径向钻孔调速油泵（兼作主油泵）出口有一路压力油通到压力变换器活塞的下部腔室，作为反映转速变化的脉冲信号，而压力变换器上部腔室与径向泵进口相通，因此，径向泵进出口压差作用在压力变换器活塞上，稳定状态下，这个油压差对压力变换器活塞产生的向上作用力与弹簧对活塞的向下作用力相平衡。

当外界用电负荷减小时，汽轮机转速升高，径向泵出口油压 p_1 升高，克服压力变换器顶部弹簧的压力，使压力变换器活塞向上移动，使泄油口 a_n 关小，脉冲油压 p_x 升高，使错油门活塞克服顶部弹簧的压力向上移动，打开通向油动机的油路 a 和 b，压力油进入油动机活塞下部腔室，油动机上部腔室接通排油，引起油动机活塞上移，关小调节阀，导致汽轮机进汽量减少，从而使汽轮机功率减小，与外界用电负荷减小相一致。

在油动机活塞上移的同时，带动活塞下部套筒上移，使这个套筒所控制的反馈泄油口 6 开大，泄油量增加，引起脉冲油压 p_x 下降，使错油门活塞下移恢复到原来的中间位置，重新遮断通向油动机的油口 a 和 b，使油动机活塞停止移动。

当外界用电负荷增加时，调节系统的调节过程与上述过程相反。

综上所述，汽轮机的液压调节系统由三大机构组成，即：

（1）转速感受机构（又叫调速器）——径向泵。它的作用是感受汽轮机的转速变化，并将汽轮机的转速变化信号转换为油压信号。其输入信号是汽轮机的转速变化，输出信号是油压信号。

（2）传动放大机构——压力变换器、错油门、油动机等。它的作用是对转速感受机构输出的油压信号进行转换、放大，最后去控制调节阀的开度。其输入信号是油压信号，输出信号是油动机活塞的位移。

（3）配汽机构——调节阀及其与油动机之间的连接装置。它的作用是调整进入汽轮机的进汽量，以适应外界负荷的变化需要，其输入信号是油动机活塞的位移，输出信号是调节阀的开度。

汽轮机调节系统的三个组成机构与汽轮发电机组之间的信号转换与传递关系可表示为图 4-2 所示的方框图。整个系统也可以看成由一个转速调节主回路和一个阀位控制子回路组成。转速调节主回路的作用是当外界用电负荷变化引起汽轮机转速变化时，它能通过对信号测量、传递、放大与转换，最终按特定的规律去改变调节阀的开度，从而改变汽轮机的进汽量和机组功率。阀位控制子回路中反馈部

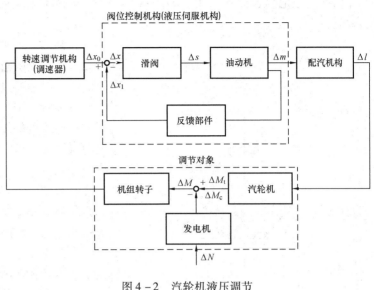

图 4-2　汽轮机液压调节
系统方框图

件的作用是将油动机的输出信号作为反馈信号作用于滑阀，使调节系统最终能处于稳定状态。

液压调节系统由于只有一个自动调节主回路，并且只以转速作为感受信号，所以液压调节系统又称为液压调速系统。

二、液压调节系统的静态特性

（一）液压调节系统的静态特性曲线

汽轮机的调节系统，虽形式多样，但都有一个共同的特性，就是当汽轮机负荷增加转速降低时，由于调节系统作用的结果，增加了汽轮机的进汽量，使汽轮机的输入和输出功率重新平衡，并使汽轮机在新的稳定转速下旋转，但此时的新稳定转速比负荷增加以前的稳定转速要低；反之，如果汽轮机负荷降低，调节系统调节后新的稳定转速要比负荷降低前的稳定转速高。也就是说，汽轮机的负荷不同对应的稳定转速就不同。我们把稳定状态下，整个调节系统的输入信号汽轮机的转速 n 与输出信号汽轮机的功率 P（或流量 G）的关系称为调节系统的静态特性，其关系曲线称为调节系统的静态特性曲线。

在调速系统中，每一机构都有一个输入信号和一个输出信号，当输入信号变化时，输出信号也相应地作有规律的变化，并且最终达到一个新的稳定状态。如果抛开由一个稳定状态变化到另一个稳定状态的中间过程，只考虑各个稳定状态下输入信号和输出信号之间的关系，则此关系称为该机构的静态特性，而这个输入信号与输出信号之间的关系曲线，则称为该机构的静态特性曲线。

调节系统的静态特性可以表示为

或

$$\frac{\Delta P}{\Delta n} = \frac{\Delta p_1}{\Delta n} \cdot \frac{\Delta m}{\Delta p_1} \cdot \frac{\Delta P}{\Delta m}$$

上式说明调节系统的静态特性 $\Delta P / \Delta n$ 取决于转速感受机构的静态特性 $\Delta p_1 / \Delta n$、传动放大机构的静态特性 $\Delta m / \Delta p_1$ 和执行机构的静态特性 $\Delta P / \Delta m$。可以证明，$\Delta p_1 / \Delta n$、$\Delta m / \Delta p_1$、

$\Delta P/\Delta m$ 都近似地等于常数，所以 $\Delta P/\Delta n \approx$ 常数，即调节系统的静态特性曲线可以近似地看成直线。

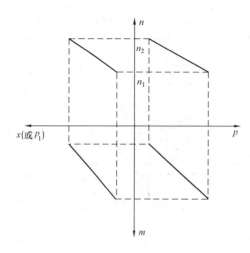

图 4 - 3　调节系统四方图

因为并列在电网中的机组，其转速决定于电网的频率而不能随意改变，因而调节系统的静态特性曲线一般是通过试验方法求得，不能直接获得。通过试验分别测出转速感受机构、传动放大机构和执行机构的静态特性曲线后，即可通过四象限图（或称调节系统四方图）间接得出调节系统的静态特性曲线。

按照习惯，在绘制调节系统静态特性曲线时，通常是把转速感受机构、传动放大机构和执行机构的静态特性曲线分别绘制在第二、三、四象限内，再用投影作图的方法把整个调节系统的静态特性曲线画在第一象限内，如图 4 - 3 所示。

绘制四方图时应注意以下问题：

（1）四方图中的四个坐标的方向：一般规定以中心向外放射的方向为正方向。

（2）机械位移 m 的方向：规定油动机活塞的位移 m 以负荷增加时的移动方向为正。

（3）在绘制四方图时，有些坐标参数是固定的，如转速、功率和油动机活塞的位移。有些则应该根据具体的调节系统来确定。例如在具有径向钻孔泵的调节系统中，其第二、三象限间的横坐标，既可以用径向钻孔泵出口油压作为坐标参数，也可以用压力变换器的活塞位移作坐标参数，但由于油压比位移容易测得，所以一般用前者。

（二）速度变动率

1. 速度变动率的定义

由图 4 - 3 可以看出，在稳定状态下，不同的负荷对应着不同的稳定转速，当汽轮机的功率从额定功率突然甩至零功率时，其稳定转速从 n_1 升至 n_2，转速差（$\Delta n = n_2 - n_1$）与汽轮机的额定转速 n_0 之比的百分数，称为调节系统的速度变动率 δ，即

$$\delta = \frac{n_2 - n_1}{n_0} \times 100\%$$

速度变动率 δ 是衡量调节系统静态品质的一个重要指标，它反映了汽轮机由于负荷变化所引起转速变化的大小。速度变动率越大说明在一定负荷变化下转速变化越大，反映在静态特性曲线上，曲线越陡；反之静态特性曲线越平。速度变动率的大小对并列运行机组的负荷分配、甩负荷时转速的最大飞升值以及调节系统的稳定性等都有影响。一般要求调节系统的速度变动率在 3% ~ 6% 的范围内。

2. 速度变动率对一次调频的影响

汽轮发电机组在电网中并列运行，当外界负荷发生变化时，将使电网频率发生变化，从而引起电网中各机组均自动地按其静态特性承担一定的负荷变化，以减少电网频率改变的过程，称为一次调频。在一次调频过程中，各台机组所自动承担的变化负荷的相对值（即占电网总容量的百分数）与该机的额定功率和速度变动率有关，现以两台机组并列运行为例

加以说明。

如图 4-4 所示，有两台机组并列运行，No.1 和 No.2 机的额定功率分别为 P_{max}^{I} 和 P_{max}^{II}；按静态特性曲线的要求，空负荷和满负荷时所对应的转速差分别为

$$\Delta n_{max}^{I} = \delta_1 n_0$$

$$\Delta n_{max}^{II} = \delta_2 n_0$$

式中的 δ_1、δ_2 分别为 No.1 机和 No.2 机的速度变动率。当电网频率为额定频率（对应的机组转速为 n_1）时，它们所带的负荷分别为 P_1 和 P_2。由图 4-4 可见，当外界负荷增加 ΔP 时，

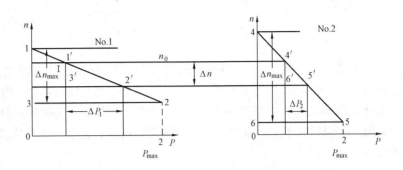

图 4-4 并列运行机组的负荷分配

电网频率降低，使并列运行各机组的转速降低 Δn，致使 No.1 机的负荷自发增大 ΔP_1，No.2 机的负荷自发增大 ΔP_2，电网在新的工况下重新处于平衡状态。显然

$$\Delta P = \Delta P_1 + \Delta P_2$$

同时由相似三角形 123 与 1′2′3′ 和相似三角形 456 与 4′5′6′ 可得

$$\frac{\Delta P_1}{\Delta n} = \frac{P_{max}^{I}}{\Delta n_{max}^{I}}$$

$$\frac{\Delta P_2}{\Delta n} = \frac{P_{max}^{II}}{\Delta n_{max}^{II}}$$

$$\frac{\Delta P}{\Delta n} = \frac{\Delta P_1 + \Delta P_2}{\Delta n} = \frac{P_{max}^{I}}{\Delta n_{max}^{I}} + \frac{P_{max}^{II}}{\Delta n_{max}^{II}}$$

以上两式相除得

$$\frac{\Delta P_1}{\Delta P} = \frac{\dfrac{P_{max}^{I}}{\Delta n_{max}^{I}}}{\dfrac{P_{max}^{I}}{\Delta n_{max}^{I}} + \dfrac{P_{max}^{II}}{\Delta n_{max}^{II}}}$$

将上式的分子分母同乘以 n_0，并注意到 $\delta = \Delta n / n_0$，有

$$\frac{\Delta P_1}{\Delta P} = \frac{P_{max}^{I} \dfrac{1}{\delta_1}}{P_{max}^{I} \dfrac{1}{\delta_1} + P_{max}^{II} \dfrac{1}{\delta_2}} \tag{4-1}$$

$$\frac{\Delta P_2}{\Delta P} = \frac{P_{max}^{II} \dfrac{1}{\delta_2}}{P_{max}^{I} \dfrac{1}{\delta_1} + P_{max}^{II} \dfrac{1}{\delta_2}}$$

依次类推，当电网中有 n 台机组并列运行时，其中第 i 台机组在一次调频过程中自发分配的变化负荷为

$$\frac{\Delta P_i}{\Delta P} = \frac{P_{\max}^i \dfrac{1}{\delta}}{\sum\limits_{i=1}^{n} P_{\max}^i \dfrac{1}{\delta}} \tag{4-2}$$

由式（4-2）可以看出：并列运行机组当外界负荷变化时，速度变动率越大，机组额定功率越小，分配给该机组的变化负荷量就越小；反之则越大。因此带基本负荷的机组，其速度变动率应选大一些（一般取 4%～6%），使电网频率变化时负荷变化较小，即减小其参加一次调频的作用。而带尖峰负荷的调频机组，速度变动率应选小一些（一般取 3%～4%）。

（三）迟缓率

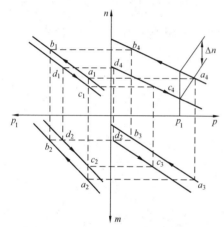

图 4-5 考虑迟缓现象后的静态特性

从前述的静态特性的内容可知：一个转速应该只对应着一个稳定功率，或者说一定的功率应该只对应着一个稳定转速，但在实际运行中并不是这样。在单机运行时，机组功率取决于外界负荷保持不变时对应的转速发生摆动；在并网运行时，转速取决于电网频率保持不变时对应的功率发生摆动，这就是调节系统的迟缓现象。由于迟缓现象的存在，使调节系统在转速上升和转速下降时的静态特性曲线不再是同一条，而是近于平行的两条曲线，如图 4-5 所示。

由于迟缓现象的存在，转速上升过程的特性曲线 dd 与转速下降过程的特性曲线 $d'd'$，在同一功率下的转速差 Δn 与额定转速 n_0 之比的百分数称为调节系统的迟缓率或称不灵敏度，用 ε 表示，即

$$\varepsilon = \frac{\Delta n}{n_0} \times 100$$

迟缓率对汽轮机的正常运行是十分不利的，因为它延长了汽轮机从负荷发生变化到调节阀开始动作的时间，造成汽轮机不能及时适应外界负荷改变的不良现象。如果迟缓率过大，还会使汽轮机在突然甩负荷后，转速上升过高，从而引起超速保护装置动作，这也是汽轮机正常运行所不允许的。

由汽轮机调节系统的静态特性曲线可以看出，汽轮机的功率和转速本来是单值对应的关系，但由于调节系统存在迟缓现象，就使调节系统存在一个不灵敏区，在这个不灵敏区内调节系统没有调节作用，上述功率和转速的单值对应关系就遭到了破坏，它所产生的后果随机组的运行方式不同而不同。当机组孤立运行时，由于汽轮机的功率只取决于外界负荷，不能任意变动，则单值对应关系的破坏反映在转速上，即机组的转速在不灵敏区内任意摆动，如图 4-6（a）所示，其自发摆动的范围（相对值）即为 ε。当机组并列在电网中运行时，由

于转速决定于电网频率，不能随意变动，这种单值对应关系的破坏则反映在功率上，造成功率可在一定范围内自发摆动，如图4-6（b）所示。其自发摆动范围与迟缓率和速度变动率的大小有关。如图4-7所示，当机组转速变化δn_0时，对应的功率变化为额定功率P_n，当

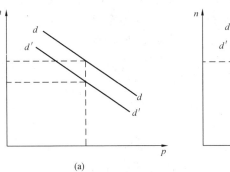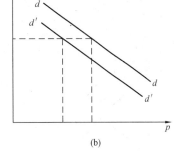

图4-6 迟缓率对运行机组的影响

转速变化εn_0时，对应的功率变化为ΔP，根据相似三角形对应边成比例的关系可得

$$\frac{\varepsilon n_0}{\delta n_0} = \frac{\Delta P}{P_n}$$

则

$$\Delta P = \frac{\varepsilon}{\delta} P_n$$

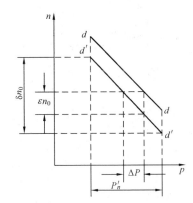

图4-7 速度变动率和迟缓率对功率自发变化的影响

可见迟缓率是反映调节系统静态特性品质的又一重要指标。无论在设计、运行及检修工作中，都应设法把它减小到最低限度。由于整个调节系统的迟缓率是由各个组成元件的迟缓率积累而成的，所以要减小调节系统的迟缓率就应该尽量设法提高每个元件的灵敏度。在运行中，还要注意对油质的监视，以防止因油质恶化而引起的卡涩。一般要求调节系统的迟缓率不大于0.5%。

（四）同步器

由调节系统静态特性曲线可以看出，当不考虑迟缓率影响时，汽轮机的每一个负荷都对应着一个确定的转速。这样，对孤立运行机组，它的转速就随负荷的变化而变化，也就是说发电频率将随负荷变化而变化，使供电质量无法保证。对并列运行的机组，它的转速取决于电网频率，当电网频率不变时，机组只能接带一个与该转速相对应的固定负荷，而不能随用户用电量的变化而变化。显然，这样的调节系统是不能满足要求的。因此，调节系统中都设有专门的机构——同步器，它既能在转速不变的情况下改变机组的负荷，又能在负荷不变的情况下改变机组的转速。

1. 同步器的作用

从调节系统的特性曲线上看，只要能将特性曲线平行移动，就能解决上述问题。例如当机组孤立运行时，其转速是由外界负荷决定的，如图4-8（a）所示，在负荷P_1下汽轮机的转速为n_0，当负荷改变至P_2时，汽轮机的转速就变为了n_1。如果需要在负荷P_2下运行，而转速仍维持n_0，则只需将静态特性曲线向下平移即可。对并列运行机组，如图4-8（b）

所示,转速由电网频率决定基本保持不变,如果将静态特性曲线向上平移则可以增大汽轮机所带的负荷。利用同步器平移调节系统的静态特性曲线,可以人为改变孤立运行机组的转速;而机组在并网运行时,则可以人为地改变其负荷。

2. 同步器的工作原理

由调节系统四方图得知,调节系统的静态特性曲线是根据转速感受机构、传动放大机构、执行机构的静态特性曲线,经过投影作图得的。因此只要移动此三条特性曲线中的任一条曲线,都可达到移动调节系统静态特性曲线的目的。由于上述三条曲线基本上呈线性,所以它们的输入和输出的关系都可写成 $y = a + bx$ 的形式,改变 a 值,即

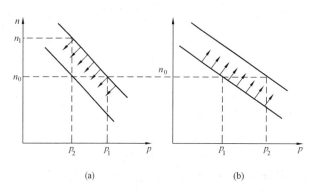

图 4 - 8　同步器平移静态特性曲线的作用

可达到平移曲线的目的,这就是同步器的基本工作原理(改变 b 值,能够改变特性曲线的斜率,即能够改变调节系统的速度变动率)。

图 4 - 1 所示的调节系统,采用了改变弹簧紧力的同步器,这种同步器能在转速不变的情况下改变输出的脉冲油压的大小,使第二象限的特性曲线平移,从而平移了调节系统的静态特性曲线,其投影关系如图 4 - 9 所示。

改变弹簧紧力的同步器能够在转速不变的条件下改变输出油压大小的原理如下(参见图 4 - 1):当减小同步器的弹簧紧力时,因转速不变,油泵出口的油压 p_0 未变,压力变换器活塞向上移动关小了脉冲油的泄油口,使脉冲油压 P_x 升高,使错油门活塞克服顶部弹簧的压力向上移动,打开通向油动机的油路 a 和 b,压力油进入油动机活塞下部腔室,油动机上部腔室接通

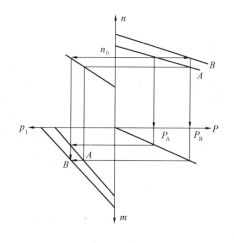

图 4 - 9　改变弹簧紧力时静态特性曲线的平移

排油,引起油动机活塞上移,关小调节阀,导致汽轮机进汽量减少,从而使汽轮机功率减小。当增大同步器的弹簧紧力时,动作过程与上相反。

3. 同步器对电网进行二次调频

必须指出上述的一次调频只能缓和电网频率的改变程度,不能维持电网频率不变,这时就需要用同步器增、减某些机组的功率,以恢复电网频率,这一过程称为二次调频。只有经过二次调频后,才能精确地使电网频率保持恒定值。显然,由于有了一次调频的存在,二次调频的负担就大大减轻了。

利用同步器能平移调节系统静态特性曲线的作用,可以顺利实现二次调频。图 4 - 10 所示为并网运行的两台机组,在额定转速下根据静态特性曲线的分配,No. 1 机的负荷为 P_1,No. 2 机的负荷为 P_2,假定某一瞬间电网负荷增加 ΔP,使电网频率下降,机组转速同时下

降 Δn，两台机组各自按照自己的静态特性曲线自动承担一部分变化负荷，No. 1 机负荷增加 ΔP_1，No. 2 机负荷增加 ΔP_2，其总和等于电网负荷的增加量 ΔP，即 $\Delta P = \Delta P_1 + \Delta P_2$，达到负荷平衡后，电网频率也就稳定下来，这是一次调频的过程。这时如果操作 No. 1 机的同步器，使 No. 1 机的静态特性曲线由 aa 上移到 $a'a'$，则在转速 n_1 下，No. 1 机增

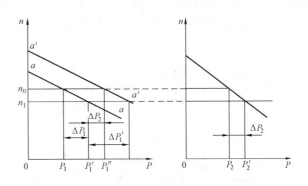

图 4-10　同步器平移调节系统静态特性曲线实现二次调频

发了功率 $\Delta P_1'$，使总功率（$P_1 + \Delta P_1 + \Delta P_1' + P_2 + \Delta P_2$）大于总负荷（$P_1 + P_2 + \Delta P_1 + \Delta P_2$），于是电网频率升高。随着电网频率升高，No. 1 机按 $a'a'$ 静态特性曲线减负荷，No. 2 机按其自身静态特性曲线减负荷。当转速升高到 n_0 时，No. 2 机负荷恢复到一次调频前的数值 P_2，No. 1 机则承担了全部的变化负荷 $\Delta P = \Delta P_1 + \Delta P_2$，总功率与外界负荷重新平衡，电网频率稳定在转速 n_0 所对应的数值上，这是二次调频。二次调频就是在电网频率不符合要求时，操作电网中某些机组的同步器，增加或减少它们的功率，使电网频率恢复正常的过程。

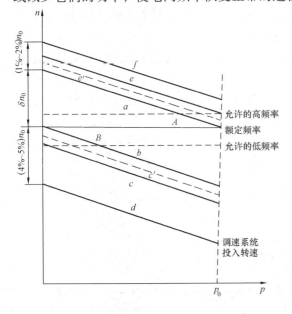

图 4-11　同步器的工作范围

4. 同步器的调节范围

同步器的调节范围是指操作同步器能使调节系统静态特性曲线平行移动的范围。在调节系统中设置同步器的目的之一就是为了调整并网机组的功率，所以静态特性曲线的移动范围应该满足机组顺利地加载到满负荷和减载到空负荷的要求，不仅在正常频率和额定参数时满足，而且在电网频率和蒸汽参数在允许范围内变化情况下也能满足。

在电网频率为 50Hz 和额定蒸汽参数时，要使机组功率能够从零负荷增加到满负荷，或从满负荷降到零负荷，同步器移动静态特性曲线的范围至少要达到图 4-11 中的 a、b 范围，也就是在机组空载时，操作同步器能使机组转速变化的范围至少为 δn_0。

当电网频率升高时，由图 4-11 中知，转速线与 a 线相交在功率小于 P_0 的 A 点，机组不能带上满负荷。在电网频率降低时，转速线与 b 线相交在功率大于空负荷的 B 点，机组无法减负荷到零。所以在考虑电网频率在允许的范围内变化时，静态特性曲线平移的范围应扩大到 c、e 线之间。

静态特性曲线平移的范围还要适应新蒸汽参数和背压在允许范围内变化的要求。当新蒸

汽参数提高，或背压降低时，在同一个阀门开度（亦是同一个油动机行程 m）的条件下，由于机组的进汽量和蒸汽的理想焓降都变大，机组的功率相应增大，反映在调节系统四方图上，

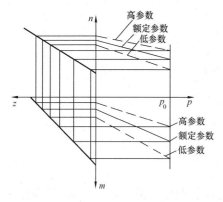

图 4－12 蒸汽参数改变时对
静态特性的影响

第四象限执行机构的静态特性曲线上移（见图 4－12所示），调节系统的静态特性曲线也随之上移。如果此时恰好又处在低频率下运行，则从 c 线上移后的静态特性（图 4－11 中的虚线 c 所示）又和转速线在大于零负荷处相交，使机组不能减负荷到零。同理，在新蒸汽参数降低，或背压升高和高频率同时出现时，从 e 线下移的静态特性曲线（图 4－11 中的虚线 e 所示）将和转速线在小于 P_0 的范围内相交，机组无法带上满负荷。所以在同时考虑蒸汽参数和电网频率变化时，调节系统的静态特性曲线的平移范围应扩大到图 4－11 中所示的 f、d 之间的范围。一般 f 线确定的空负荷转速比额定转速高出 $6\% \sim 7\%$；d 线确定的空负荷转速比额定转速低 $4\% \sim 5\%$。同步器在结构上应保证在操作时能使静态特性曲线顺利地在 d 线到 f 线之间移动。

三、调节系统动态特性

调节系统静态特性是稳定状态下的特性。在静态特性曲线上，功率和转速呈单值对应关系，当功率变化时，转速也相应发生变化，它与过渡过程及时间无关。至于当汽轮机功率变化时，汽轮机转速如何从一个稳定状态过渡到另一个稳定状态或者能不能过渡到另一个稳定状态，就属于动态问题了。

调节系统从一个稳定状态过渡到另一个稳定状态过程中的特性，称为调节系统的动态特性。研究调节系统动态特性的目的，是掌握动态过程中各参数（如功率、转速、调节阀开度及控制油压等）随时间的变化规律并判断调节系统是否稳定，评定调节系统调节品质以及分析影响动态特性的主要因素，以便提出改进调节系统动态品质的措施。

（一）动态特性指标

1. 稳定性

图 4－13 所示是汽轮机甩全负荷时，转速（称为被调量）的几种过渡过程。图中 1、2、3 三条过渡线，汽轮机转速都随着时间 t 的延长最终趋近于静态特性所决定的空负荷转速 n_1，这样的过程称为稳定的过程，能完成这样过程的调节系统称为动态稳定的调节系统。曲线 4 的被调量随时间延长变化越来越大，这种系统称为动态不稳定的系统。从普遍意义上讲就是：一个运行中

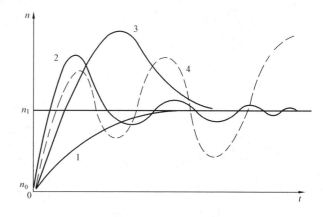

图 4－13 几种不同的过渡过程

的汽轮机的调节系统，当外界负荷、蒸汽参数等发生变化时，它的输出量（功率或转速）

就发生变化，如果上述干扰所引起的输出量的变化随着时间的推移而能稳定在某一个定值（如图中的 1、2、3 三条曲线所示）上，则这个调节系统就是动态稳定的。

显然，汽轮机的调节系统必须是动态稳定的，只有动态稳定，才能使调节系统从一个稳定状态过渡到另一个稳定状态，才能使汽轮机功率与转速保持单值对应的关系，而且要求过渡过程中被调量的振荡次数不能太多，一般不超过 3～5 次。

2. 超调量

图 4－14 所示为汽轮机甩全负荷时转速的过渡过程曲线，在过渡过程中的最大转速与最后的稳定转速之差称为转速超调量，用 $\Delta n_{\max}$ 表示。甩负荷后汽轮机的最高转速 $n_{\max} = \Delta n_{\max} + (1+\delta) n_0$，式中 $(1+\delta) n_0$ 为机组的最后稳定转速，它取决于 δ 的大小。由图 4－15 可见，在同类型的调节系统中速度变动率越大，超调量（相对值）越小，其稳定性就越好。该图是某一调节系统只改变 δ 值通过计算得出的。但应注意：速度变动率越大，甩负荷后机组所达到的最高转速 $n_{\max}$ 就越高。为了保证甩负荷时不致引起超速保护装置动作，速度变动率 δ 也不应太大。综合考虑，大部分机组调节系统的速度变动率大约在 3%～6% 的范围内，且大多数情况下选 4%～5%。

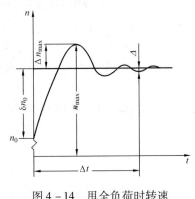

图 4－14 甩全负荷时转速的过渡过程

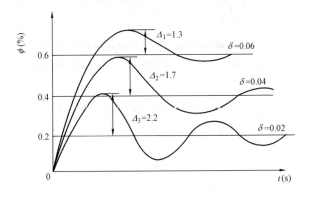

图 4－15 速度变动率对过渡过程的影响

3. 过渡过程时间

调节系统受到扰动后，从调节过程开始到被调量与新的稳定值的偏差 Δ 小于允许值时的最短时间，称为过渡过程时间，图 4－14 中的 Δt 为机组甩全负荷时的过渡过程时间。显然，过渡过程时间越短，系统的稳定性越好。对甩全负荷的过渡过程时间 Δt 一般要求小于 5～50s。

由于被调参数绝对稳定在某一数值上是不可能的，也是没有必要的，所以在汽轮机调节系统中 Δ 一般取 5%，即转速的摆动范围只要不大于 $5\% \delta n_0$，被调参数就算稳定了。

（二）影响动态特性的主要因素

1. 转子飞升时间常数 T_a

转子飞升时间常数又称机器时间常数，它是指转子在额定功率时蒸汽主力矩 M_0 的作用下，转速从零升高到额定转速所需的时间，即

$$T_a = \frac{I\omega_0}{M_0}$$

式中 I——汽轮发电机组转子的转动惯量；

ω_0——转子的额定角速度；

M_0——额定功率下转子受到的蒸汽主力矩。

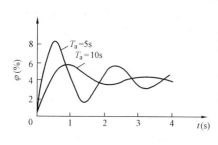

图 4-16 飞升时间常数 T_a 对
动态过程的影响

图 4-16 所示为不同转子飞升时间常数的机组甩全负荷时的过程曲线。由图可见，当 T_a 值减小时，最高飞升转速有明显的增高，而且振荡加强。T_a 小，说明转子相对较轻，在汽轮机甩负荷时转速升高速度快，超速的可能性也较大。

转子飞升时间常数的大小与转子的转动惯量成正比，而与额定功率时蒸汽主力矩成反比。随着机组容量的提高，蒸汽主力矩大幅度增加，但转子的转动惯量却增加不多，因而机组越大，转子飞升时间常数越小，调节系统的稳定性也就越差。一般中小型机组 T_a 约为 $11\sim14\mathrm{s}$，高压机组约为 $7\sim10\mathrm{s}$，中间再热机组约为 $5\sim8\mathrm{s}$。

2. 中间容积时间常数

汽轮机的中间容积主要是指调节汽阀与喷管组之间的容积和通流部分中的容积。对于抽汽式和中间再热式汽轮机，在抽汽管道和中间再热管道中都存在较大的蒸汽容积。在甩负荷时，即使调节阀很快关小到空负荷位置，但中间容积中的蒸汽仍继续流入汽轮机，使汽轮机超速。所以中间容积的存在使动态超调量增加，调节系统的稳定性变差，且甩负荷时易超速。

中间容积储存蒸汽越多，对动态特性影响越大，通常用中间容积时间常数表示中间容积储存蒸汽能力的大小，其表达式为

$$T_0 = \frac{V\rho_0}{G_0}$$

式中　G_0、ρ_0——额定蒸汽流量和中间容积内在额定参数下的蒸汽密度；

　　　　V——中间容积。

中间容积时间常数的物理意义是：蒸汽在额定流量 G_0 下，充满中间容积 V 并达到额定参数下的密度 ρ_0 所需要的时间。T_V 越大，表明中间容积储存的蒸汽量越多。

3. 油动机时间常数 T_m

油动机时间常数 T_m 的含义是：当滑阀油口在最大开度时，油动机（调节阀）从全开到全关所需要的时间。图 4-17 所示为不同油动机时间常数对机组甩全负荷过程曲线的影响。由图可见，T_m 大时，动态超调量大，转速过渡曲线摆动的幅度大，过渡过程时间长，动态品质差。这是由于 T_m 大，调节阀关闭速度慢，进入汽轮机的蒸汽量增加所致。

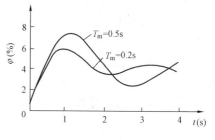

图 4-17 油动机时间常数 T_m 对
动态过程的影响

4. 速度变动率

图 4-15 所示为不同速度变动率 δ 对甩全负荷过渡过程曲线的影响。可见速度变动率 δ 越大，超调量越小，调节系统的动态稳定性越好。这是由于甩同样负荷，速度变动率越大，转速变动越大，反馈信号越强，可使调节系统动作越迅速。

5. 迟缓率

由于调节系统存在着迟缓现象，使调节阀开度变化迟缓，不能及时改变汽轮机进汽量，甩负荷过程转速的动态超调量增大，从而使调节系统的稳定性变差。

能 力 训 练

1. 汽轮机调节系统的任务是什么？

2. 试述具有径向钻孔泵调速器的液压调节系统的动作原理。

3. 何谓转速感受机构的静态特性？一般转速感受机构的静态特性曲线是一个几次方程？在什么条件下可使其近似成为线性关系？

4. 何谓调节系统的速度变动率？迟缓率？

5. 何谓一次调频、二次调频？

6. 利用调节系统的静态特性曲线说明并列运行的机组当外界负荷变化时，是如何利用同步器将变化的负荷移到某一台机组上的？

7. 何谓调节系统的动态特性？

8. 简要说明影响调节系统稳定性的因素有哪些。

9. 如何评价过渡过程的品质？

10. 了解调节系统的静态特性和动态特性需做哪些试验？这些试验的目的和试验方法怎样？

11. 当调节系统的速度变动率和同步器的变速范围不合格时，应采取哪些措施进行调整？

任务二 液压调节系统的特性试验

任 务 目 标

了解汽轮机调节系统的静态特性试验和动态特性试验的目的和方法。

知 识 准 备

一、调节系统的特性试验

为了了解汽轮机调节系统的静态特性和动态特性，需要作一系列的试验，这些试验大体上可以分两类：一类是静态特性试验；另一类是动态特性试验。

（一）调节系统的静态特性试验

调节系统静态特性试验的主要目的：

（1）测取各项静态特性数据，求取调节系统静态特性曲线，了解掌握调节系统的性能，为研究和消除缺陷提供必要的依据；

（2）发现调节系统存在的缺陷，并分析判断产生缺陷的原因；

（3）通过试验全面考虑和制定消除缺陷提高调节系统品质的整定措施。

调节系统的静态特性试验一般分为静止试验、空负荷试验和带负荷试验。

1. 静止试验

调节系统的静止试验是在汽轮机不转动的状态下，启动高压电动油泵，用其压力油作为动力油对调节系统各部套进行试验。由于不开机进行试验，所以比较方便。通过试验可以按设计要求将各调节部套的相互关系整定好，以创造安全、可靠的启动条件，并寻找和消除调节系统的缺陷。此项试验对大中型中间再热机组来说十分重要。

试验目的：

（1）测取转速感受机构的输出信号与油动机活塞位移的关系曲线，并测取传动放大机构的迟缓率；

（2）测取油动机位移与调节阀开度的关系曲线；

（3）测取同步器的调节范围。

试验方法：

高压电动油泵启动后，把出口压力调到额定值，并使油温维持在 45 ± 5℃，再用人工产生转速感受机构输出信号的方法使调节系统动作。具体做法因不同的调节系统而异。例如对具有液压转速感受元件的调节系统，应切断原转速信号油路，临时安装一个可控油压的设备，产生一个可调的油压信号（此油压可由压力表校验台供给），以代替液压调速器的输出油压信号，使调节系统动作。对于机械离心式调速器，应先拆掉调速器弹簧，装设调速滑环可控设备，控制滑环位置，使调节系统动作。

试验时，将同步器先置于低限位置，然后由低到高改变转速信号油压（或滑环位置），根据情况，按一定步长记录下该油压信号、油动机活塞位移、调节阀行程以及其他参数。当油压达到最大值后，再由高到低变化油压，并按同样的步长测取上述参数。

上述实验结束后，分别将同步器于空负荷、满负荷和高限位置，重复上述实验，就可得到同步器在不同位置时传动放大机构的静态特性曲线、迟缓率以及油动机行程与阀门行程的关系和同步器的调节范围。

2. 空负荷试验

空负荷试验是在机组空转和发电机无励磁情况下进行的，转速信号由转速感受机构产生。试验前应进行超速保安器动作试验，同时必须确认手动遮断装置及主汽阀操纵座等遮断动作正常。主汽阀、调节阀无卡涩现象。

试验目的：

空负荷试验的目的是测取同步器位于高限、满负荷、空负荷以及低限四个位置时的下述特性。

（1）测取调速器特性，即转速与油压（或滑环位置）的特性线；

（2）测取传动放大机构特性，即转速油压（或滑环位置）与油动机行程的特性曲线；

（3）测取同步器的调节范围以及高、低限是否符合要求；

（4）检查调节系统是否能维持机组空负荷下稳定运行。

试验方法：

将同步器置于低限位置，待汽轮机转速升高到额定转速并稳定后，同时对有关的各参数（转速、调速器出口油压或滑环位移、油动机活塞及阀门行程等）进行一次记录，然后缓慢关小主汽阀的旁路阀（或电动阀的旁路阀），使汽轮机转速缓慢地下降，一般要求转速变化不超过 100r/min。随着转速下降，转速信号油压降低（或滑环位移减小），而油动机活塞行程则向上开大调节阀。待到第二个测点的转速时，稍稳定一下，然后进行第二次记录。用同样的方法测取其他各转速测点的参数，直到油动机全开。降速试验结束后，再缓慢均匀地开大主汽阀的旁路阀（或电动阀旁路阀）进行升速试验，方法和降速试验相同。当升速到调节阀开始关小时的转速即为调节系统的开始动作转速。

同步器在低限位置试验结束后，应检查试验结果是否正常，若不正常应重做。

同步器低限位置试验结束后，分别将同步器置于空负荷、满负荷和高限位置，重复上述试验。

为了正确测取调速器和传动放大机构的迟缓率，升速（或降速）过程应连续地进行，不允许在升速过程中出现降速，也不允许在降速过程中出现升速。

数据整理：

（1）将全部试验记录加以汇总整理；

（2）认真绘制下列曲线，并求出有关特性数据：同步器在不同位置上转速感受机构特性；传动放大机构特性；转速感受机构和传动放大机构的迟缓率；调节系统的速度变动率；同步器的调节范围；调节系统的动作转速；调速器和油动机的富裕行程；汽轮机能否在空负荷下稳定运行。

3. 带负荷试验

这一试验是在汽轮发电机组并列运行中进行的。试验时电网频率最好能维持在额定值附近，蒸汽参数保持在额定范围内。试验前真空尽可能提高到最高值，试验过程中不进行任何操作，任凭真空随功率变动而有规律的增减。回热系统按正常运行方式投运。负荷试验点预先规定好，从满负荷到空负荷的试验点不少于 12 个。一般在接近空负荷和满负荷以及各调节阀刚开启时，特性曲线形状变化大，故在这些负荷段中布置的试验点应略多些。

试验目的：

（1）测取油动机行程与发电机功率的关系；

（2）测取电功率与同步器位置的关系；

（3）测取油动机行程和调节阀开度的关系，求取调节阀的重叠度；

（4）考察调节系统在各负荷工况点上有无不稳定现象，在负荷改变时有无不正常甚至较长时间的负荷摆动现象；

（5）考察在额定转速和额定蒸汽参数及真空下（或在制造厂允许的低参数和低真空下），各回热系统全部投入，能否发出额定功率。

试验方法：

操作同步器将负荷调节到额定负荷，然后进行降负荷试验，每点负荷稳定 5min 左右后，记录电功率、油动机行程、同步器位置、各调节阀的开度及阀后汽压、电网频率等。另外辅助记录蒸汽初压、初温、流量、真空、压力油压、油温等，一直做到空负荷为止。若有必要，可再进行一次升负荷试验，方法和降负荷相同。

数据整理：

（1）将全部试验记录加以汇总整理；

（2）绘制油动机行程与电功率特性、主同步器位置与电功率特性、油动机行程与各调节阀的开度特性曲线；

（3）根据试验中发现的现象和对绘制的特性曲线加以分析，看调节阀的重叠度是否合理，油动机和调节阀有无卡涩，能否带到额定负荷和调节系统是否稳定等。

最后根据空负荷试验和带负荷试验所求得的转速与调速器输出信号（油压或滑环的位移）的关系、油压（或滑环的位移）与油动机活塞行程的关系以及油动机活塞行程与汽轮机功率的关系，应用四方图通过作图求得在不同同步器位置下调节系统的静态特性曲线。

（二）调节系统动态特性试验简介

调节系统动态特性试验的目的主要是测取甩负荷时转速的飞升曲线，以便准确评定过渡过程的品质，同时试验中所取得的资料可以为改进系统的动态品质提供依据。

实验方法是当一切准备工作就绪后，操作主断路器跳闸按钮甩负荷。利用录波器录下转速 n、油动机行程 m、调速器滑环行程 Δx（或一、二次油压变化）、功率 P 等与时间 t 的波形，同时记录下主蒸汽参数、真空、电网频率、调速油压、油温以及抽汽止回阀是否动作等。

甩负荷试验时汽轮机的转速要升至高于额定转速，如果调节系统和保护装置有故障时，将对汽轮机的安全造成极大威胁，因此甩负荷试验前机组必须达到试验条件，否则禁止试验，这些条件是：

（1）调节系统的速度变动率和迟缓率必须符合要求，各元件的行程极限必须符合要求。

（2）自动主汽阀、调节阀严密性合格，抽汽止回阀动作性能良好，严密性合格。

（3）手动危急遮断器动作可靠，超速试验动作转速符合要求。

为了保证安全，甩负荷时电网频率不宜超过 50.5Hz，同时应按负荷等级分数次进行，一般先甩 1/2 额定负荷，后甩额定负荷。当机组经受不住甩 1/2 额定负荷时禁止甩全负荷。

二、调节系统静态特性的调整

调节系统的静态特性是由组成调节系统的各元件的特性形成的，调节系统中任一元件特性的改变都会导致调节系统静态特性的改变。因此机组安装检修后，调节系统的静态特性可能会发生变化，需要调整。另外，有时还必须根据运行的实际情况调整静态特性。所以调节系统的静态特性必须能在一定范围内进行调整才行。

静态特性的调整内容主要有：速度变动率的调整，静态特性曲线上、下限位置的调整以及同步器调节范围不足的调整等。

（一）速度变动率的调整

调整调节系统的速度变动率可以通过改变组成调节系统的任一机构（或元件）的静态特性来达到。只要改变转速感受机构、传动放大机构、执行机构中任一机构静态特性曲线的斜率，都能达到调整调节系统速度变动率的目的，如图 4-18 所示。

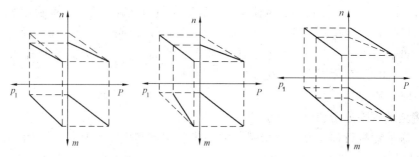

图 4-18 改变静态特性曲线斜率

　　改变转速感受机构、传动放大机构和执行机构静态特性曲线斜率的方法都不止一种。例如具有旋转阻尼的调节系统，改变旋转阻尼管内、外端面到旋转中心的距离，改变放大器杠杆比、碟阀直径、波纹管直径等，都会使转速感受机构的静态特性曲线斜率改变。而改变油动机反馈杠杆比、静反馈弹簧的刚度等，都会使传动放大机构的静态特性曲线斜率改变。如果改变传动机构的杠杆比、调节阀重叠度、阀门口径等，就会使执行机构的静态特性曲线斜率改变。究竟改变哪一个环节的静态特性曲线斜率，通过哪一种方法来改变该环节的静态特性曲线斜率，应该根据调整方便的原则选择。例如在上述方法中选取改变旋转阻尼的内外径方法就很不方便，而更换不同刚度的油动机静反馈弹簧很容易。在现代的调节系统中，制造厂都给出了调整速度变动率的有效方法。例如上海汽轮机厂生产的具有旋转阻尼的调节系统，在油动机的反馈杠杆上设置了可调支点，只要改变支点的位置使静反馈弹簧到支点的距离发生变化，就可以改变调节系统的速度变动率。而哈尔滨汽轮机厂生产的具有高速弹簧片调速器的调节系统，把油动机活塞杆上的反馈斜板的斜率设计成可调的，只要改变反馈板的斜率就可以达到调整速度变动率的目的。

　　（二）静态特性曲线上、下限位置的调整

　　该项调整是指同步器调节范围符合要求，但整个调节区间偏上或者偏下。如果偏上，就会给卸负荷到零带来困难；而如果偏下，机组就不能带负荷到额定值。为了满足运行要求，需要把整个调节区间下移或者上移，实质上就是整定同步器调节的低限位置或高限位置。调整时，把同步器置于低限（或者高限），然后应用其他方法平移调节系统的静态特性曲线，使其处在与同步器对应的符合要求的低限（或高限）位置上。平移调节系统静态特性曲线，依然是通过平移它的组成环节的静态特性曲线来达到。在一个调节系统中能够使静态特性曲线平移的方法很多，选用时仍以方便为原则。例如旋转阻尼调节系统中，可以用辅助同步器进行调整，也可以通过调油动机静反馈弹簧的预紧力达到平移静态特性曲线的目的。

　　（三）同步器调节范围的调整

　　该项调整是在同步器调节范围不足时进行的。如果同步器的调节范围不足，运行时机组可能就带不上满负，或者不能减负荷到零，这时需要对其进行调整。调整的方法视具体情况而定。如果同步器的工作行程可调，则只需调整工作行程即可；如果同步器工作行程受到结构的限制不能再调，则可以把同步器的弹簧更换为刚度大一点的弹簧，使得同样的行程下变速范围增大。

　　（四）局部速度变动率的调整

　　局部速度变动率不合要求，往往是由于调节阀的重叠度不当引起的，应首先对调节阀重叠度进行调整。如果调整后仍不能满足要求，可以根据具体结构确定改进措施。比如改变液压反馈油口的形状，改变凸轮型线，都可以达到调整局部速度变动率的目的。

能 力 训 练

　　1. 了解调节系统的静态特性和动态特性需做哪些试验？这些试验的目的和试验方法怎样？

　　2. 当调节系统的速度变动率和同步器的变速范围不合格时，应采取哪些措施进行调整？

任务三 电 液 调 节 系 统

任 务 目 标

了解汽轮机电液调节系统的功能。

知 识 准 备

汽轮机电液调节的基本控制功能有两个：一是单机运行时控制机组的转速；二是在并网运行时控制机组的功率。对定压运行的机组来说，不管是转速控制还是功率控制，都是通过改变调节阀的开度进而改变汽轮机的进汽量来达到控制目标的。

一、转速调节

（一）转速控制策略

1. 采用多阀组合控制的升速方案

目前采用的微机型数字电液调节系统（DEH－Ⅲ）有两种阀门控制方案，一种是单阀控制方案；另一种是多阀组合控制方案，这种控制方式一般在机组启动时采用。以上两种控制方式可以相互切换。汽轮机在启动并网前，必须将转速由零提升到额定转速附近，为机组并网创造条件。为了提高升速过程的安全性、经济性，减小设备的寿命损耗，通常采用多阀组合控制方案。

中小型机组和采用高压缸启动的大型机组启动时（大型机组启动时，冲转前将旁路系统切除），通过高压调节汽阀与高压主汽阀开启组合来控制升速（一般是所有调节阀全开，由主汽阀的预启阀控制升速和暖机，当转速升高到2900r/min左右时自动进行阀门切换，高压主汽阀全开，由调节阀进行转速控制），如图4－19所示。采用中压缸启动的大型机组启动时，冲转前将旁路系统不切除，通过中压调节阀、高压主汽阀和高压调节汽阀三种阀门开启组合来控制升速。

2. 设置专用的启动升速回路

液压调节系统的转速控制与功率控制合用一个主回路，而电液调节系统通常设置专用的启动升速回路，由相应的启动升速程序控制，可对启动升速过程中的安全因素进行监视和控制，并且可以实现大范围的转速调节。由于采用闭环控制，所以调节精确度高。

（二）转速调节原理

现仍以图4－19所示的转速调节回路为例来说明转速调节原理。根据启动要求，在转速低于2900r/min时采用高压主汽阀控制转速，在2900r/min以上采用高压调节阀控制转速。此回路可以接受两种转速控制信号扰动，一种是自动控制方式下的转速给定值扰动；另一种是手动控制方式下的手动转速阀位指令信号扰动。

1. 转速给定值扰动下的转速调节

在自动控制方式下，系统的转速调节主回路与两个阀位控制子回路均为闭环控制结构。若系统处于稳定状态，则转速给定值 n^* 与转速反馈值 n 相平衡，转速偏差信号 $\Delta n = 0$，阀

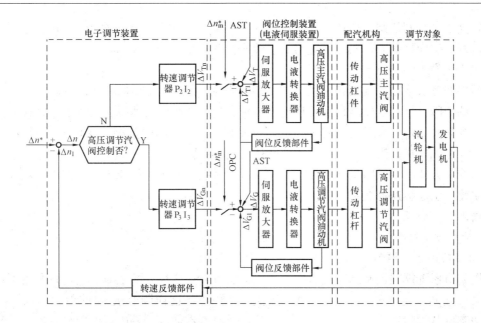

图 4 – 19 DEH – Ⅲ 转速调节原理图

Δn^{*}—转速给定值扰动信号；Δn_{m}^{*}—手动转速阀位指令信号；

OPC—电超速防护控制信号；AST—危急遮断保护信号

位偏差信号 $\Delta V_{T} = 0$，$\Delta V_{G} = 0$。

（1）高压主汽阀控制转速。汽轮机在采用高压缸启动方式时，冲转前将旁路系统切除，中压主汽阀、中压调节汽阀、高压调节阀都保持全开，由高压主汽阀冲转并控制升速到 2900r/min 左右。

需要升速时，只要向系统输入转速给定值 n^{*} 和升速率并使系统运行，这时系统便会产生一个给定的转速扰动信号 Δn^{*}（$\Delta n^{*} > 0$），进而在转速调节器 $P_2 I_2$ 输入端产生转速偏差信号 Δn（$\Delta n > 0$），有了这个偏差，转速调节器便按照预先设计好的调节规律进行工作，输出阀位调节指令信号 $\Delta V_{Tn} > 0$，阀位控制子回路受 ΔV_{Tn} 扰动后产生阀位偏差信号 $\Delta V_{T} > 0$，此电信号放大后通过电液转换器转换成调节油压信号去控制油动机，使其产生位移，从而驱动高压主汽阀，使其开度增加，进汽量增大，转速随之相应升高。与此同时，取自油动机活塞位移的阀位反馈信号 ΔV_{T1} 增加，转速反馈信号 Δn_1 随之相应增加，在反馈的作用下，当主回路、子回路的稳定条件同时得到满足时，系统便达到了新的稳定状态，此时新的实际转速和给定转速相等。

很明显，转速调节主回路的稳定条件是 $\Delta n^{*} - \Delta n = 0$；阀位调节子回路的稳定条件是 $\Delta V_{Tn} - \Delta V_{T1} = 0$。

（2）高压主汽阀与高压调节阀的阀位切换控制。当机组转速按要求升高到 2900r/min 左右时，控制系统能自动进行阀门切换，高压调节阀自动关小到与 2900r/min 左右相对应的开度，高压主汽阀逐渐开到全开，此后由高压调节阀进行转速控制。

（3）高压调节阀控制转速。高压主汽阀与高压调节阀的阀位切换完毕后，要将机组转速从 2900r/min 提到 3000r/min 就由高压调节阀控制升速，其控制原理与高压主汽阀控制转速原理基本相同，操作步骤也相同。

　　无论是高压主汽阀控制阀位还是高压调节阀控制阀位，由于主、子回路均为闭环结构，所以具有很好的抗内扰能力，实际转速与给定转速偏差很小（小于 2r/min）。

　　2. 手动转速阀位指令扰动下的转速调节

　　在手动控制方式下，系统的转速调节主回路在自动/手动切换点处断开，所以是开环控制结构，而两个阀位控制子回路还是闭环控制结构。当需要改变转速时，通过手动直接发出转速阀位指令信号 Δn_{m}^*，此信号通过相应的阀位控制装置使相应的汽阀（主汽阀或调节阀）产生位移，引起汽轮机进汽量变化，进而使转速发生相应的变化。

　　在手动控制方式下主回路是开环控制结构，所以系统没有抗内扰能力，即在阀位不变时蒸汽参数变化会引起转速的变化。

二、功率调节原理

（一）功率控制策略

　　1. 采用多回路综合控制

　　从液压调节系统控制策略及系统组成来看，造成负荷适应性差的主要原因是只采用了单一主回路（转速调节回路——只根据转速变化进行调节），这样调节系统的迟缓率比较大，而且，在功率调节过程中，由于受中间再热容积以及蒸汽参数波动等因素的影响，也会引起机组功率的波动，所以液压调节系统动态特性较差。

　　为避免采用单一主回路所带来的问题，电液调节系统通常设置 2 ~ 3 个主回路，如微机型数字电液调节系统（DEH - Ⅲ）设置了 3 个主回路，如图 4 - 20 所示，即在外环一次调频回路的基础上增设了中环功率校正回路与内环调节级压力校正回路。

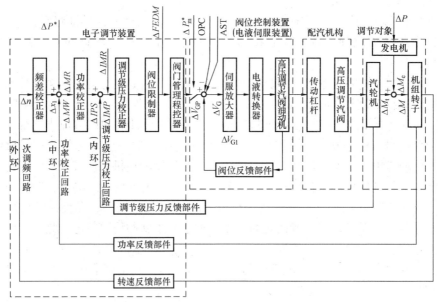

图 4 - 20　DEH - Ⅲ 功率调节原理图

ΔN—外界负荷扰动信号；ΔP—功率给定值扰动信号；ΔP_{m}^*—手动功率阀位指令信号；

OPC—电超速保护控制信号；AST—危急遮断保护信号

　　增设了中环功率校正回路的策略是：将实际的功率动态偏差值信号与来自外环一次调频

回路的功率静态偏差请求值信号相比较，根据其差值进行校正，差值越大，调节幅度越大，调节速度也越快，因此可减小动态调节过程中的动态偏差量，从而改善了功率调节的动态特性。

根据汽轮机变工况理论可知，将定压运行的凝汽式汽轮机所有非调节级看作一个级组时，调节级后汽室压力的变化与主蒸汽流量的变化成正比，而汽轮机功率的变化又与流量变化成正比，所以，可以用调节级后汽室压力的变化来加快反映调节阀开度变化、蒸汽参数变化等因素引起的功率变化。它比功率信号和转速信号快得多，所以内环调节级压力校正回路是一快速内回路，不但能消除蒸汽参数波动引起的内扰，而且能起快速粗调机组功率的作用。功率细调由中环功率校正回路的进一步调整来完成。

由于电液调节系统引入了功率、频率（转速）信号，所以也被称做功—频电液调节系统，或简称功—频电调。

2. 采用多信息综合控制

大机组的集中控制要求运行方式灵活、多样，电子技术的应用为其实现提供了有利的条件。

（1）给定值信号综合控制。通过改变汽轮机功率给定值信号来源，便能灵活地进行多种运行方式的综合控制。

（2）中间环节限制信号综合控制。有时受机组运行条件改变的限制，达不到原运行的要求，例如达不到原功率的要求值，则将反映机组运行条件改变的限制信号送至某一中间环节进行低选限值处理。

（3）直接阀位控制。当机组遇到异常情况时，有专用控制信号（如危急遮断信号或电超速保护信号）直接送至阀位控制装置，进行快速阀位控制，以求阀门快速动作。

通常，上述方法同时使用。

此外，在自动控制失灵时，还可以直接进行手动阀位功率控制。

3. 采用调节阀阀门管理技术

电液调节系统可以根据运行需要选择合理的调节阀阀门控制方式：一种是单阀控制，即采用单一的信号使所有的调节阀同时启闭，也就是我们常说的节流调节；另一种是多阀控制，即采用多个不同信号分别控制多个调节阀，使它们按照一定的顺序启闭，也就是我们常说的喷管调节。这两种控制方式可以实现无扰切换。

一般情况下，在汽轮机启动、停机及大幅度变动负荷时，采用单阀控制以使汽轮机受热或冷却均匀，减小汽轮机的热应力和热变形，提高机组的安全性。另外，滑压运行时也可以采用多阀控制。在定压运行时以及在高负荷时一般采用多阀控制。运行人员可以根据需要来选择最佳的配汽方式。

（二）功率调节原理

图 4-20 所示的系统可以接受四种扰动信号：一是外界负荷扰动信号；二是自动控制方式下的功率给定值扰动信号；三是内部蒸汽参数扰动信号；四是手动控制方式下的功率阀位指令值扰动信号。

1. 外界负荷扰动下的功率调节

如果系统的三个主回路及相应的子回路（阀位控制子回路）都为闭环结构，则系统处于功率调节方式。

　　设系统在原稳定状态下，$n = n_0$，$P = P^*$，当出现外界负荷扰动时，例如外界负荷增加，使汽轮机转速下降，产生转速偏差信号 $\Delta n < 0$，通过频差校正器（或称频差调节器）的调节作用，输出功率静态偏差校正量 Δx_1，由于此时 $\Delta P^* = 0$，所以功率静态偏差请求信号 $\Delta REF1 = \Delta P^* - \Delta x_1 > 0$。

　　随后，中环功率校正回路受 $\Delta REF1$ 扰动后产生功率动静态偏差信号 $\Delta MR > 0$，经过功率校正器 $P_4 I_4$ 的校正作用后输出功率请求信号 $\Delta REF2 > 0$，再经过参数变换到调节级压力请求信号值 $\Delta IPS > 0$，内环调节级压力校正回路受 ΔIPS 扰动后产生调节级压力偏差信号值 $\Delta IMR > 0$，经过调节级压力校正器 $P_5 I_5$ 的信号校正以及阀位限值处理后，生成主蒸汽流量请求信号 $\Delta FEDM > 0$，再经过阀门管理程序处理后变成阀位调节指令信号 $\Delta V_{GP} > 0$，阀位控制子回路受 ΔV_{GP} 扰动后产生阀位偏差信号 $\Delta V_G > 0$，此信号通过电液转换器转换成调节油压信号，用来控制油动机，进而驱动调节阀开大，汽轮机的进汽量增大，蒸汽动力矩、功率、调节级压力相应增大，与此同时，取自油动机活塞杆位移的阀位反馈信号 ΔV_{GI}、调节级压力反馈信号 ΔIMP、功率反馈信号 ΔMW 与蒸汽动力矩反馈量 ΔM_t 也相应增大。

　　系统稳定的条件是

$$\Delta V_G = \Delta V_{GP} - \Delta V_{GI} = 0（子环） \tag{4-3}$$

$$\Delta IMR = \Delta IPS - \Delta IMP = 0（内环） \tag{4-4}$$

$$\Delta MR = \Delta REF1 - \Delta MW = 0（中环） \tag{4-5}$$

$$\Delta M = \Delta M_t - \Delta M_e = 0（外环） \tag{4-6}$$

当上述四个条件同时满足时，系统便达到了新的稳定状态。

当外界负荷减小时，调节过程中各信号变化方向与上述相反。

2. 功率给定值扰动下的功率调节

　　在自动控制方式下，系统的三个主环及相应的子环均为闭环控制结构。

　　为了分析问题方便，首先假设电网频率不变并且保持额定值，因此机组的转速也就保持不变，此时转速偏差信号 $\Delta n = 0$，即 $n = n_0$，外环处于软阻断状态，相当于外环是开环结构，无校正作用，即 $\Delta x_1 = 0$。由图 4 - 20 可知，当功率给定值扰动时，将引起功率给定值 P^* 变化，例如 $\Delta P^* > 0$ 时会引起功率偏差信号 $\Delta MR > 0$，经过功率校正器、调节级压力校正器、阀位限值器、阀门管理程序以及阀位控制装置作用后，使调节阀开大，汽轮机的进汽量增大，功率相应增大。与此同时，取自油动机活塞杆位移的阀位反馈信号 ΔV_{GI}、调节级压力反馈信号 ΔIMP、功率反馈信号 ΔMW 与蒸汽动力矩反馈量 ΔM_t 也相应增大，当式（4 - 3）~ 式（4 - 6）同时得到满足时，系统便达到新的稳定状态，此时机组的实际功率与新的给定功率值相等。

　　当功率给定值扰动信号 $\Delta P^* < 0$ 时，调节过程中各信号变化方向与上述相反，稳定条件不变。

　　若在功率给定值扰动的同时出现外界负荷变化，则外环也参与调节，其总的调节效果可以看成是两种扰动单独作用后相叠加的结果。

3. 内部蒸汽参数扰动下的功率调节

　　在电液调节系统中，当内环、中环投入时，系统具有抗内扰能力，蒸汽参数变化不会影响机组功率的稳定性。此时如果出现幅度不大的蒸汽参数波动，例如，主蒸汽压力在允许范围内降低，则引起蒸汽流量减小，调节级汽室压力也随之减小，这时会产生一个快速的调节

级压力反馈信号 $\Delta IMP < 0$，内环调节级压力校正回路受 ΔIMP 扰动后产生调节级压力偏差信号值 $\Delta IMR > 0$，经过调节级压力校正器 P_5I_5 的信号校正以及阀位限值处理后，生成主蒸汽流量请求信号 $\Delta FEDM > 0$，再经过阀门管理程序处理后变成阀位调节指令信号 $\Delta V_{GP} > 0$，阀位控制子回路受 ΔV_{GP} 扰动后产生阀位偏差信号 $\Delta V_G > 0$，此信号通过电液转换器转换成调节油压信号，用来控制油动机，进而驱动调节阀开大，汽轮机的进汽量增大，功率增大。

在主蒸汽压力降低引起蒸汽流量减小时，机组功率也会随之下降，此时还会产生一个滞后于调节级压力反馈信号 $\Delta MW < 0$，此信号作用于中环功率校正回路，产生功率动静偏差信号 $\Delta MR > 0$，经过功率校正器的校正作用后输出功率校正请求值，随后通过功率—压力参数变换成调节级压力请求信号值 $\Delta IPS > 0$，内环调节级压力校正回路受 ΔIPS 扰动后产生调节级压力偏差信号值 $\Delta IMR > 0$，通过随后的各环节的调节也会使调节阀开大。

通过上述分析可知，主蒸汽压力下降时，通过内环、中环两个信号作用都使调节阀开大。随着调节阀的开大，蒸汽流量增加，汽轮机功率增大，调节级汽室压力也随之增加，各个反馈信号也随之增加，最终使系统处于新的稳定状态，功率恢复到原来稳定值。

4. 手动功率阀位指令扰动下的功率调节

在手动控制方式下，系统的三个主回路都在自动/手动切换点处断开，是开环结构，而阀位调节子回路应处于闭环结构状态。当需要改变机组功率时，通过手动直接给出功率给定值扰动信号，此信号直接作用于阀位控制装置，使调节阀开度发生改变。其调节过程与手动转速阀位指令扰动下的转速调节过程基本相同，不同的是调节的结果是改变了机组的功率而不是转速。

（三）机组启动与停机的控制原理

从控制程序上来划分：汽轮机的启动一般是指从盘车装置投运到带到额定负荷的全过程，主要分为冲转、升速、并网及升负荷几个过程。汽轮机的停机是机组从额定负荷逐渐减负荷至零到盘车装置投运的全过程，主要包括减负荷、解列、打闸停机几个过程。

机组越大，启停程序就越复杂，需要监视的参数和操作的项目也越多，要做到安全、经济和快速的启停，必须采用自动程序控制装置。目前的 DEH 控制系统中普遍的设置了汽轮机自动控制程序（automatic turbine control，简称 ATC），它由一个管理调用程序和十六个子程序组成，它不仅能实现启停过程中相关设备及系统的顺序控制，而且能够通过转子热应力自动控制机组加减负荷的速度，在整个启停机过程中，还能够对汽轮发电机组金属温度等多种参数进行自动监视。下面简要介绍一下应力控制原理。

汽轮机在启停过程中，转速、功率、蒸汽参数以及蒸汽流量变化都很大。由于汽轮机金属部件的热惯性大，如果蒸汽温度变化快，则会导致汽轮机内部受热不均匀，这样会使汽缸、转子产生过大的热应力（一般情况下，单层缸的小型汽轮机应以考虑汽缸热应力为主，因为这种汽轮机汽缸热应力一般大于转子的热应力。而大中型的汽轮机应以考虑转子热应力为主，因为这种汽轮机转子热应力一般大于汽缸热应力）。另外汽缸、转子还受到蒸汽压力及离心力引起的机械应力。汽缸、转子的应力实际上是热应力和机械应力的叠加值。

由于启动过程中工况经常变动，所以对热应力的计算与控制尤为重要。高压缸调节汽室的汽压、汽温随负荷的变化最大，中压缸第一级处的情况与此类似，所以高压缸调节级和中压缸第一级处的汽缸和转子都是热应力较大的部位，同时转子还要承受巨大离心力引起的机械应力，因此这些部位转子的应力往往是最大的。所以，在汽轮机启动、停机过程中，只要监视控制住这两个部位的转子热应力，其他部位的热应力也就不会超标。

由于转子是高速旋转的部件，所以它的温度无法直接测量，只能通过间接的方法来求得转子内部的温度，从而计算出转子的热应力。间接计算方法有两种：一是利用汽轮机传热数学模型计算；二是运用相似模化原理计算。在计算出热应力的基础上，再考虑机械应力的修正系数，便可以得出转子的总应力。

启动与停机过程中转子应力变化方向相反，每启停一次，便形成一次大幅度的应力循环。同样道理，负荷每升降一次，也会形成一次一定幅度的应力循环。经过多次应力循环后，汽轮机部件有可能产生疲劳裂纹，导致设备损坏。工程上用应力循环次数来代表设备寿命，而循环次数与应力大小关系密切，假如汽轮机设计寿命是 1 万次应力循环，当设备使用不当，导致热应力过大时，则实际寿命就可能只有几千次了。因此现代的大功率汽轮机普遍采用同时控制高、中压转子应力大小和应力循环次数来保证设备达到设计寿命。

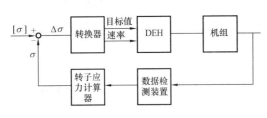

图 4 - 21　转子应力控制回路

[σ]—转子许用应力；σ—转子实际应力；
Δσ—转子应力裕量（偏差）

高、中压转子应力控制回路如图 4 - 21 所示，都采用闭环控制方式。它通过数据检测装置，采集汽轮机有关点的温度参数，按专门的计算程序计算出高、中压转子的实际应力，然后将它与允许值比较，得到其差值，再将它转换为转速变化量及变化率或功率变化量及变化率，通过系统控制来改变机组转速或功率，这样最终使转子的热应力控制在允许的范围内。

任务四　电液调节系统的主要装置

 任 务 目 标

了解汽轮机电液调节系统的主要装置及其作用。

 知 识 准 备

从图 4 - 19 和图 4 - 20 中可以看出，电液调节系统主要有四个部分组成：电子调节装置、阀位控制装置（电液伺服装置）、配汽机构、调节对象。在 DEH 控制系统中，电子调节装置中的电子调节器采用数字信号，在其输入、输出接口处采用必要的模/数转换器和数/模转换器。另外，与液压调节系统相比，电液调节系统主要是用电子调节装置代替了转速感受机构，用电液伺服装置代替了液压伺服装置。

一、电子调节装置

（一）启动升速回路主要电子调节装置

1. 转速测量器件

转速测量器件主要由磁阻发讯器与频率（转速）变送器组成。它的作用是将转速信号转变为直流电压模拟信号后发送给 DEH。

2. 转速调节器

在数字电液调节系统中，转速调节器根据转速测量器件和转子应力控制回路等送来的直流电压模拟信号（已在模/数转换器中转换为数字信号），采用数字运算技术实现特定的调节规律，其输出信号传给阀位控制装置（电液伺服装置），最终改变阀门开度和进汽量，进而改变机组的转速。

（二）功率调节回路主要电子调节装置

1. 功率测量器件

功率测量器件的作用是测量发电机的功率，目前常用的功率测量器件有霍尔测功器和晶体管测功器两种，详细情况可查阅有关资料。

2. 功率反调校正元件

功率反调校正元件主要是在发电机功率变化趋势与机组转速变化趋势不相符（例如机组转速变化信号落后于发电机功率变化信号），或者是由于动态原因使发电机功率与汽轮机功率不相符时起作用，能较好地预防和削弱功率的反调作用。

3. 频差校正器

频差是指电网实际频率与额定频率的差值。通常，频差校正器采用可调的死区—线性—限幅校正方式，如图 4 - 22 所示，死区的大小、斜线的斜率、限幅值都可以调节。死区的作用一是可以滤掉转速小扰动信号，使机组功率稳定；二是当设置的死区较大时，可以使机组不参加电网的一次调频，只带基本负荷。

当转速变化较小时机组不参加电网的一次调频，而转速变化越过较小的死区时机组参与一次调频，校正量与转速偏差呈线性关系，如图 4 - 22 所示的斜线区，也就是说频差越大（转速变化越大）机组的功率变化就越大。

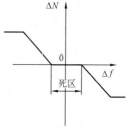

图 4 - 22 频差校正器的静态特性

4. 功率校正器

功率校正器的作用是根据机组的实发功率与要求机组发出的功率的偏差，进行校正并发出信号使系统进行相应的调节，使机组保持要求机组发出的功率不变。

5. 调节级压力校正器

调节级压力校正器的作用是：当电网频率变化或蒸汽流量变化引起调节级压力变化（它比电功率信号和转速信号反应快得多）时，能根据调节级汽室的实际压力与调节级汽室应该保持压力的差值，发出电信号送往阀位限制器，改变阀门开度，起到粗调机组功率的作用，并能消除蒸汽参数变化引起的机组功率波动。

二、阀位控制装置

在电液调节系统中，阀位控制装置也被称作电液伺服装置，它主要由阀位控制器、电液转换器、油动机和阀位反馈测量元件组成。

（一）电液转换器

电液转换器是将阀位偏差信号经过转换放大而成为液压信号，以此控制油动机的位移。它是电液调节系统中的一个关键部件，要求具有较好的精确度、线性度、灵敏度和良好的动态性能。

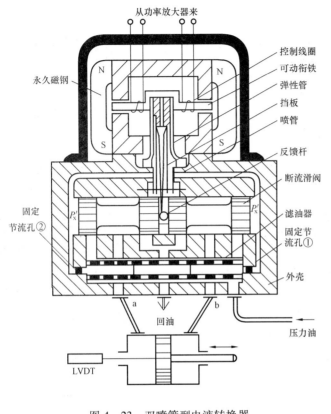

图 4-23 双喷管型电液转换器

LVDT—线性位移—电压传感器

电液转换器的种类较多，目前绝大多数机组都采用了双喷管断流式电液转换器，如图 4-23 所示。它由控制线圈、永久磁钢、可动衔铁、弹性管、挡板、喷管、断流滑阀、反馈杆、固定节流孔、滤油器、外壳等主要零部件构成。压力油进入电液转换器后分成两股油路，一路经过滤油器与左右端的固定节流孔到断流滑阀两端的容室，然后从喷管与挡板间的控制间隙中流出。在稳定工况时，挡板两侧的间隙是相等的，因此排油面积也相等，作用在断流阀两端的油压也相等，使断流阀保持在中间位置，遮断了油动机的进、出油口。另一路压力油就作为移动油动机的进、出油口。另一路压力油就作为移动油动机活塞用的动力油，由断流滑阀控制。

当阀位偏差信号（电流）送入控制线圈，在永久磁钢磁场的作用下，产生了偏转扭矩，使可动衔铁带动弹簧管及挡板旋转，改变了喷管与挡板的间隙。间隙减小的一侧油路油压升高，间隙增大的一侧油路油压降低。在此油压差的作用下，使断流滑阀移动，打开了通向油动机的压力油及回油两个控制油口，使油动机活塞移动，用以调整调节阀的开度。

当可动衔铁、弹性管及挡板旋转时，弹簧管发生弹性变形，反馈杆发生挠曲。待断流滑阀在两端油压差作用下产生位移时，就使反馈杆产生反作用力矩，它与弹性管、衔铁的吸动力形成的反力矩一起与输入的电流产生的主动力矩相比较，直到总力矩的代数和等于零时，断流滑阀达到一个新的平衡位置，在这一位置，断流滑阀位移与输入电流增量 ΔI 成正比。当输入信号方向相反时，滑阀位移方向也随之相反。随着油动机活塞的位移，阀位反馈信号逐渐增强，当阀位反馈信号将阀位偏差信号削弱到零时，滑阀便回复到原来的中间位置，重新遮断通向油动机的进、出油口，于是阀位控制装置便达到新的稳定状态。

（二）油动机

由于油动机具有动作快、提升力大的特点，所以电液调节系统中仍然采用油动机作为调节信号的最后一级放大。油动机按进油方式分为两种：一种是双侧进油的往复式滑阀油动机；另一种是单侧进油往复式滑阀油动机。

1. 双侧进油的往复式油动机

图 4 - 24 所示是一双侧进油的往复式油动机，它与传统液压调节系统的油动机类似，在调节过程中，当活塞上侧进油时下侧排油；反之，当活塞下侧进油时上侧排油。在稳定状态下，上下两侧不进油也不排油。因此，它必须配置断流式滑阀来控制油动机的进、排油，用以控制油动机活塞。

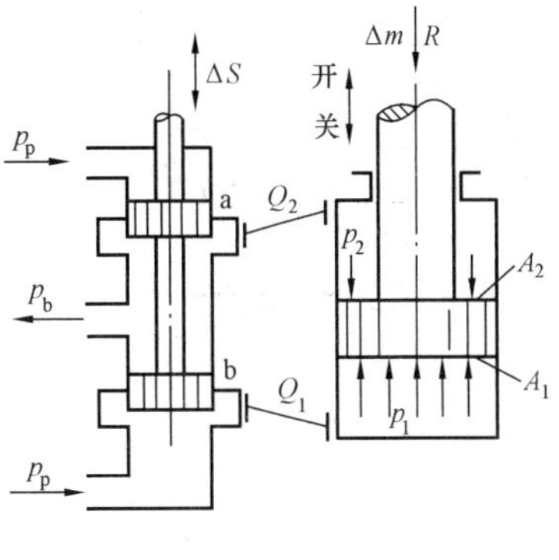

当系统采用断流式电液转换器时，只要液压部分输出功率足够大，则电液转换器滑阀与双侧进油的油动机之间可以采用直接连接方式。图 4 - 23 所示的装置就是一例。

图 4 - 24　断流式双侧进油往复式油动机工作原理示意图

2. 断流式单侧进油往复式油动机

图 4 - 25 为带有断流式滑阀的单侧进油往复式油动机的工作原理图。油动机活塞上部作用着弹簧力，用以关闭阀门，活塞下腔室的油路受滑阀控制。滑阀下移时，活塞下腔室接通泄油口，活塞在弹簧力的作用下向下运动，关小调节阀。当滑阀上移时，活塞下腔室接通压力油，活塞在压力油的作用下克服弹簧的压力向上运动，开大调节阀。在油动机活塞移动的同时，带动反馈杠杆，使滑阀恢复到中间位置，油动机活塞便稳定在一个新的位置上。

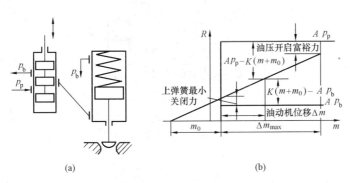

图 4 - 25　断流式滑阀—单侧进油式油动机
（a）进油控制方式；（b）提升力与油动机位移的关系

这种油动机开启阀门的有效提升力是油压的作用力与弹簧作用力之差。这种油动机最大的优点是：关闭调节阀是依靠弹簧力，这不仅保证了在失去油压时仍能关闭调节阀，而且大大减小了机组甩负荷时的用油量。随着机组功率的增大，中间再热的采用，油动机的台数越来越多，甩负荷时要同时快速关闭所有的油动机，油泵容量将增加到相当大的程度，这在正常运行时又成为一种浪费。使用单侧进油的油动机可以减小油泵的容量，因此，单侧进油的油动机越来越引起人们的重视，应用也越来越多。

单侧进油油动机的提升力与油动机活塞行程有关，随着阀门的开大，弹簧压缩量增加，提升力逐渐减小，并且在相同油动机尺寸和油压下，其提升力比双侧进油式油动机小，这是它的一个缺点。但是，由于单侧油动机关闭时不需要油，所以可以设计成一个油动机带一个调节阀，这样每个油动机所需的提升力就可以减小，同样能够满足开启阀门的要求。

三、执行机构

汽轮机功率的调节，主要是通过改变调节阀开度进而改变汽轮机的进汽量来实现的。调节阀通常是传动机构间接带动的，因此调节阀和传动机构统称为执行机构。

（一）驱动调节阀的传动机构

驱动调节阀的传动机构有以下几种：

1. 直接带动式

在小型机组上常常是每一个调节阀都用一个油动机直接带动，这样不仅油动机的结构尺寸较小，而且可使调节阀布置灵活、方便。在近代高压、超高压等大功率机组中，由于调节阀所需的提升力很大，因此也有采用这种结构的，例如电液调节系统中往往采用一个油动机直接带一个调节阀。

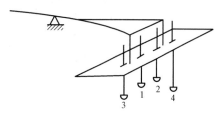

图 4-26 提板式开启装置

2. 提板式

图 4-26 为提板式开启装置示意图。当油动机通过杠杆提升提板时，挂在提板上的各个调节阀按其在阀杆上的螺帽与提板间的距离大小依次开启，距离短者先开，长者后开。一般先开的两个调节阀布置在中间，后开的两个布置在两边，这样交叉开启可使提板不致受太大的扭曲力，还可以减小启动时汽缸水平法兰的热应力。这种装置用一个油动机可以同时控制几个调节阀，一般只适应于阀门提升力不大且是部分进汽的场合，因此通常只能用在中、小型机组上。

3. 凸轮传动式

目前运行的还没有进行 DEH 改造的大功率汽轮机，绝大多数采用凸轮传动式开启装置，如图 4-27 所示。油动机活塞经齿条和齿轮带动凸轮轴和凸轮旋转，再由凸轮推动杠杆带动调节阀。调节阀的开启顺序由凸轮的型线和安装角来确定。这种机构的开启力量很大，所以常用于高压及其以上的大功率机组上。为了保证

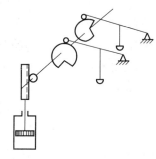

图 4-27 凸轮传动开启装置

执行机构的特性接近线性关系，凸轮型线往往按凸轮的转角与调节阀的升程呈线性关系来设计。

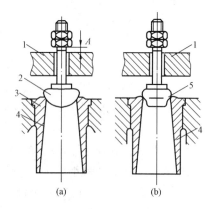

图 4-28 普通单座阀

（a）球形阀；（b）锥形阀

1—提板；2—球形阀；3—阀座；
4—扩压管；5—节流锥

（二）调节阀

1. 普通单座阀

常见的普通单座阀有图 4-28 所示的两种形式，图（a）为球型阀，图（b）为锥形阀。所谓球型阀和锥形阀是指阀芯的形式而言的。它们的共同缺点是作用在阀芯上的蒸汽力比较大，因此开启阀门所需的提升力也比较大。但它们具有结构简单的优点，所以一般都应用在中、小型机组上。这两种阀门在相同的流量下锥形阀的升程要比球型阀大，因此在调节系统中首先开启的第一个调节阀往往采用锥形阀，以减小空负荷时调节系统的摆动。

2. 普通预启阀

普通预启阀，俗称母子阀，如图 4-29 所示。在阀门开启时，首先提起预启阀，蒸汽经预启阀进入汽轮机。

由于蒸汽对预启阀的作用面积小于对主阀的作用面积，因此提起预启阀所需要的提升力比提起整个主阀所需要的提升力大为减小。当预启阀开启到一定程度后，主阀开始提升，这时主阀前后压差已经减小。由于这种阀门的主阀前后压差减小是靠阀后压力 p_2 的提高来实现的，因此预启阀的尺寸越大，当提起预启阀后，通过预启阀后的整蒸汽量越多，主阀后的压力 p_2 越高，就越容易提起主阀。但由于预启阀尺寸越大，提起预启阀所需的力就较大，因而减小主阀前后的压差不是无限制的，一般是按预启阀和主阀所需的提升力相等来设计的。

3. 蒸汽弹簧阀

图 4-30 是蒸汽弹簧阀的示意图。阀芯中心有孔穿通，因此当阀门开启时，随着阀后压力 p_2 的增加，阀芯上部 A 室压力 p_2' 也在升高，p_2' 的作用好像弹簧一样，使阀门在开启过程中提升力比较均匀。但是这种阀门的严密性差，因为为了防止阀芯的热膨胀和积盐而卡涩，滑动部分的环形间隙不能太小，所以蒸汽易漏入 A 室经小孔进入汽轮机。

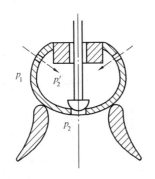
图 4-29 普通预启阀

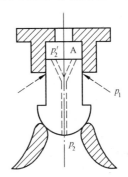
图 4-30 蒸汽弹簧阀

4. 蒸汽弹簧预启阀

在高压汽轮机中，为了改善蒸汽弹簧阀的严密性，制造厂家广泛采用蒸汽弹簧预启阀，其结构如图 4-31 所示。当它处于全关位置时，由于有预启阀将主阀下的孔口关住，所以新蒸汽只能从 B 孔漏入 A 室，而不能进入汽轮机，这时 A 室压力 $p_2' = p_1$（p_1 为新蒸汽压力），这个压力使主阀紧贴在阀座上，保证了主阀也有较好的严密性。当预启阀开启时，由于 B 孔节流而起阻尼作用，使 p_2' 很快降至 p_2，从而减小了主阀前后的压差，使主阀所需的提升力减小。

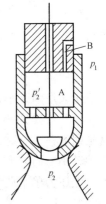
图 4-31 蒸汽弹簧预启阀

（三）调节阀的静态特性

上述几种阀门虽然结构形式各不相同，但其阀芯的形式都是球形或锥形，下面主要讨论这两种阀型的静态特性（或称为升程特性）。

由于阀门的通流截面积不是常数，同时阀门出口压力与扩压管的喉部压力并不相等，而且扩压管的工作效率随工况的变化而变化，因而调节阀的升程与流量之间的关系，就变得十分复杂，难以从理论上做出推导。工程上都借助于试验来获得。为了建立调节阀升程特性的一般性概念，粗略分析如下：对球形阀而言，当阀门开启时，其通流截面可以近似地看成一个圆柱面，其面积为

$$A = \pi D L$$

式中　D——通流截面的平均直径。

显然，通流面积 A 与升程 L 呈线形关系。L 增加，则通流面积 A 成正比增大，所通过的流量也增加。但当升程增加到使 A 的增加正好等于阀座的喉部截面积时，再继续增加升程流量就不再增加了。这个极限升程可根据通流面积与阀座喉部截面积相等的方法求得，即

$$A = \pi DL = \frac{1}{4}\pi D'^2$$

式中 D 为阀座的喉部直径，因为 $D \approx D'$，所以

$$L(极限升程) = \frac{1}{4}D$$

即当阀门的升程 L 达到阀座喉部直径的 1/4 左右时，继续增加升程已不能再使流量增加，其升程与面积 A 的关系如图 4－32 所示。

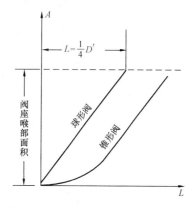

图 4－32　升程和通流截面的关系

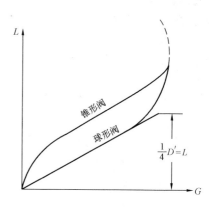

图 4－33　阀门升程流量特性

锥形阀具有一个伸入阀座的节流锥体，所以在阀门提升初期汽流通流截面积增长很慢，只有在节流锥脱离阀座以后阀门的通流截面积才和球形阀一样随升程成正比增加，图 4－32 中也表示出了锥型阀的升程 L 与通流面积 A 的关系。图 4－33 表示球形阀和锥形阀的升程 L 和流量 G 的关系曲线，在阀门开启的初始阶段，由于阀前后的压差很大，蒸汽以超临界速度流过阀门，这时流量的变化规律与面积变化规律一致。当阀门开度越过一定限度后，阀后压力逐渐升高，流速逐渐降低，流量随升程的增加逐渐变缓。当达极限升程时，流量达最大值。此后由于其他阀门的开启，汽轮机的流量继续增大，阀后压力继续升高，因而经过该阀的流量又逐渐减小，如图 4－33 中的虚线部分所示。

前面曾提到，为了减小调节系统空载时的摆动，第一个开启的调节阀往往采用锥形阀，这是因为在空载时，若油动机的摆动幅度相同，由于锥形阀的特性曲线起始段较平，故流量摆动较小，而球形阀初始段曲线较陡，流量摆动就较大。

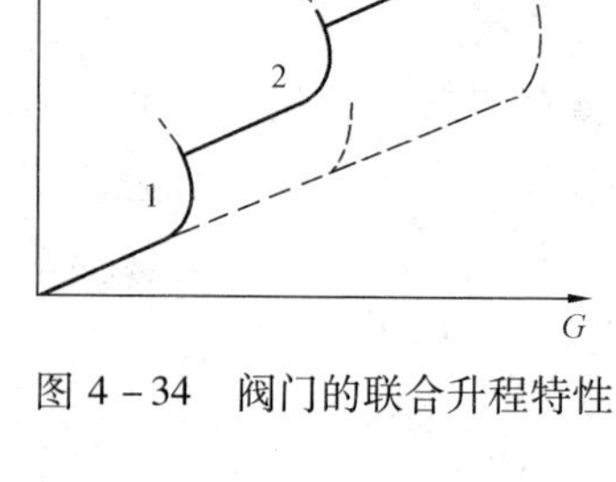

上述为单个调节阀的静态特性，但汽轮机一般都采用多个调节阀。如果这多个调节阀依次开启，并且待前一阀全开后，再开后一个阀门，则几个调节阀的联合静态特性曲线（也叫升程特性曲线）如图 4－34 中的实线所示。显然，它不是一条直线，而是出现了几个阶梯的曲线，这对调节是不利的。因为，在阶梯段，升程增加，流量几乎不增加，也就是说，在阶梯段调节系统几乎失去了调节作用，

图 4－34　阀门的联合升程特性

这样就增加了调节系统的不灵敏度。为了克服这个现象，在安排各个调节阀开启的先后关系时，应该让前一个调节阀尚未完全开足时，下一个调节阀便要提前开启，这一提前开启的相对值称为调节阀的重叠度。只要各调节阀之间的重叠度合适，就可以使调节阀的联合静态特性曲线变为一条直线，如图 4-34 的虚线所示。经验表明，各调节阀之间的重叠度约为 10% 左右比较合适。各调节阀的重叠度也不可以太大，因为重叠度太大也会破坏静态特性曲线的线性度，它会使两个调节阀重叠部分的流量增长过快，汽轮机在该功率下运行时会出现较大的负荷晃动现象。

四、阀位控制装置及配汽机构应用举例

在 DEH-Ⅲ中，因参与功率与转速调节而受调节系统控制的阀门是高压调节阀、中压调节阀以及高压主汽阀。其中高压调节阀和高压主汽阀的阀位控制方式完全相同。

如图 4-35 所示，高压调节阀阀位控制装置中的油动机是单侧进油式活塞下腔室的进、排油受电液转换器中的断流式滑阀控制，电液转换器为双喷管式，与前述的结构基本相同。参阅图 4-23 和图 4-35，油口 b 与油动机下腔室相通，油口 a 堵掉，油动机的上腔室与压力回油管相通。

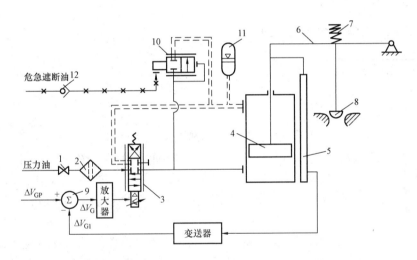

图 4-35 DEH-Ⅲ高压调节汽阀阀位控制装置及配汽机构

1—截止阀；2—滤网；3—电液转换器；4—油动机活塞；5—线性位移-电压传感器；6—传动杠杆；7—重型弹簧；
8—高压调节汽阀；9—比较器；10—快速卸载阀；11—低压蓄能器；12—截止阀

阀位调节指令信号 ΔV_{GP} 与引入比较器负端的阀位反馈信号 ΔV_{GI} 进行比较，生成阀位偏差信号 ΔV_G。当 $\Delta V_G > 0$ 时，此电信号经放大后输入电液转换器，通过调节作用，活塞下的腔室与压力油接通，油动机活塞下腔室进油，使活塞克服弹簧 7 的作用向上移动，调节阀开大。同理，当 $\Delta V_G < 0$ 时，活塞下的腔室与回油接通，油动机活塞下腔室泄油，使活塞在上部弹簧 7 的作用下向下移动，调节阀关小。随着油动机活塞的位移，阀位反馈信号 ΔV_{GI} 逐渐增强。在阀位反馈信号 ΔV_{GI} 的作用下，当阀位偏差信号 ΔV_G 逐渐削弱至零时，电液转换器中的断流式滑阀将通向油动机下腔室的油路重新切断，装置便达到了新的稳定状态。

值得注意的是，与一般单侧进油的油动机（图 4-25）不同，它把油动机活塞上部的弹簧移到杠杆和调节阀的上部。由于油动机上部与回油管路相通，当汽轮机甩负荷时，油动机活塞下腔室的大量排油经电液转换器的回油口排到油动机活塞上腔室，这样不仅有利于油动机活塞的快速下移，而且大大减小了向有压力的回油总管的排油量。

为了减少油动机的提升功率和阀门控制方式改变的灵活性，DEH-Ⅲ采用一只油动机驱动一只调节阀，当采用单阀控制时，各调节阀的控制信号相同，各调节阀同时开启，相当于节流调节；当采用多阀控制时，各阀门按一定顺序开启。

 能力训练

汽轮机的电液调节系统有哪些主要装置？简述各主要装置的作用。

任务五 电液调节系统的典型调节工况

 任务目标

了解汽轮机电液调节系统的典型调节工况。

知识准备

一、启动升速工况

在启动升速过程中，调节系统提供了三种控制方式：

（1）操作员自动控制方式（Operator Contror，简称 OA）。在此方式下，操作员首先做好汽轮机冲转前的相关系统及设备的投运监视工作，然后，操作员使用键盘输入每一阶段的目标转速和升速率，通过 DEH 控制系统的启动升速回路去控制汽轮机升速。

（2）汽轮机自动控制程序方式（ATC）。在此方式下，汽轮机的启动升速按预定程序分阶段自动进行，每一阶段的目标转速和升速率都由 ATC 软件包根据转子应力自动确定。在转子应力允许的范围内，选择最大的升速率，从而达到最优控制的目的。

（3）手动控制方式。手动控制方式是自动控制方式出现故障时的后备操作方式。在此方式下，靠手动直接给出"转速阀位指令"，即手动直接给出目标转速和升速率，直接引起阀位控制装置及配汽机构相继动作，改变进汽量，从而达到改变转速的目的。

二、升负荷工况

升负荷过程和升速过程相类似，这个阶段需要控制的参数是目标负荷和升负荷率，DEH控制系统提供了三种负荷（功率）基本控制方式和三种负荷（功率）联合控制方式。

三种功率基本控制方式：一是操作员自动控制方式（OA），控制的参数是目标负荷和升负荷率由操作员使用键盘输入；二是遥控方式，这时上述两个参数由来自锅炉的协调控制系统的信号或电网负荷调度中心的控制信号来控制；三是电厂计算机控制方式，上述两个参数的数值是由电厂计算机通过数据链传入的。

　　三种负荷（功率）联合控制方式：它是由汽轮机自动控制程序方式（ATC）分别与上述三种负荷（功率）基本控制方式联合进行控制的。

三、调频工况

　　与液压调节系统类似，一次调频过程是调节系统在外界负荷扰动下的自动调节过程，调节原理在本项目任务三中已介绍了，这里不再叙述。二次调频是操作员根据调度命令直接在计算机上给出功率给定值，由控制系统自动改变机组负荷。

四、减负荷工况

　　减负荷过程和升负荷过程相类似，这个阶段需要控制的参数是目标负荷和减负荷率，DEH 控制系统也提供了三种负荷（功率）基本控制方式和三种负荷（功率）联合控制方式。具体原理与升负荷工况类似。

五、甩负荷工况

　　机组甩全负荷时，电液调节系统能立即自动切除功率给定值信号，使 $P^* = 0$，只保留转速给定值信号，其值为 n_0，所以最后的稳定转速是额定转速 n_0，调节过程中转速的动态超调量 Δn_{max} 以及最大动态转速 n_{max} 都较小，有利于机组安全和重新并网发电。

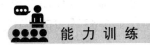

能力训练

　　汽轮机的电液调节系统有哪些主要装置？简述各主要装置的作用。

任务六　汽轮机的保护系统

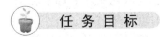

任务目标

　　熟悉汽轮机保护的作用及类型。

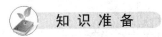

知识准备

　　为了确保汽轮机的运行安全，防止设备损坏事故的发生，除了要求调节系统动作可靠以外，还应具备必要的保护系统。

一、小型汽轮机的保护系统

　　小型汽轮机的保护系统比较简单，主要有超速保护装置、轴向位移保护装置、低油压保护装置和低真空保护装置等组成，它们的执行元件都是自动主汽阀。

（一）自动主汽阀

　　自动主汽阀装在调节阀之前，在机组正常运行时保持全开状态，不参加蒸汽流量和功率的调节。任何一个保护装置动作时，主汽阀都能迅速关闭，切断汽轮机进汽，紧急停机。因此，自动主汽阀是保护装置的执行元件。通常要求在正常的进、排汽参数情况下，主汽阀关闭后（调节阀全开），汽轮机转速应该能降到 $1000r/min$ 以下，而从保护装置动作到主汽阀全关的时间不应大于 $0.5 \sim 0.8s$。

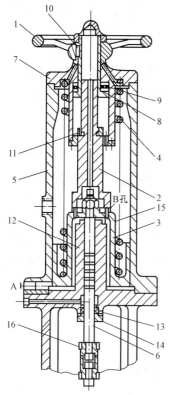

图 4 - 36　主汽阀操纵座
1—手轮；2—阀杆（丝杆）；3—油动活塞；
4—弹簧；5—外壳；6—活塞杆；7—上盖；
8—推力盘；9—推力（球）轴承；10—平键；
11—调整垫圈；12—油动机机座；13—填料；
14—压盖；15—罩盖；16—活接头

汽轮机达到超速试验的转速。

（二）超速保护装置

汽轮机转子在运行中所受的离心力很大，离心力的大小与转子转速的平方成正比，考虑到各种运行条件下转子所需的转速正常变化范围，规定驱动发电机的汽轮机转子转速按 120% n_0 进行强度校核。若运行转速过高，则可能发生破坏性事故，例如叶片断裂、机组振动等，严重时甚至会发生飞车事故。因此，一般规定转子的转速不超过（110% ~ 112%）n_0，当汽轮机的转速超过（110% ~ 112%）n_0 时，超速保护装置动作，迅速切断汽轮机进汽，使汽轮机停止运转。

1. 危急保安器

超速保护装置由危急保安器和危急遮断油阀组成，危急保安器是超速保护装置的转速感受机构，有飞锤式和飞环式两类，但它们的工作原理完全相同。

自动主汽阀由两部分组成：主汽阀和操纵座，操纵座是控制自动主汽阀开启和关闭的机构。下面以青岛和南京产的中小型汽轮机的自动主汽阀操纵座为例来介绍主汽阀和操纵座的结构。

1. 主汽阀操纵座

操纵座是控制自动主汽阀开启和关闭的机构，电厂中习惯称之为主汽阀油动机。它主要由手轮 1、阀杆 2、活塞 3、弹簧 4、外壳 5、活塞杆 6 等几部分组成，如图 4 - 36 所示。要开启主汽阀时，可先使安全油从 A 孔进入油动机活塞下部，再旋转手轮使阀杆 2 缓慢拉起，活塞 3 便在安全油压的作用下缓慢升起从而带动着下面的主汽阀缓慢打开。也可以先旋转手轮，使阀杆 2 先拉起，再通安全油使主汽阀打开。当汽轮机的任何一个保护装置动作时，都能泄掉油动机活塞下部的安全油，活塞 3 便在上部弹簧力的作用下被迫关闭。

2. 主汽阀

中小型汽轮机的主汽阀的构造如图 4 - 37 所示。它主要由大阀碟 1、小阀碟（又叫预启阀）2、阀座 3、阀杆 4、阀壳 5 等几部分组成，当主汽阀开启时，预启阀先开，蒸汽便从大阀碟的孔眼 A 通过小阀碟四周的环形汽室及大阀碟上的孔眼 B，进入汽轮机中，减小了大阀前后的压差，这样再开大阀时就比较省力了。小阀碟的口径一般都不大，设计时，一般只考虑其通汽量可使

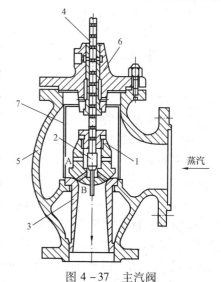

图 4 - 37　主汽阀
1—大阀碟；2—小阀碟；3—阀座；4—阀
杆；5—阀壳；6—阀盖；7—蒸汽滤网

图 4-38 是飞锤式危急保安器的结构图，它装在主轴前端，主要由飞锤、压弹簧、调整螺帽等组成。飞锤的重心与汽轮机转子旋转轴中心偏离一定的距离，所以又称作偏心飞锤。在转速低于飞锤的动作转速时，压弹簧 3 对飞锤 2 的作用力大于飞锤 2 所受的离心力，飞锤处于图示位置，不动作；当转速升高到略大于飞锤 2 的动作转速时，飞锤 2 所受的离心力增大到略超过压弹簧的作用力，飞锤动作，迅速向外飞出。随着飞锤向外飞出，飞锤的偏心距增大，离心力相应不断增大，一直到飞锤走完全程，到达极限位置时为止。飞锤飞出后撞击危急遮断油阀，使危急遮断油阀动作，泄掉安全油，关闭主汽阀、调节汽阀及抽汽止回阀，实现紧急停机。

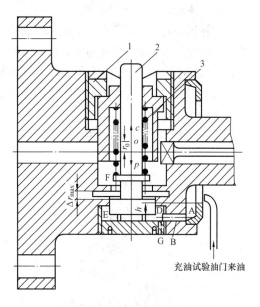

充油试验油门来油

图 4-38 飞锤式超速保安器
1—调整螺帽；2—偏心飞锤；3—压弹簧

随着汽轮机转速因汽源切断而降低，飞锤离心力减小，当转速降低到飞锤的复位转速时，离心力将小于弹簧作用力，飞锤在弹簧力作用下回复到原来位置。复位转速一般略高于 3000r/min。飞锤的动作转速可以通过旋转调整螺帽 1，改变弹簧紧力来调整。

图 4-39 是飞环式危急保安器的结构图。偏心式飞环套在短轴上，当汽轮机转速升高到略大于动作转速时，偏心飞环因所受的离心力大于弹簧力，飞环即向外飞出。

2. 危急遮断油阀

危急遮断油阀是接受危急保安器的动作，关闭主汽阀、调节汽阀的机构。中小型汽轮机危急遮断油阀构造基本相同，如图 4-40 所示，它主要由套筒 7、芯杆 8、挂钩 12、大弹簧 4 和大弹簧罩 5 等组成。在壳体上有 A、B、C 三个油口，正常状态下，A、C 油口相通，由轴向位移保护装置（或主油泵）来的高压油从 C 油口经磁力断路油阀去主汽阀操纵座。当危急保安器动作时，飞锤飞出后撞击危急遮断油阀下部的挂钩 12，使挂钩与套筒 7 之间的拉钩脱开，在大弹簧的作用下套筒向上跳起，此时来自轴向位移保护装置（或主油泵）的高压油经过油口 B，通往脉冲油路，使脉冲油压升高，将调速汽阀迅速关闭，而主汽阀油动机活塞下压力油则经磁力断路油阀，再经油口 C、D 排出，主汽阀便关闭。

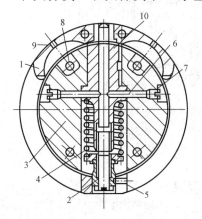

图 4-39 飞环式超速保安器
1—飞环；2—调整螺帽；3—主轴；4—弹簧；5、7—螺钉；6—圆柱销；8—油孔；9—排油孔；10—套筒

芯杆 8 是用来手打危急遮断油阀时使用的。芯杆的上方与小弹簧罩 1 相连。芯杆及小弹簧罩的重力被小弹簧 2 支持着。当需要手打危急遮断器时，可往下按小弹簧罩，芯杆便会击脱挂钩 12，使套筒 7 上跳，同样可以达到关闭主汽阀及调速汽阀的目的。

（三）轴向位移保护

在汽轮机运行中，如果由于某种原因造成转子轴向位移过大，会造成汽轮机的动、静部分发生摩擦，造成严重的设备损坏事故。因此汽轮机都装有轴向位移测量、报警及自动保护装置。

轴向位移保护装置按其感受元件不同，可分为液压式和电气式两种。原来运行的小型老机组一般采用液压式，而新近出产的中小机组一般采用电气式。

1. 液压式

图 4-41 是一种液压式轴向位移保护装置，当转子处于正常位置时，控制滑阀下部油压

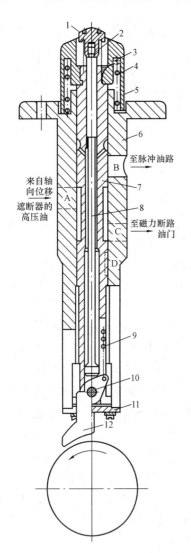

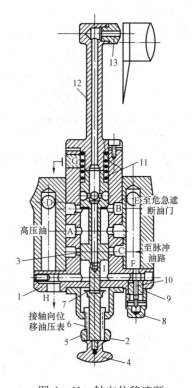

图 4-40　中小型汽轮机危急遮断油阀

1—小弹簧罩；2—小弹簧；3—紧定螺钉；
4—大弹簧；5—大弹簧罩；6—壳体；7—
套筒；8—芯杆；9—拉力弹簧；10—销轴；
11—盖板；12—挂钩

图 4-41　轴向位移遮断
器的结构示意

1—壳体；2—紧定螺钉；3—滑阀；4—捏手；
5—滚花环；6—限位螺丝；7—挡油环；
8—螺丝套；9—联结螺母；10—调整螺钉；
11—弹簧；12—延伸；13—喷油管

克服弹簧力将滑阀顶起，使压力油经滑阀通往主汽阀油动机活塞下部，主汽阀处于全开状态。当轴向位移超过某一数值时，喷油管 13 的喷油间隙增大，控制滑阀下部的油压下降，滑阀在弹簧力的作用下向下移动，切断通往主汽阀油动机活塞下部压力油，同时将其与排油接通，迫使自动主汽阀关闭。

2. 电气式

电气式轴向位移发讯器由一山形铁芯和线圈组成，通常布置于前轴承箱的一侧，如图 4 - 42 所示。汽轮机主轴的转盘位于铁芯的两凸片之间，铁芯中枢柱上布置初级绕组，次级绕组对称布置在铁芯的两个侧柱上且反接。当初级绕组通入交流电时，次级绕组的两端就感应出电势，但因极性相反，故输出的电势为零。当转子产生轴向位移时，转盘两侧的间隙发生变化，两端次级绕组感应出的电势不同，输出的电势经过放大以后，控制磁力断路滑阀的电磁铁。当轴向位移超过一定数值后，磁力断路滑阀动作，泄掉安全油，关闭主汽阀和调节汽阀停机。

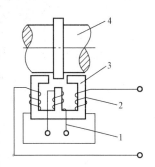

图 4 - 42　电感式轴向位移发讯器

1——次线圈；2—二次线圈；3—山形铁芯；4—汽轮机轴

3. 低油压保护

润滑油压过低将使汽轮机轴承不能正常工作，情况严重时还会造成轴瓦损坏等事故，因此汽轮机都设有低油压保护装置。

现在的中小型汽轮机大都采用继电器式低油压保护装置，一般具有以下几项功能：

（1）润滑油压低于正常值时，发出声光信号，提醒运行人员注意并及时采取措施；

（2）润滑油压继续降低，低于某一值时，自动投入辅助油泵以提高油压；

（3）投入辅助油泵以后，润滑油压再降低，低于某一值时，自动接通磁力断路滑阀电源实施停机；

（4）停机以后，要立即投入盘车装置，盘车时如果润滑油压再降低，低于某一值时，应自动停盘车。

4. 低真空保护

凝汽器的真空过低会影响汽轮机的安全运行，所以汽轮机都设有低真空保护装置。与低油压保护装置类似，低真空保护装置一般也采用继电器式。当凝汽器的真空过低时首先发出声光信号，提醒运行人员注意并及时采取措施；如果真空再降低，低于某一值时，会自动接通磁力断路滑阀电源而停机。

二、大、中型汽轮机的危急遮断保护系统

采用电液调节系统的大、中型汽轮机一般都设有危急遮断保护系统，其作用与小型汽轮机的保护系统相同，只是保护项目多，系统也比较复杂。一般都按"油压跌落—汽阀关闭"基本方式来快速遮断汽轮机进汽源而停机的。以下举例说明。

（一）危急遮断保护系统的工作原理

1. 危急遮断保护原理

图 4 - 43 是上海汽轮机厂生产的引进型汽轮机危急遮断系统原理图。汽轮机在带负荷正常运行时，高压主汽阀、中压主汽阀分别在控制油压 p_{CH}、p_{CI} 作用下处于全开位置；高压调节汽阀、中压调节汽阀分别在调节油压 p_{XH}、p_{XI} 作用下处于某一中间位置。

危急事故油压 p_{EI}、危急遮断油压 p_{E2}、危急继动油压 p_{E3} 可统称为危急保安油压或保安

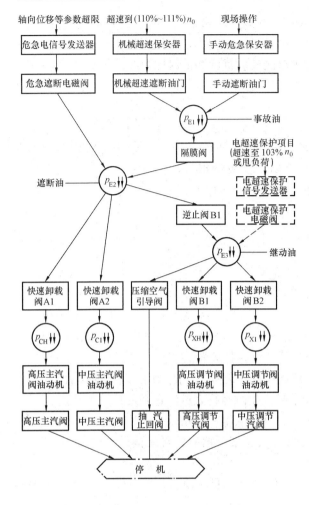

图 4-43　汽轮机危急遮断保护系统工作原理

p_{E1}—危急事故油压；p_{E2}—危急遮断油压；p_{E3}—危急继动油压；p_{CH}—高压主汽阀控制油压；p_{CI}—中压主汽阀控制油压；p_{XH}—高压调节汽阀调节油压；p_{XI}—中压调节汽阀调节油压

油压。

危急遮断保护系统对汽轮机安全运行主要参数（转速、振动、轴向位移等）进行连续监视，当被监视的参数超过规定界限时发出紧急停机信号，使危急遮断装置动作，导致保安油压、主汽阀控制油压与调节汽阀调节油压相继跌落，迫使所有主汽阀、调节汽阀快速关闭，引起紧急停机。例如，当机组因甩负荷造成超速到 $110\% n_0$ 时，机械超速遮断装置动作，泄放危急事故油，使危急事故油压 p_{E1} 快速下跌，通过隔膜阀泄放危急遮断油，使危急遮断油压 p_{E2} 快速下跌，随后，一方面通过快速卸载阀 A1、A2 泄放控制油，使控制油压 p_{CH}、p_{CI} 快速下跌，通过高、中压油动机去快速关闭高、中压主汽阀；另一方面，通过止回阀 B1 泄放危急继动油，使 p_{E3} 快速下跌，再通过快速卸载阀 B1、B2 泄放调节油，使 p_{XH} 与 p_{XI} 快速下跌，通过高、中压油动机去快速关闭高、中压调节汽阀。此外，当 p_{E3} 快速下跌时引起压缩空气引导阀动作，泄放抽汽止回阀上的压缩空气，使抽汽止回阀快速关闭。

为了提高保护系统的可靠性，危急遮断信号通常采用双通道设计，其中任何一个通道动作都会引起停机。此外，危急遮断信号通道和重要的危急遮断项目通常是冗余设置的。

重要的危急遮断项目设置多个变送器，采用三取二方式输出危急遮断信号，常见的这类危急遮断项目有凝汽器真空低和轴承润滑油压低等。

为了测试保护系统动作的可靠性，对于重要的危急遮断信号通道都采取了可以在线试验的措施。

危急事故油路的油源是润滑油系统。机械超速遮断油门、手动遮断油门置于危急事故油路中，由于油压低，动、静部件之间的密封要求相对较低，因此，动、静部件间的紧力较小，动作时所需的驱动力也较小，有利于提高动作可靠性。

2. 电超速保护原理

当机组超速到 $103\% n_0$ 或甩全负荷时产生的电超速保护信号引起电超速保护电磁阀动作，泄放危急继动油，引起 p_{E3} 下跌，继而引起高、中压调节汽阀快速关闭，延时一段时间后，电超速保护电磁阀复位，危急继动油压 p_{E3} 重新建立，高、中压调节汽阀逐渐开至所需要的位置。值得注意的是，由于止回阀 B1 只具有单向导通作用，所以危急继动油压下跌时不会引起危急遮断油压 p_{E2} 下跌，因此也就不会引起高、中压主汽阀关闭。

在机组甩全负荷时，电超速保护电磁阀动作后引起高、中压调节汽阀暂时关闭，汽轮机进汽量迅速降至零，各抽汽口的压力快速下跌，但由于抽汽管容积的存在造成回热加热器中的压力下跌是滞后的，因此，造成短时间内回热加热器中的压力高于抽汽口压力，导致回热加热器内的蒸汽倒流入汽轮机，引起额外超速。为了避免这种情况的发生，当电超速保护电磁阀动作继而引起危急继动油压 p_{E3} 下跌时，压缩空气引导阀相继动作，泄放抽汽止回阀上的压缩空气，使抽汽止回阀在其弹簧力作用下快速关闭。

此外，电超速保护装置还具有中压调节汽阀快关功能，在电力系统故障引起机组部分甩负荷时快关中压调节汽阀，延迟 $0.3 \sim 1s$ 后再开启。快关中压调节汽阀的作用是避免机组部分甩负荷时因汽轮机机械功率与发电机电功率不平衡而引起功角过大、电机失步、电力系统失稳。

（二）危急遮断保护系统的主要装置

危急遮断系统主要由三套危急遮断装置以及相应的危急继动装置和危急执行装置所组成。

1. 危急遮断装置

（1）机械超速遮断装置。与小机组一样，大、中型汽轮机也设有机械超速保护（遮断）装置，当汽轮机的转速超过（$110\% \sim 112\%$）n_0 时，超速遮断装置动作，迅速切断汽轮机进汽，使汽轮机停止运转。机械超速遮断装置的结构和保护原理与小机组类似，这里不再叙述。

为了确认机械超速遮断装置的动作可靠性，可以使用两种方法来进行试验：一是真实的超速试验法，它是在严格的设备安全监护条件下，使汽轮机超速，检查机械超速遮断装置的动作转速是否符合保安要求，该项试验应该在同一运转条件下进行两次，两次的实际动作转速之差不应超过规定动作转速的 0.6%；二是模拟超速试验法（也叫注油试验），试验时先让一套机械超速遮断装置处于试验状态，另一套处于在线监护状态，然后向处于试验状态的一套注油，使它在正常转速下动作，通过试验装置可以看出该超速遮断装置动作灵活可靠。用同样的方法再做另一套的注油试验，做完试验后，使两套机械超速遮断装置都处于保护状态。

（2）电动危急遮断装置。电动危急遮断装置能够在多种运行参数超出安全限值时实现紧急停机，如轴向位移过大，真空过低，油压过低，油温过高，蒸汽参数过高等。这些参数达到保护动作数值时，各种发讯器发出危急电信号，在危急电信号的触发下，危急遮断装置（电磁阀）动作，将危急遮断油路与回油管接通，使危急遮断油压 p_{E2} 快速下跌，最终导致所有主汽阀、调节阀和抽汽止回阀关闭。

在集控室中设有"紧急停机"按钮，按下该按钮能直接向危急遮断电磁阀发送危急信号，以实现遥控紧急停机。

（3）手动危急遮断装置。和小型汽轮机一样，大中型汽轮机的手动危急遮断装置通常也装在机头轴承箱上，需要紧急停机时，通过现场手动操作，打开危急事故油的泄油口，可以使危急事故油压 p_{E1} 快速下跌，最终导致所有主汽阀、调节阀和抽汽止回阀关闭。

2. 危急继动装置

危急继动装置的主要作用是：在汽轮机正常运行时对相关油路进行隔离；在对应的危急继动装置动作后产生单向的、快速的危急继动信号。图 4-43 中的隔膜阀、快速泄载阀 A1、A2、B1、B2、止回阀 B1 以及压缩空气引导阀都是危急继动装置。

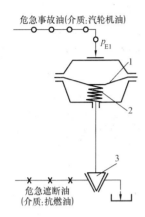

危急事故油(介质:汽轮机油)

p_{E1}

1

2

3

危急遮断油
(介质:抗燃油)

图 4-44　隔膜阀结
构示意图

1—隔膜；2—弹簧；3—阀芯

（1）隔膜阀。图 4-44 是隔膜阀结构示意图。汽轮机在正常运行时，危急事故油压 p_{E1} 作用在隔膜 1 的上部，克服隔膜下部弹簧力的作用，将阀芯紧压在阀座上，切断了危急遮断油路的泄放通道，当危急事故油路中的机械超速遮断装置或手动危急遮断装置动作后，危急事故油压 p_{E1} 快速下跌，在弹簧力的作用下，隔膜1 带动阀芯 3 迅速上移，从而打开危急遮断油路的泄放通道，导致危急遮断油压 p_{E2} 快速下跌。

由图 4-44 可见，隔膜阀实现了两种不同介质（汽轮机油和抗燃油）的隔离。

（2）快速泄载阀。快速卸载阀 A1、A2 的主要作用是在危急遮断油压 p_{E2} 快速下跌时，分别快速泄放高、中压油动机的控制油，使 p_{CH}、p_{CI} 快速下跌。快速卸载阀 B1、B2 的主要作用是在危急继动油压 p_{E3} 快速下跌时泄放高、中压油动机的调节油，使 p_{XH} 与 p_{XI} 快速下跌。

（3）止回阀 B1。止回阀 B1 安装在危急遮断油路和危急继动油路之间，当危急遮断油压 p_{E2} 快速下跌时，止回阀 B1 接通，泄放危急继动油，使危急继动油压 p_{E3} 快速下跌。

当电超速保护电磁阀动作引起危急继动油压 p_{E3} 快速下跌时，导致高、中压调节汽阀暂时关闭，止回阀 B1 处于阻断状态，不会引起危急遮断油压 p_{E2} 下跌，因此高、中压主汽阀仍处于全开状态。当转速降到额定转速时，电超速保护电磁阀重新关闭，导致危急继动油压 p_{E3} 重新建立，高、中压调节汽阀又重新打开，并由调节阀来控制转速，使机组转速维持在额定值。

（4）压缩空气引导阀。如前所述，压缩空气引导阀在危急继动油压 p_{E3} 下跌时工作，打开抽汽止回阀上压缩空气通向大气的泄放通道，使抽汽止回阀上的压缩空气压力快速下跌，导致抽汽止回阀快速关闭。

3. 危急执行装置

危急执行装置主要是指高、中压主汽阀及其操纵机构，其次还有高、中压调节汽阀及其操纵机构，抽汽止回阀及其操纵机构。

主汽阀装在调节汽阀之前，在机组正常运行时处于全开位置，不参与蒸汽流量调节。在任何一套危急遮断装置动作后主汽阀便快速关闭，切断汽轮机的进汽源，实现紧急停机。对主汽阀的危急动作要求是动作迅速，关闭严密。

现代大容量汽轮机参数高、流量大，阀门尺寸大，所需的提升力也大，因而仍然采用油动机来开启主汽阀，主汽阀上带有预启阀，当汽轮机采用主汽阀冲转时，指的是预启阀芯，而不是主阀芯。

值得一提的是，调节汽阀主要是用来调整进汽量的，经常处于中间位置，由于节流磨损，在全关位置状态下往往关不严，因此不能指望调节汽阀来切断汽源，所以主汽阀是必不可少的。

 能 力 训 练

汽轮机有哪些主要的保护装置？各保护装置有何作用？

任务七 汽轮机的供油系统

 任 务 目 标

熟悉汽轮机供油系统的作用及类型。

知 识 准 备

供油系统的主要作用是：

（1）供给轴承润滑系统用油。在轴承的轴瓦与转子的轴颈之间形成油膜，起润滑作用，并通过油流带走由摩擦产生的热量和由高温转子传来的热量。

（2）供给调节系统与危急遮断保护系统用油。

供油系统的可靠工作对汽轮机的安全运行具有十分重要的意义。一旦供油中断，就会引起轴颈烧毁重大事故。

供油系统按工作介质可分为采用汽轮机油的供油系统和采用抗燃油的供油系统。

一、采用汽轮机油的供油系统

目前运行的仍然采用液压调节系统的小型机组，它的系统一般采用如图 4 – 45 所示的具有离心式主油泵的供油系统。离心式主油泵由汽轮机主轴直接驱动，简单可靠。它的压力—流量特性线较平坦，在油动机快速动作需要大量用油时不至于引起供油压力及润滑油量变动太大。离心泵工作缺点主要是泵的进口自吸能力差。进口侧受空气影响大。为避免进口侧吸入空气，离心式主油泵进口采用注油器 1 正压供油。为了减轻油动机快速动作需大量供油时注油器 1 的负担，在系统中将油动机的排油引至主油泵进口。此外，为了保证润滑油供应正常，还单独设置了注油器 2，由它来供应润滑油，注油器 2 与注油器 1 并联运行（有的小机组润滑油由主油泵直接供，油箱中只有一个注油器）。注油器将主油泵来的高压油经过喷管进行加速，流速增加，压力减低，将油箱内的净油吸入，再经扩压管扩压后，动能转化为压力势能，压力升高后供油。

系统中的高压交流油泵的出口压力与主油泵出口压力相近（略低些），容量小些。高压交流油泵在启动时使用，因为此时主油泵因转速低而不能正常供油。当汽轮机升速至接近于额定转速时，主油泵出口压力略大于系统中的油压，由止回阀自动内切换，使系统由高压交流油泵供油自动转换到主油泵供油，这时可将高压交流油泵停下。

大型汽轮机油管路容积很大，进油前存有不少空气，所以在启动高压交流油泵前一定要先启动交流低压润滑油泵，以便在较低油压下将油管中的空气赶尽；否则，高压油突然进入管道会引起油击现象。

　　图4-45中的交直流润滑油泵是一低压油泵，可分别由两侧的交流电动机、直流电动机驱动。当系统中的润滑油压下降到某一限定值时，低油压发信器将发出信号，自启动交流电动机；在系统润滑油压低于另一更低的限定值时自启动直流电动机。例如，在系统润滑油压因故下降而交流电源又失去的情况下，会在油压跌到对应的限定值时直流电动机自启动，从而保障润滑油系统不断油。

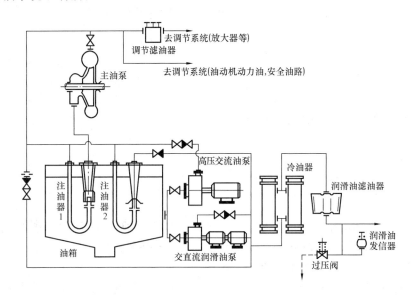

图4-45　典型的离心泵供油系统

　　为了过滤油中的杂质，在油箱中设有滤网，油管上设有滤油器。有的供油系统还外设有净油装置。

　　油温不能太高或太低。油温太高，使油的黏性过小，轴承中油膜的承载能力下降，易产生干摩擦而损坏设备，同时油温高还会加速油的劣化；油温太低，使油的黏性过大，油膜的摩擦耗功增加，还会引起机组振动。正常运行时由系统管路中的冷油器来调整油温。机组启动前若油温过低，则可使用油箱中的电加热器来升温（小机组油箱中如果没有电加热器，可以先开启润滑油泵，利用油的循环来提高油温）。

　　随着机组参数的提高以及容量的增大，阀门所需的提升力加大，同时为了减小油动机尺寸以及时间常数，改善调节系统动态特性，必然要提高调节、保护系统油压，而润滑油压变化不大。所以调节、保护系统的油压与润滑系统的油压差在增大，这样若仍采用同一个供油系统时，必然按高油压值进行设计，为满足润滑油压低值的要求，系统中不得不设置节流元件，导致能耗增加。为避免此问题，现在的大中型机组一般设置两个供油系统，分别向调节系统与润滑油系统供油，其中的润滑油和隔膜阀前的事故油仍采用汽轮机油，系统和设备与图4-45类似；而控制油动机的调节油采用的是抗燃油。

二、采用抗燃油的供油系统

　　1. 抗燃油

　　提高调节油压，有利于减小油动机时间常数，改善大机组调节系统的动态特性，同时有利于减小油动机尺寸。而油压提高容易使管路漏油和爆管，汽轮机油的燃点低，易引起火灾，所以大中型机组的调节油一般不再采用汽轮机油，而采用燃点高、不易引起火灾的抗燃油。目前使用较广的是磷酸酯类抗燃油，它有轻微毒性。

2. 供油系统

目前采用磷酸酯型抗燃油的供油系统，其组成一般如图 4-46 所示。由交流电动机驱动的高压离心泵将油箱中的抗燃油吸入，油泵出口的油经滤油器、止回阀后流入蓄能器。与蓄能器相连的高压供油母管将高压抗燃油送至调节、保护系统。

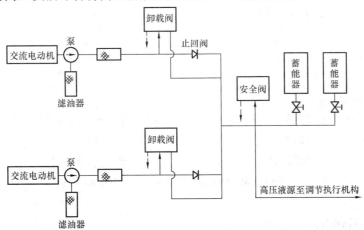

图 4-46　采用抗燃油的供油系统

当高压供油系统的压力达到上限值 14.8MPa 时，卸载阀动作，使油泵至止回阀之间的压力油经卸载阀流回油箱，油泵处在无载运行状态；当高压供油母管降到下限值 12.2MPa 时，卸载阀复位，从而使油泵再次向蓄能器充油。高压离心泵在承载和卸载的交互方式下运行，可减少能量损失和油温的升高，保证了泵有较长的寿命及较高的工作效率。溢流阀事实上是一个安全阀，当高压供油母管压力上升到 16.8～17.2MPa 时打开通向油箱的回路，起到过油压保护作用。

为了提高供油系统的可靠性，采用了双泵系统，一台泵运行，另一台泵备用。两泵可交替使用。

3. 再生装置

抗燃油价格较高，使抗燃油再生使用很有必要。一般在再生装置中使用吸附剂来使抗燃油获得再生。再生的目标是使油酸碱度保持中性，并去除油中水分。通常采用的吸附剂是硅藻土和波纹纤维。

能力训练

1. 汽轮机的供油系统有何作用？
2. 汽轮机的润滑油系统由哪些主要设备组成？这些设备有什么作用？
3. 汽轮机的抗燃油系统由哪些主要设备组成？这些设备有什么作用？

任务八　供热式汽轮机的调节

任 务 目 标

熟悉供热式汽轮机调节的基本知识。

知 识 准 备

热电和供汽汽轮机简称为供热式汽轮机，它是指同时承担供热（蒸汽或热水）和发电两项任务的汽轮机。由于这种汽轮机的全部排汽或已经做过部分功的抽汽不再排入凝汽器，即排汽或抽汽的热量不再被冷却水带走，而是供给热用户加以利用，因而热电联合生产装置的热效率都比较高。为了保证供给用户一定数量和质量的电能和热能，供热汽轮机的调节系统除具有一般凝汽式汽轮机的转速自动调节功能之外，还具有供热蒸汽压力的自动调节功能。

一、背压式汽轮机调节的基本概念

背压式汽轮机主要用于供热。为满足热用户需要，其排汽压力应基本维持恒定。这样，在进汽参数也一定的条件下，每千克蒸汽在汽轮机内做的功也就基本不变，因此其排汽量（或进汽量）就和机组输出的电功率紧密相关，机组输出的电功率越大，供热蒸汽量（即机组排汽量）就越多；反之，供热蒸汽量越多，机组输出的电功率也越大。这种输出电功率和供热蒸汽量之间相互牵制的关系，是背压机组的主要特点之一。但是，从用户的角度看，他们对供电功率和供热蒸汽量的需求却不可能完全一致。电用户耗电量改变时，热用户的耗汽量未必改变；反过来，热用户耗汽量改变时，电用户的耗电量也未必改变；再者，就是用户的用汽量、用电量同时改变，也未必符合汽轮机工况所确定的比例。因此，对背压机组来讲，仅凭其本身是不能同时满足用户对热、电两方面的需要的，反映在具体工作过程（启动和停机过程除外）中，只能采取单一的按热负荷的需求运行或单一的按电负荷需求运行。

图 4-47 所示为背压式汽轮机调节系统示意图。它的结构虽与实际系统有差别，但基本原理是类似的。该系统和凝汽式机组调节系统相比较，主要是增加了一个供热蒸汽压力的感受机构——调压器，通过它可将背压机组排汽压力转换为滑阀的位移。系统中，调速器和调压器均可以通过杠杆对同

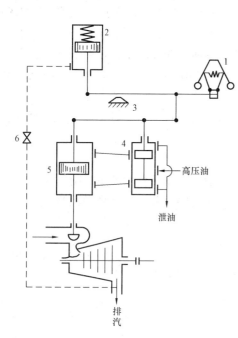

图 4-47　背压式汽轮机调节系统示意图
1—调速器；2—调压器；3—限位支点；4—断流式错油门；5—油动机；6—排气压力脉冲门

一传动放大机构（错油门和油动机）起作用，从而控制调节阀的开度，调节机组的进汽量。但因背压机组不能同时满足热、电两种负荷的需要，故在实际运行中，调压器和调速器只能单独起作用。

当机组按电负荷运行时，将排汽压力脉冲门6关闭，调压器2处于被切除的非工作状态，其滑阀相当于杠杆的一个固定支点，整个系统由调速器控制，机组进汽量（调节阀开度）由电负荷大小来确定，因此当电负荷改变时，调节系统的动作过程和一般凝汽式机组完全相同。在这种运行方式下，热负荷改变或因电负荷改变而引起的供热蒸汽压力变动，只能依靠和背压机组排汽并接在同一供热管道上的其他设备来调节。

当机组按热负荷运行时，此时机组并入电网，调速器滑环由同步器控制处于固定位置（即外界负荷变化机组转速变化不能引起滑环移动），而调压器根据机组排汽（即供热蒸汽）压力的变化来控制进汽量。若热用户用汽量增加，引起供热压力下降，调压器滑阀活塞在弹簧力作用下下移，通过杠杆（以调速器滑环为支点）使错油门活塞下移，打开油动机上、下部油流通道，开大调节阀，增加进汽量，使供热蒸汽压力重新稳定，从而满足热用户耗汽量增大的需要。在这种运行方式下，背压机组热负荷的改变，必然引起供电负荷的改变，这只能由与该背压机组并网运行的其他机组来平衡或调节了。

由上可见，在按热负荷运行时，背压机组的调节系统即成为一单纯的压力自动调节系统。通过对图4-47的分析不难发现，在各种不同的稳定工况下，热负荷越大，调节阀开度越大，调压器滑阀的位置也越低；而较低的滑阀位置所对应的供热蒸汽压力也低。可见，背压机组的压力调节同转速调节一样也是有差的，热负荷越大，供热蒸汽（即排汽）压力越低。供热蒸汽量与供热压力间的关系，称为压力调节系统的静态特性，若用曲线表示，则称之为压力调节系统的静态特性曲线。该曲线的绘制方法与凝汽式汽轮机转速调节系统的静态特性曲线相类似，由于篇幅限制，本书不作介绍。

在背压机组启动过程中，为避免背压波动对转速的干扰，应将调压器切除，而由同步器控制转速和最后并入电网。只有在并网或带上一定负荷之后，方可根据需要逐步使调压器投入运行。

当机组突然甩去电负荷并自电网中解列时，转速将迅速增高，调速器滑环上移，并通过错油门和油动机关小调节阀，防止转速过分增大。但因此时背压同时下降，调压器滑阀也下移，通过错油门和油动机开大调节阀。调压器的这种作用称之为"反调"。显然调压器的这种反调作用，增加了调速器在甩负荷后控制转速的负担，使最高飞升转速和稳定后的转速高于不投调压器时的数值。为了限制调压器的这种反调作用，在一些老式机组上设有类似于图4-47中支点3的装置，当调压器下移和支点3相遇时，便不能再下移，从而使调压器的反调作用受到遏制，保证了转速飞升不过大。现在的有些新机组也有采用电超保护来限制超速的，这种电超保护的作用类似于加速器，当机组甩负荷时，它能暂时关闭调节阀，当汽轮机转速降到额定转速附近再打开维持汽轮机空转。

二、调整抽汽式汽轮机调节的基本原理

以上讲到背压式机组只能按热负荷或电负荷中一种的需求运行，而抽汽式机组则可以同时满足热、电两种负荷的需要。当电负荷改变时，可以保证热负荷不变；当热负荷改变时，也可以保证电负荷不变；即使在热负荷为零时，还可以按纯凝汽工况来运行。因而该种机组运行的灵活性很大。

抽汽式汽轮机常见的形式有：具有一段或两段可调节抽汽的凝汽式机组；抽汽背压式机组。它们的调节系统，从原理上讲并无大的差别，只是调节变量的多少不同而已。

具有一段可调节抽汽的凝汽式机组，需要调节的变量有两个，一个是转速，另一个是供热压力，它们的改变分别反映了电负荷和热负荷的变化。要使用户对热、电两方面的需求同时得到满足，必须保证汽轮机能够在热、电两种负荷中任一种改变而进行调节时，对另一种负荷不产生影响。由此对该供热机组的调节过程提出了一些要求。下面着重从机组本身能量平衡的角度来分析这些要求。

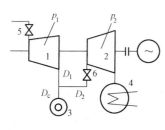

图 4-48　一段抽汽式汽轮
机工作原理图
1—高压缸；2—低压缸；3—热
用户；4—凝汽器；5—高压调
节阀；6—低压调节阀

图 4-48 为具有一段可调节抽汽的凝汽式机组的工作原理图。流量为 D_1 的新蒸汽经过高压调节阀 5 进入高压缸 1，在高压缸中膨胀做功产生功率 P_1，流出高压缸后分成两段，流量为 D_c 的一股通往热用户 3 供热，流量为 D_2 的一股经低压调节阀 6 进入低压缸 2，并继续膨胀作功产生功率 P_2，最后的乏汽排入凝汽器。稳定工况下，机组的总功率和供热抽汽量分别为

$$P = P_1 + P_2$$

$$D_c = D_1 - D_2$$

假定某一时刻热用户的耗汽量增大（电负荷不变），引起供热抽汽压力下降，此时调节系统应该动作，首先开大高压调节阀，以便增大抽汽量，维持抽汽压力恒定；但随高压缸流量的增大，高压缸的功率也增大，为维持总功率不变，低压调节阀必须同时关小，以便通过降低低压缸流量来减小低压缸的功率。其结果将使供热抽汽量增加，增加的数值为高压缸流量的增加值 ΔD_1 与低压缸流量的减小值 ΔD_2 之和，即

$$\Delta D_c = \Delta D_1 + \Delta D_2$$

同时，高压缸流量的增大使高压缸的功率增加了 ΔP_1，而低压缸流量减小使低压缸的功率减小了 ΔP_2，为使对热负荷调节不致影响电负荷，应使高压缸功率的增加值与低压缸功率的减小值相等，即满足条件

$$\Delta P_1 = \Delta P_2$$

从而保证总输出功率不变。

同理，热用户耗汽量减小时，调节系统的动作应关小高压调节阀，开大低压调节阀。

再分析电负荷变化的情况。假定某一时刻电用户耗电量增大（热负荷不变），引起供电频率降低（汽轮机转速降低），此时调节系统应动作，开大高压调节阀，通过增加流量使机组输出功率增加，但为保证供热抽汽量不变，还应使低压调节阀同时开大。其结果将使高、低压缸的功率同时增大，总功率增加的数值应为高、低压缸功率增加值之和，即

$$\Delta P = \Delta P_1 + \Delta P_2$$

同时为使对电负荷的调节不致影响热负荷，还应使高压缸流量的增大值与低压缸流量的增大值相等，即

$$\Delta D_1 = \Delta D_2$$

同理，电负荷减小时，调节系统的动作应同时关小高、低压调节阀。

图 4-49 所示是一段抽汽式汽轮机调节系统示意图。系统中，调速器或调压器均能通过杠杆连系对油动机起作用，实现同时控制高、低压调节阀开度变化的目的。当电负荷降低转

速升高时，调速器滑环上移，使杠杆 abc 以 a 点为支点按顺时针方向旋转，从而使高、低压错油门活塞同时上移，压力油进入高、低压油动机活塞上部，推动油动机活塞下移，同时关小高、低压调节阀，使高、低压缸蒸汽流量及功率同时下降，并通过适当的传动比例使供热抽汽量和供热压力维持不变，实现了调节电负荷而不影响热负荷的目的。当热负荷增加时，供热抽汽压力下降，调压器滑阀上移，使杠杆 abc 以 b 为支点按逆时针方向旋转，从而引起高压调节阀油动机的错油门活塞下移，低压调节阀油动机错油门的活塞上移进而开大高压调节阀，关小低压调节阀，使供

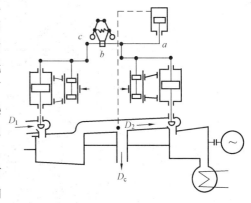

图 4-49　一段抽汽式汽轮机
调节系统示意图

热抽汽量增大，同时通过适当的传动比例，使高压缸功率的增加值和低压缸功率的减小值互相抵消，最终实现调节热负荷而不影响电负荷的目的。

　　同背压机组一样，在启动时，调压器一般不投入；运行过程中，由于调压器存在反调作用，也应采取措施进行限制或消除。

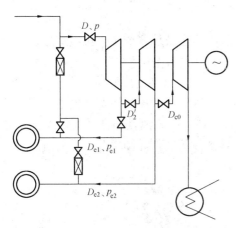

图 4-50　二次可调节抽
汽式汽轮机的热力系统图

　　具有一次可调节抽汽的凝汽式汽轮机虽然可以同时满足热用户和电用户的要求，但是不同的热用户对供汽参数的要求不同，例如作为生产用的蒸汽参数较高，而供暖用的蒸汽参数较低，这是一次调节抽汽式汽轮机不能解决的。具有两次可调节抽汽的凝汽式汽轮机可以在很大程度上满足这两种热用户的要求，同时还能使电负荷不受热负荷的影响。图 4-50 所示，为具有二次可调节抽汽的凝汽式汽轮机的热力系统图。它可分为高压、中压、低压三个部分。新蒸汽以流量 D 经过高压调节阀进入汽轮机的高压部分，在高压部分膨胀做功，压力由 p 膨胀到 p_{e1}，在 p_{e1} 压力下，一部分蒸汽以流量 D_{e1} 引往生产热用户，另一部分蒸汽以流量 D_2' 经过中压调节阀，进入中压部分做功，做功后压力降到 p_{e2}。在 p_{e2} 压力下，又有一部分蒸汽以流量 D_{e2} 被抽出做供暖用汽。余下的蒸汽以流量 D_{c0} 流经低压部分，继续膨胀做功后排入凝汽器。

　　二次可调节抽汽式汽轮机的调节系统应该具有这样的特点，即在任何情况下，当一种负荷发生变化时，调节系统应该保证其他两种负荷不受影响。图 4-51 为这种汽轮机的调节原理图。当两种热负荷不变（抽汽压力不变，调压器不动）而电负荷增加时，汽轮机转速降低，调速器滑环下移，高、中、低压油动机滑阀同时下移开大高、中、低压调节阀，使汽轮机的功率增大。由于高、中、低压调节阀同时开大，所以两种抽汽的抽汽量和抽汽压力基本保持不变。当电负荷和供暖抽汽量不变，而工业抽汽量增加时，则工业抽汽压力 p_{e1} 降低，调压器活塞 2 下移（活塞 3 和调速器滑环不动），使高压油动机滑阀下移，开大高压调节

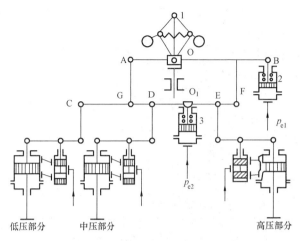

图 4 - 51　二次可调节抽汽式汽轮机调节原理图
1—调速器；2—工业抽汽调压器；3—供暖抽汽调压器

阀，即高压部分流量增加，高压部分电功率相应增加。在调压器活塞 2 下移的同时，使中、低压油动机滑阀上移，关小中、低压调节阀，即中、低压部分流量减小，中、低压部分电功率相应减小，从而使总的电功率和供暖抽汽量维持不变，而工业抽汽量增加。当电负荷和供暖抽汽量不变，而工业抽汽量减小时，其调节过程与上述相反。当电负荷和工业抽汽量不变，而供暖抽汽量增加时，则工业抽汽压力 p_{e2} 降低，调压器活塞 3 下移，使高、中压油动机滑阀下移，开大高、中压调节阀，同时低压油动机滑阀上移，关小低压调节阀，这样高、中压部分流量增加，而低压部分流量减少，因而电负荷和工业抽汽量不变，而供暖抽汽量增加。当电负荷和工业抽汽量不变，而供暖抽汽量减少时，其调节过程与上述相反。

三、供热汽轮机调节系统示例

（一）背压式汽轮机的调节系统

图 4 - 52 所示是背压式汽轮机调节系统实例。该系统是全液压调节。当机组按电负荷运行时，只要转动凸轮将调压器切除即可，其调节系统的动作过程与凝汽式汽轮机调节系统完全相同。当转动凸轮使调压器投入，则汽轮机将按热负荷运行，热负荷增加，背压 p_e 减小，作用在调压器下部波纹管上的力减小，在上部弹簧力的作用下，调压器活塞 d 向下移动，开大油口面积 a_p，使脉动油压 p_x 下降，使中间滑阀活塞下移，压力油推动油动机活塞向上移动开大调节阀，使进汽量增大。此种情况，调节系统各部件的动作如图中箭头方向所示。

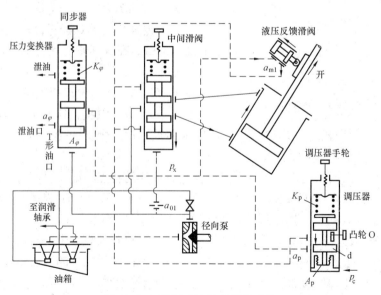

图 4 - 52　背压式汽轮机调节系统

为了减小甩负荷时调压器的反调作用，压力变换器的下部泄油口做成 T 形油口（a_x）。正常调节时，活塞在 T 形油口的竖直段移动；甩负荷时，活塞上移至 T 形油口的水平段，故使脉冲油压有一较大变化，使调节阀迅速关小。

（二）具有一段可调抽汽汽轮机的调节系统

图 4 - 53 所示是青岛汽轮机厂生产的具有一段可调抽汽汽轮机的调节系统图。其动作过程如下：当电负荷不变，热负荷增大时，因热用户用汽量增大，抽汽压力 p_e 降低，使压力变换器油口 a_{e1} 增大，高压阀脉冲油压 p_{x1} 下降，使高压阀开大，以满足抽汽量增大的要求。但在此情况下，因通过高压部分的蒸汽量增加，使高压缸产生的功率也增大，为了维持整机的电功率不变，在开大高压调节阀的同时，压力变换器活塞使 a_{e2} 油口减小，使控制低压调节阀的脉冲油压 p_{x2} 增大，关小低压调节阀，使流经低压缸的流量减少。

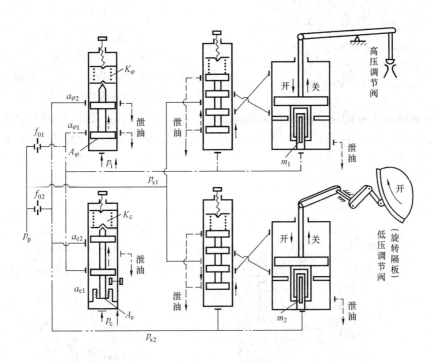

图 4 - 53　一次调节抽汽式汽轮机调节系统图

当热负荷不变，电负荷增加时，此时由于转速降低使来自于径向钻孔泵（图中未画出）的一次油压 p_1 下降，油口 $a_{\varphi1}$ 开大，使高压阀脉冲油压 p_{x1} 下降，高压调节阀开大，进入高压缸的流量增大，使高压缸功率增大。但这时因热负荷未变，要维持抽汽压力不变，故压力变换器同时使油口 $a_{\varphi2}$ 开大，使低压调节阀同时开大，进入低压缸的蒸汽量增加。这样既能保证高、低压缸流量和功率的同时增加满足电负荷增加的要求，同时也能满足热负荷不变的要求。

调节抽汽式汽轮机的低压调节阀常常不采用阀门的形式，而是采用旋转隔板，这样可以将调节抽汽前的高压缸和抽汽后的低压缸合成一个汽缸，使汽轮机的结构大为紧凑。图 4 - 54 为旋转隔板的结构图。旋转隔板与普通隔板的差别是：喷管叶栅前有环形进汽孔 2，并在隔板前装有可转动的挡板 1，当进汽挡板在油动机操纵下沿关闭方向

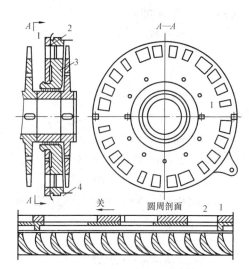

图 4 - 54　旋转隔板的结构图

1—旋转挡板；2—进汽孔；3—隔
板体；4—汽缸或隔板套

转动时，逐渐遮挡进汽孔（相当于调节阀的开度逐渐减小），使低压部分进汽量逐渐减小。当转动到极限时，进汽孔尚有一定的通流面积，以保证汽轮机的低压部分有足够的进汽量，以便带走各级叶轮的摩擦鼓风损失产生的热量，防止排汽缸温度过高超限。当进汽挡板反向转动时，进汽孔的通流面积逐渐增大，低压部分进汽量逐渐增加。

下面介绍一种具有旋转阻尼调速器的 C50 型汽轮机调节系统实例，如图 4 - 55 所示。

当电负荷减小（热负荷不变）引起汽轮机的转速增加时，旋转阻尼调速器输出的一次油压 p_1 相应升高，通过放大器的波纹管推动其杠杆向上偏转，开大蝶阀 c，二次油压 p_2 随之降低。此时继动器活塞向上移动，使蝶阀 d 和 e 的开度增大，使滑阀顶部油压降低，滑阀上移，打开控制油口，高低压油动机上油室进油，下油室泄油，油动机活塞下移，使高压调节阀和旋转隔板的开度减小。在油动机活塞下移的同时，反馈杠杆通过弹簧推动继动器的活塞下移，关小 d、e 泄油口，使滑阀顶部油压升高，推动油动机的滑阀复位。当电负荷增大时，调节过程相反。

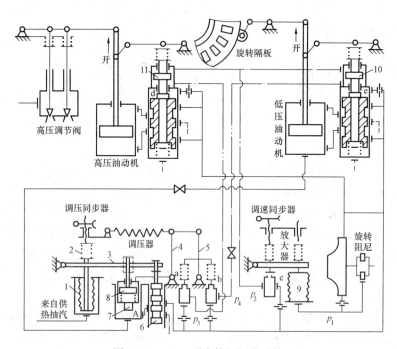

图 4 - 55　C50 型汽轮机调节系统

1、9—波纹管；2—弹簧；3—杠杆；4—直角连杆；5—十字连杆；6—滑阀；7、8、10、11—活塞

当热负荷增加（电负荷不变）而引起抽汽压力降低时，调压器的波纹管 1 受力减弱而伸张，弹簧 2 的弹力推动杠杆 3 向下偏转，推动滑阀打开控制油口，压力油进入油室 A，推动活塞 7 向上移动，通过直角连杆 4 带动十字连杆 5 顺时针旋转，使蝶阀 a 的开度增大，而蝶阀 b 的开度减小。此时脉冲油压 p_3 降低，p_4 升高，继动器活塞失去平衡而向下移动，使蝶阀 d 的开度减小，高压油动机滑阀下移，压力油进入油动机的下油室，而上油室接通排油，活塞上移，使高压调节阀开大，并通过反馈杠杆使滑阀复位。p_4 升高使蝶阀 e 开大，使旋转隔板的开度关小。反之，当热负荷减小时，高压调节阀关小，旋转隔板开度增大，从而减小抽汽量。

汽轮机启动时调压器切除（关闭抽汽至调压器蒸汽管道上的阀门），由调速器进行控制。为减小旋转隔板的节流损失，切断 p_4 至中压继动器的油路，使中压油动机滑阀下移至极限位置，压力油推动中压油动机的活塞上移至极限位置，使旋转隔板处于全开位置。随着汽轮机功率的增大，等到供热抽汽口的压力接近热网供热压力时，再投入调压器，同时接通脉冲油压 p_4 至中压继动器的油路，用调压器适当调整供热量，使机组带上热负荷，进入正常运行状态。

在调节系统中，调压器的油室 A 与中压油动机的下油室有管道相连，装有止回阀。正常运行时，中压油动机下油室的油压高于油室 A 的油压，由于止回阀的作用，管路不通。在汽轮机甩负荷时，转子的转速大幅度升高，调速器输出的油压 p_1 随之升高，使高、低压油动机的活塞下移，关闭高压调节阀和旋转隔板的通流孔。此时供热抽汽压力降低，调压器的滑阀 6 下移，压力油进入油室 A，力图使高压调节阀开启而产生反调作用。由于中压油动机下油室的油压大幅度降低，低于油室 A 的压力，油室 A 内的压力油冲开止回阀，经中压油动机下油室外泄，活塞 7 反而下移，不但消除了调压器的反调作用，而且可以加快高压调节阀的关闭速度，防止超速。

（三）具有二次调节抽汽式汽轮机的调节系统

图 4 - 56 是哈尔滨汽轮机厂生产的 CC25 - 8.8/0.98/0.196 型二次调节抽汽式汽轮机的原则性调节系统图。该系统由机械离心式调速器、薄膜刚带式调压器、联动滑阀、高压旋转隔板、低压旋转隔板等部套组成。

在启动过程中，汽轮机冲转后升速到 2700r/min 左右时，调速器开始工作，滑环向上移动，并慢慢提起滑阀 1，开大与 No.1 联动滑阀下部油室相连的节流油口Ⅰ，使 No.1 联动滑阀下部的油压降低。于是 No.1 联动滑阀下移，直到进油口Ⅱ的开度增大又使油压升高，且升高值刚好补偿降低值时，No.1 联动滑阀才停止下移。此时 No.1 联动滑阀下部的油压恢复到 0.6MPa。

No.1 联动滑阀的下移使其上部的油口 A 关小，高压油动机滑阀的脉冲油压降低，关小调节阀，调速系统开始投入工作。此时因为调压系统尚未投入，故 No.2 和 No.3 联动滑阀不动，旋转隔板油动机滑阀下的油压为 1.2MPa，旋转隔板处于全开状态。当转速升高到 2900r/min 左右时，用同步器将转速提高到 3000r/min。并网后加负荷时，调速器滑环向下移动，关小节流油口Ⅰ，使 No.1 联动滑阀下部的油压升高，滑阀上移，同时关小进油口Ⅱ，待 No.1 联动滑阀下部的油压又恢复到 0.6MPa 时，No.1 联动滑阀才停止移动。由于 No.1 联动滑阀上移，所以这时控制高压调节阀油动机的脉冲油压升高，使高压调节阀开大，因此电负荷增大。

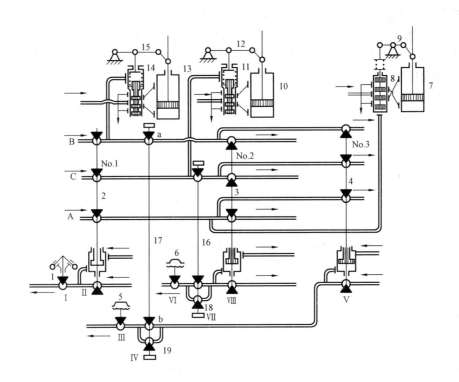

图 4 – 56　CC25 – 8.8/0.98/0.196 型二次调节抽汽式汽轮机的原则性调节系统图

1—调速器；2—No. 1 联动滑阀；3—No. 2 联动滑阀；4—No. 3 联动滑阀；5、6—0.12 ~
0.25MPa 及 0.8 ~1.3MPa 调压器；7、8—高压调节阀油动机及其滑阀；9—反馈杠杆；
10、11—抽汽压力 0.8 ~1.3MPa 旋转隔板的油动机及其滑阀；12—反馈杠杆；13、14—
抽汽压力 0.12 ~0.15MPa 旋转隔板的油动机及其滑阀；15—反馈杠杆；16、17—0.8 ~
1.3MPa 及 0.12 ~0.25MPa 抽汽调压器的遮断器；18、19—调压器 5、6 的节流阀

调压器投入工作后，假如电负荷和供暖抽汽量不变，而工业抽汽量增加时，则该调节抽汽室压力降低，节流口Ⅵ开大，使 No. 2 联动滑阀下部的油室的溢油量增加，滑阀下移，同时开大节流口Ⅷ。当 No. 2 联动滑阀下部的油压恢复到原来值时，滑阀则处在一个新的平衡位置上。在 No. 2 联动滑阀下移时，进油系统 A 中的溢油量减少，高压调节阀油动机的脉冲油压升高，使高压调节阀开大，增加了汽轮机的进汽量；与此同时，进油系统 C、B 的溢油量增加，中、低压油动机滑阀的脉冲油压降低，使中、低压旋转隔板关小，减小了中、低压部分的进汽量，从而保证了在电负荷和供暖抽汽量不变的情况下工业抽汽量增加。电负荷和供暖抽汽量不变，而工业抽汽量减少时，调节系统的动作过程与上述相反。

电负荷和工业抽汽量不变，而供暖抽汽量增加时，则 No. 3 联动滑阀下移，进油系统 A、C 中油压升高，高、中压调节阀油动机的脉冲油压升高，使高压调节阀和中压旋转隔板开大。与此同时，进油系统 B 中的脉冲油压降低，使低压旋转隔板关小，结果使供暖抽汽量增加，而电负荷和工业抽汽量保持不变。电负荷和工业抽汽量不变，而供暖抽汽量减少时，调节系统的动作过程与上述相反。

电负荷增加，而两种热负荷都不变时，由于调速器控制的节流油口Ⅰ关小，No. 1 联动滑阀上移，进油系统 A、B、C 中油压升高，高压调节阀和中、低压旋转隔板同时开大，以

满足电负荷增大而两种热负荷都不变的要求。电负荷减少，而两种热负荷都不变时，调节系统的动作过程与上述相反。

需要说明一点的是：不管背压机组还是抽汽式机组，用同步器可以人为地改变并网运行机组的电功率和孤立运行机组的转速，用调压器可以人为地改变供热压力或供热量。这些调节过程与凝汽式机组相类似，这里不再重复。

能 力 训 练

为一台具有一次调节抽汽式汽轮机设计一套调节系统，要求画出调节系统图并分析其各种变工况时的调节过程。

综 合 测 验

一、问答题

1. 汽轮机调节系统的任务是什么？
2. 何谓转速感受机构的静态特性？
3. 何谓调节系统的速度变动率？迟缓率？
4. 何谓一次调频、二次调频？
5. 利用调节系统的静态特性曲线说明并列运行的机组当外界负荷变化时，是如何利用同频器将变化的负荷移到某一台机组上的？
6. 何谓调节系统的动态特性？
7. 汽轮机有哪些主要的保护装置？各保护装置有何作用？
8. 汽轮机的供油系统有何作用？
9. 汽轮机的汽轮机油系统由哪些主要设备组成？这些设备有什么作用？
10. 汽轮机的抗燃油系统由哪些主要设备组成？这些设备有什么作用？

二、综合题

1. 某电厂在低频率运行期间，曾将 $\delta = 5\%$ 的调节系统的同步器工作范围由 $+7\% \sim -5\%$ 改为 $+4\% \sim -6\%$，试问这样改动后

（1）当电网频率恢复到 50Hz 后，机组能否带满负荷？若不能，最多能带多少（用百分数表示）？

（2）当电网频率低至何值时才能带上满负荷？

（3）50Hz 下机组甩全负荷后（同步器不动）新的稳定转速是多少？

2. 某 300MW 机组，额定转速为 3000r/min，当机组甩去全部负荷时，转速升高 60r/min。在同一功率下的转速差为 10r/min。求调节系统的速度变动率、迟缓率以及并网运行时在同一转速下的最大负荷摆动。

项目五　汽轮机的凝汽设备

项 目 目 标

熟悉汽轮机的凝汽设备的工作过程。

任务一　汽轮机凝汽设备的任务及组成

任 务 目 标

熟悉汽轮机凝气设备的任务及主要的组成设备。

知 识 准 备

凝汽设备是凝汽式汽轮机装置的一个重要组成部分，它工作性能的好坏，直接影响到整个装置的热经济性和可靠性。因此，了解和掌握凝汽设备的工作原理、结构特点和工作特性以及运行知识是十分必要的。

一、凝汽设备的任务

由热工学理论基础可知，提高进入汽轮机的蒸汽初参数和降低汽轮机的排汽终参数（排汽压力）可以提高循环热效率。在汽轮机的初参数一定时，其背压越低，理想焓降就越大，蒸汽在汽轮机中做的功也就越多。例如，高参数（$p_0 = 8.83\text{MPa}$、$t_0 = 535℃$）汽轮机装置的纯凝汽式循环中，当背压由 10kPa 降至 5kPa 时，其循环热效率将从 40.2% 提高到 42.2%。由此可知，降低汽轮机背压对提高汽轮机的热经济性的影响是非常显著的。

但是，汽轮机背压并不是任意降低都是有利的，在设计中必须经过技术经济比较来确定。它由两方面因素来决定：其一，随着末级蒸汽参数的降低，蒸汽比体积将增加，汽轮机的后汽缸和末级叶片势必相应增大和增长，这样会使汽缸十分庞大，增加了加工困难和制造成本。若末级叶片不变，则余速加大，损失增加；其二，背压的降低，需加大凝汽器的冷却面积，增加循环水量和厂用电，增加整套辅机的投资以及运行费用。所以，必须正确地选择排汽压力。目前，我国电站汽轮机的背压一般按 $3 \sim 7\text{kPa}$ 来设计。

降低排汽压力最简便、最有效的方法是使排汽冷却凝结成水。这是因为当排汽凝结成水后，体积大大缩小（压力为 0.004MPa 时，蒸汽凝结成水其体积为蒸汽的约 1/35000），原来由蒸汽充满的空间便会形成高度真空。此外，汽轮机的排汽在凝汽器中凝结成纯净的凝结水后，可重新送往锅炉，循环使用。

归纳来说，凝汽设备的任务是：

（1）在汽轮机排汽口建立并保持规定的真空；

（2）将汽轮机排汽凝结成洁净的凝结水作为锅炉给水，重新送回锅炉。

此外，凝汽设备还可以起到除掉凝结水中氧气的作用，以减少氧气对主凝结水管路的腐蚀。

二、凝汽设备的组成

凝汽设备主要由凝汽器、抽气器、凝结水泵、循环水泵以及这些部件之间的连接管道和附件组成。图 5-1 为最简单的凝汽设备的原则性系统图。汽轮机 1 的排汽进入凝汽器 3，在其中凝结成水并流入凝汽器底部的热水井。排汽凝结时放出的热量，由循环水泵 4 不断打入的冷却水带走。凝结水被凝结水泵 5 抽出，经过加热器、除氧器打入锅炉循环使用。由于凝汽设备是处在高度真空下工作，所以空气会

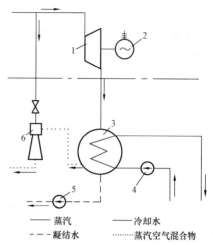

图 5-1 最简单的凝汽设备的原则性系统
1—汽轮机；2—发电机；3—凝汽器；4—循环水泵；5—凝结水泵；6—抽气器

从不严密处漏入凝汽器的汽侧空间，为了避免不凝结的空气在凝汽器中越积越多，致使凝汽器压力升高，真空降低，所以设有抽气器 6（或真空泵），及时地把空气抽出，以维持凝汽器的真空。

三、对凝汽设备的要求

优良的凝汽设备除了完成上述任务外，还应满足以下要求：

（1）凝汽器应具有较高的传热系数。从结构上讲，应有合理的管束布置，以保证获得较好的传热效果，使汽轮机在给定的工作条件下具有尽可能低的运行背压。

（2）凝汽器本体及真空系统要有高度的严密性，以防止空气漏入影响传热效果及凝汽器真空。另外凝汽器水侧的密封性要好，以防止循环水渗透使凝结水水质变坏。

（3）凝结水过冷度。凝结水温度 t_c 比凝汽器压力下的饱和温度 t_s 低的数值称为凝结水的过冷度，用 δ 表示，即

$$\delta = t_s - t_c$$

具有过冷度的凝结水要使汽轮机消耗更多的回热抽汽，以使它加热到预定的锅炉给水温度，增大了汽耗率。同时，也会使凝结水的含氧量增大，从而加剧了对管道的腐蚀。因此，过冷度应尽可能小。现代汽轮机装置要求凝结水过冷度不超过 $0.5 \sim 1℃$。

（4）凝汽器的汽阻、水阻要小。蒸汽空气混合物在凝汽器内由排汽口流向抽气口时，由于流动阻力其绝对压力要降低，通常把这一压力降称为汽阻。汽阻的存在使凝汽器喉部压力升高，并使凝结水过冷度及含氧量增加，引起热经济性的降低和管子的腐蚀。因此，应力求减少凝汽器的汽阻。对于大型机组，汽阻一般不应超过 $0.27 \sim 0.4kPa$。

凝汽器的水阻，是指冷却水在凝汽器的循环通道中流动时受到的阻力。它由冷却水在凝汽器铜管中的流动阻力及进、出铜管和进、出水室时的阻力三部分组成。影响水阻的主要因素是凝汽器铜管管束的布置、管口的形状和内壁的清洁程度。水阻的大小对循环水泵的流量、压头和耗功有一定的影响。显然，水阻越小越好。大多数双流程凝汽器的水阻在 $0.049MPa$ 以下，单流程凝汽器的水阻不超过 $0.039MPa$。

（5）与空气一起被抽气器抽出的未凝结蒸汽量应尽可能少，以降低抽气器耗功。通常要求被抽出的蒸汽空气混合物中，蒸汽含量的质量比不大于 2/3。

（6）凝结水的含氧量要小。凝结水含氧量过大将会引起管道的腐蚀，并使凝结水中含有氧化铁离子，这些离子在锅炉受热面沉积后，会引起传热恶化，甚至产生爆管事故。一般要求高压机组凝结水含氧量要小于 0.03mg/L。因此，为了减少含氧量，除了在管束布置上尽量设法减少汽阻外，一般大型机组的凝汽器还专门设置凝结水的除氧装置。

（7）便于清洗冷却水管。机组容量越大，凝汽器的铜管越多，管子也越长。凝汽器铜管若采用人工清洗，不仅劳动强度大，而且检修工期也很长。因此，在设计时必须考虑能够在不停机的情况下进行水室和管束内壁清洗。

（8）凝汽器的总体结构及布置方式应便利于制造、运输、安装及维修等。

能 力 训 练

1. 凝汽设备的任务有哪些？
2. 凝汽设备由哪些部件组成？
3. 对凝气汽设备有哪些要求？

任务二　表面式凝汽器的结构和分类

任 务 目 标

熟悉表面式凝汽器的结构和分类。

知 识 准 备

凝汽器可分为表面式与混合式两大类。在混合式凝汽器中，蒸汽与冷却水直接混合，这种凝汽器的主要缺点是凝结水不能回收，所以凝汽式电厂都不采用混合式凝汽器。现代汽轮机的凝汽器都采用表面式凝汽器。

在表面式凝汽器中，冷却工质与蒸汽冷却表面隔开互不接触。根据所用的冷却工质不同，又分为空气冷却式和水冷却式两种，分别被称为空冷式凝汽器和水冷式凝汽器。水冷式凝汽器是最常用的一种，由于用水做冷却介质时，凝汽器的传热系数高，又能在保持洁净的和含氧量极小的凝结水的条件下，获得和保持高真空。因此，它是现代电站汽轮机装置中采用的主要形式，只有在严重缺水地区的电站，才用空气冷却凝汽器。

图 5-2 为表面式凝汽器的构造简图。它有一个圆筒形外壳 2，其两端连接着形成水室的端盖 5 和 6。在端盖与外壳间装有管板 3，冷却水管 4 装在管板上。为了避免管束的振动和减少管子的挠度，在两管板之间还设有若干块中间隔板，将管子紧固在中间隔板上。

冷却水从进水口 11 进入凝汽器，沿箭头所示方向流经管束 4 后从出水口 12 流出。汽轮

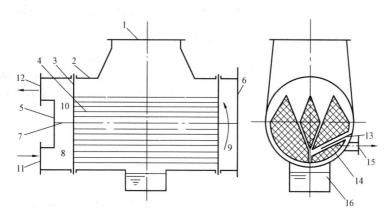

图 5-2 表面式凝汽器构造简图

1—排汽进口；2—凝汽器外壳；3—管板；4—冷却水管；5、6—水室的端盖；7—水室隔板；8、9、10—水室；
11—冷却水进口；12—冷却水出口；13—挡板；14—空气冷却区；15—空气抽出口；16—热水井

机的排汽从进汽口 1 进入凝汽器，蒸汽和冷的管壁接触而凝结，所有的凝结水最后集聚在下部的热水井 16 中，最后由凝结水泵抽出。

在凝汽器壳体右下侧有空气抽出口 15，凝汽器汽侧空间的空气即通过这个管口被抽气器抽出。

一、表面式凝汽器的分类

（一）按汽流方向分

汽轮机排汽进入凝汽器后，因抽气口处的压力最低，所以汽流向抽气口处流动。根据抽气口位置的不同，凝汽器可分为：

1. 汽流向下式

汽流向下式凝汽器如图 5-3（a）所示。这种凝汽器的抽气口处于凝汽器的下部，汽轮机排汽自上而下流动。这种方式在热力设备发展的初期曾得到广泛的应用，因为其结构紧凑，能够在一定的容积中布置较多的冷却面积，但这种凝汽器的汽阻与凝结水的过冷度都很大。其原因是：①由于管束的进口通道面积小，蒸汽速度高，所以，进入第一排管束所引起的局部阻力很大；②自第一排管束到抽气口汽流经过的路程太长；③凝汽器中被向下流动的凝结水浸润的管子很多以及由于它的抽气口在下部，使凝汽器下部的凝结水不能与蒸汽直接

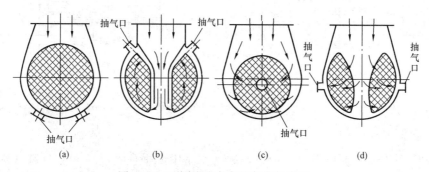

图 5-3 不同汽流方向的各类凝汽器

（a）汽流向下式；（b）汽流向上式；（c）汽流向心式；（d）汽流向侧式

接触，无法进行回热。由于这些缺点，致使凝结水的过冷度达 10～15℃ 之多，因而热经济性很差。这种凝汽器只在老式的小型机组中采用。

2. 汽流向上式

图 5-3 (b) 所示的是汽流向上式凝汽器。这类凝汽器最突出的优点是汽轮机的排汽可以充分地加热凝结水。因为在这种凝汽器中，全部排汽都将直接与下部热水井中的凝结水表面相接触，并且使向下流的凝结水与逆向而来的蒸汽相接触，因此，凝结水的过冷度很小。但是，由于这种凝汽器汽流转弯很多，并且蒸汽的流经路线也很长，所以汽流阻力仍很大，故这类凝汽器目前也很少采用。

3. 汽流向心式

如图 5-3 (c) 所示，在这类凝汽器中，蒸汽由管束四周沿半径方向流向中心的抽气口。在管束的下部有足够的蒸汽通道，使向下流动的凝结水及热水井中的凝结水与蒸汽相接触，从而凝结水得到很好的回热。不仅如此，这种凝汽器还由于管束在蒸汽进口侧具有较大的通道，同时蒸汽在管束中的行程较短，所以汽阻比较小。此外，由于凝结水与被抽出的蒸汽空气混合物不接触，保证了凝结水的良好除氧作用。其缺点是各部分管子的热负荷不均匀，因为下部管子不易与蒸汽接触，不能充分发挥冷却作用。另外，这种凝汽器的体积较大。

4. 汽流向侧式

这类凝汽器如图 5-3 (d) 所示。它有上下直通的蒸汽通道，保证了凝结水与蒸汽的直接接触。一部分蒸汽由此通道进入下部，其余部分从上面进入管束的两半，空气从两侧抽出。在这类凝汽器中，当通道面积足够大时，凝结水过冷度很小，汽阻也不大。目前国产汽轮机的凝汽器多数采用这种形式。

（二）按冷却水的流程分

按这种方法分类，凝汽器可分为单道制、双道制、三道制及多道制。所谓单道制凝汽器，就是冷却水在凝汽器铜管内，只流过一个单程就排出凝汽器，不再返回，如图 5-4 (a)；双道制凝汽器是冷却水在铜管内经过一个往返再排出凝汽器，如图 5-4 (b)。三道制及四道制等则依此类推。

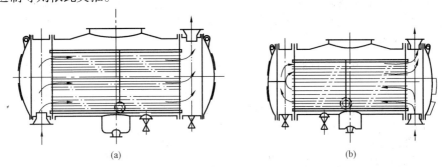

(a)　　　　　　　　　　　　　　(b)

图 5-4　单道制与双道制凝汽器
(a) 单道式；(b) 双道式

（三）按垂直隔板分

按这种方法分类，凝汽器可分为单一制（水室中无垂直隔板）和对分制（水室中有垂直隔板）两种形式。其中对分制如图 5-5 所示。这种凝汽器内部被隔板分成独立的两半。其主要优点是当凝汽器内污脏时，汽轮机不需要停机，降低负荷后，可以一半清洗，另一半继续运行。

（四）按凝汽器汽侧压力分

1. 单压式凝汽器

目前常见的凝汽器压力（不论有几个排汽口），都是单一的，即为单压式凝汽器。

2. 多压式凝汽器

随着单级容量的增加，汽轮机的排汽口也相应地增多。为了提高凝汽器的效率，对应着各排汽口，将凝汽器汽侧分隔为几个互不相通的汽室，冷却水管依次穿过各汽室。在运行时，由于冷却水在凝汽器内是吸热过程，所以各汽室的冷却水进口温度不同，各汽室的汽侧压力也不同，这种凝汽器称为多压凝汽器。图 5-6（b）表示该机组为双压式凝汽器，即将上边的单压凝汽器用中间隔板分为两个汽室，冷却水流程不作任何变化，则两个汽室的凝汽压力不会相同，显然，$p_{c1} < p_{c2}$。同理，也可以制造成三压或四压的多压凝汽器。

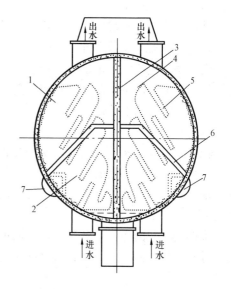

图 5-5 对分制凝汽器简图
1—冷却水第二流程管束；2—冷却水第一流程管束；3—垂直隔板；4—蒸汽空间；5—蒸汽通道；6—水室隔板；7—抽气口

由于多压凝汽器中每个汽室的平均温度较接近，热负荷较均匀，能有效地利用冷却面积。在一定条件下（尤其在冷却水稀少且气温较高的地区），采用多压凝汽器的平均背压可以低于单压凝汽器的背压，还可以使凝结水温度高于单压凝汽器的凝结水温，提高设备的热经济性。哈尔滨汽轮机厂生产的与 600MW 汽轮机配套使用的水冷表面式凝汽器就是双压式凝汽器。

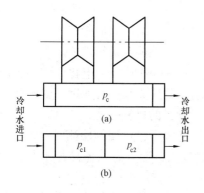

图 5-6 单压、多压式凝汽器示意图
（a）单压式凝汽器；（b）多压式凝汽器

二、凝汽器的构造

表面式凝汽器是由外壳、水室、管板、铜管、与汽轮机排汽口连接处的补偿装置和支架等部件组成的。

（一）凝汽器的外壳

现代汽轮机凝汽器的外壳有生铁铸成的和钢板焊接制成的两种型式。用生铁铸成的凝汽器具有结合面少、不容易漏气、生铁不易被氧化等特点。因此，它特别适合于用海水做冷却水的电厂，因为这种外壳具有良好的抗腐蚀性能。但是，生铁铸成的凝汽器经受不住过大的温度变化，当温度变化过大时，外壳就容易开裂。同时，大型凝汽器铸造起来比较困难。所以，现在的凝汽器外壳均采用 10～15mm 的钢板焊接而成，为了避免钢板生锈腐蚀，在外壳内壁涂有防腐漆。

一般中小型机组的凝汽器的外壳为圆形，大型机组则为方形，并在外壳的内部及外表面的适当位置加焊一些筋板，用以增加刚度。凝汽器的喉部应具有适宜的扩散角，使蒸汽进入凝汽器后，均匀地分布于整个管束。

（二）水室和端盖

凝汽器的水室与端盖有用生铁铸成，也有用钢板制成的。水室装在外壳两端，外壳与水室之间装有管板，端盖上开有人孔门，用以检修时使用。双道制和多道制凝汽器的水室用水平挡板分隔，这些隔板把水室分成若干个部分，将水流分成若干个流程，使冷却水能充分吸收排汽的热量。水室的结构形状应尽量避免引起冷却水在进入铜管时产生涡流，因为这种涡流会引起铜管进水端的冲击腐蚀。

（三）管板和隔板

管板装在凝汽器外壳内的两端与端盖一起围成水室，它的作用是固定管子并将凝汽器的汽侧与水侧分开。管板的材料随冷却水的性质而不同，如果冷却水为海水，则管板用含锡黄铜（HSn – 70 – 1 号）和不锈钢制作较为适宜；如果冷却水为淡水，则管板用普通钢板制成。

管板上所受的力为水室与蒸汽空间的压力差，为了避免管板向蒸汽侧弯曲或汽侧做水压试验时向水侧弯曲，在两块管板之间用支撑螺栓把管板连接起来，以增加其刚性。

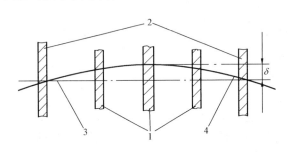

图 5 – 7　凝汽器内的中间隔板装置示意图
1—中间隔板；2—前后管板；3—凝汽器中心线；4—管子中心线

为了减少铜管的弯曲和防止铜管在运行过程中振动，在凝汽器壳体中设有若干块中间隔板。中间隔板中心一般较管板中心抬高 $\delta = 2 \sim 5$ mm，大型机组抬高 $\delta = 5 \sim 10$ mm，如图 5 – 7 所示。管子中心抬高后，能确保管子与隔板紧密接触，改善管子的振动特性。管子的预先弯曲能减少其热应力，还能使凝结水沿弯曲的管子由中央向两端流下，减少下一排管子上积聚的水膜，提高传热效率。

（四）铜管

凝汽器的铜管应具有足够的抗腐蚀性能，否则极易被腐蚀而泄漏，造成冷却水进入蒸汽空间，使凝结水水质变坏。同时也要求冷却水管应有良好的导热性能及机械性能。

凝汽器的运行经验证明，铜管往往由于冷却水品质不良（有腐蚀性）、电化学作用、冷却水对铜管入口处的冲蚀作用、铜管的振动及铜管安装时造成的应力集中等原因而受到严重破坏。电化学作用使铜管成为脆而多孔的状态，大大降低了管子的机械强度，严重时会引起管子的漏水。冷却水在管子中的流速超过一定数值时，会引起管子进口端的冲蚀现象。以淡水做冷却水的凝汽器，冲蚀现象在水速高于 2.5 ~ 3m/s 时发生；而以海水做冷却水时，冲蚀现象在水速超过 1.5m/s 时就会发生。

为了防止铜管的腐蚀，我们除了对冷却水进行严格处理并经常注意监督冷却水质外，还要根据冷却水质合理地选择铜管材料。应用得最广泛的冷却水管材料是铜合金，所以常把冷却水管称为铜管。近年来不少使用海水冷却的电厂开始使用钛管或不锈钢管，它们有良好的抗腐蚀能力，只是价格较贵，使投资有所增加。

铜管在管板上的安装必须保持足够的严密性，这种严密性的任何破坏都将导致冷却水漏入汽侧，使凝结水质变坏。铜管在管板上的固定方法有胀接法和垫装法，见图 5 – 8。垫装法能保证管子受热时自由膨胀，但工艺复杂，紧凑性差，所以，只在船用凝汽器上采用；胀接法用胀管器将管子头部胀接在管板上，结构和工艺都很简单，严密性也较好，因此得到广泛应用。为满足大机组特别是直流锅炉对凝结水质的更高要求，还可以在胀口处涂施密封涂料来保证其密封效果。

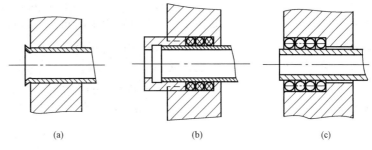

图 5-8　凝汽器冷却水管在管板上的固定方法
(a) 胀接法；(b) 垫装法（用压紧螺母）；(c) 垫装法（用密封圈）

冷却水管在管板上的排列方法以及管束的布置形式直接影响凝汽器的真空度与换热效果，因而合理的管子排列和管束布置是凝汽器设计和改进中的一个重要环节。

凝汽器铜管在管板上的排列方法有下述三种：

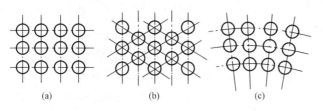

图 5-9　凝汽器管子的排列方式
(a) 顺列；(b) 错列；(c) 辐向排列

（1）顺序排列。图 5-9 (a) 所示为铜管顺序排列，这种排列方法汽流途径弯曲较小，阻力较小，但需要较大的管板面积，而且上排管子的凝结水逐排下流时会进一步被冷却，增大过冷度。目前应用较少。

（2）错列排列法。错列排列法又称三角形排列。如图 5-9 (b) 所示，这种方法布置紧凑，当节距相同时能在单位管板面积上排列最多的管子，使单位体积内的换热面积最大，同时在增加传热效果及减小过冷度方面也较顺列排列好，因而得到广泛的应用。

（3）辐向排列法。图 5-9 (c) 为辐向排列法，这种排列法由于蒸汽由外圆向中心流动时，随着蒸汽的凝结，蒸汽通道也在变小，故其阻力近似不变，传热效果好。除在大型凝汽器中得到应用外，还常在凝汽器进口处采用，因为进口处蒸汽流量大、流速高，采用管距较大的辐向排列可减小汽阻。

同一台凝汽器中，管子的排列往往不是只采用一种方法，而多采用混合排列法。

虽然铜管在管板上的排列方法只有三种，但由它们所组成的管束在管板上的布置方式则是多种多样的。考虑到蒸汽在凝汽器内的凝结是在高真空下进行的这一特点，由于蒸汽中含有不凝结的空气，随着蒸汽的不断凝结，汽、气混合物中的空气相对含量将急剧增加，必将导致局部传热系数和单位热负荷显著降低，汽阻增加。为消除上述缺陷，根据理论分析和运行经验已经总结出一些基本的管束布置原则。例如，为减小蒸汽进入管束的阻力，应使进汽侧开始几排管子有较大的通道面积；为减小凝结水过冷度，应在管束中及管束四周留有足够的蒸汽通道；为减小热阻，应减少顺着汽流的管子排数，尽量使进汽口至抽气口的途径短而直，在管束中间收集凝结水；为增强冷却效果，应用专门挡板划出部分管子为空气冷却区，其位置与热水井不宜太近；为防止蒸汽绕过主管束直接进入空气冷却区以及防止汽、气混合物绕过空气冷却区直接进入抽气口，应在管束与壳体间加装阻气板等。

　　根据上述原则，通常所采用的管束布置形式有以下几种。

　　图 5 - 10 为常见的带状布置方式，它具有以下特点：可以按照需要来安排流动方向；热负荷分布比较均匀；空气和蒸汽接触机会少以及过冷度、凝结水含氧量减少。但是对于大功率机组，管子数很多，带状布置会使带条很宽很长，容易引起空气在管束内积聚，增大汽阻，蒸汽也不容易流到较长带条中蒸汽通道的底部。这时可以采用图 5 - 11 所示的辐向块状布置方式。国产 200MW 汽轮机所配用的凝汽器就是采用这种形式。

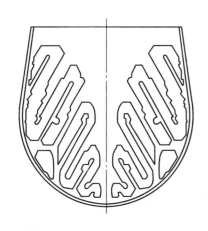

图 5 - 10　管束的带状布置图

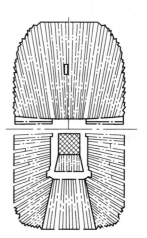

图 5 - 11　管束的辐向
块状布置

　　另一种管束布置形式是图 5 - 12 所示的卵状布置。这种布置形式具有下述优点：蒸汽到抽气口的流程较均匀、短直；蒸汽通道宽流速低；主凝结区热负荷高且在各区域分布均匀，以及空气冷却区能较充分的冷却汽、气混合物。

　　现在我国从国外引进的机组中还采用一种"教堂窗"式管束布置，如图 5 - 13 所示。它的优点是蒸汽进入管束的面积大，因而汽阻小，热负荷分配较均匀，传热性能好。

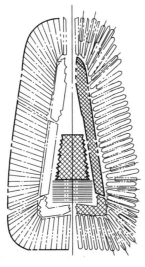

图 5 - 12　管束的卵状布置

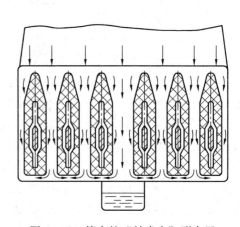

图 5 - 13　管束的"教堂窗"形布置

（五）凝汽器与汽轮机排汽口的连接

凝汽器喉部与汽轮机排汽口的连接必须保证严密不漏，同时在汽轮机受热时能自由膨胀，否则将会引起汽缸发生位移和变形。

大中型机组，一般将凝汽器喉部与汽轮机排汽口直接焊接在一起，也有的用法兰盘固定连接在一起。这两种连接方法都是将凝汽器本体用弹簧支持在基础上，当汽轮机和凝汽器受热膨胀时，可借弹簧的伸缩来补偿，同时它的重量又不作用在汽轮机的排汽管上，见图5-14。也有的凝汽器和基础间采用刚性连接，但它在凝汽器的喉部和汽轮机的排汽缸之间设有橡胶补偿节，哈尔滨汽轮机厂生产的与600MW汽轮机配套使用的水冷表面式凝汽器就采用这种方式。

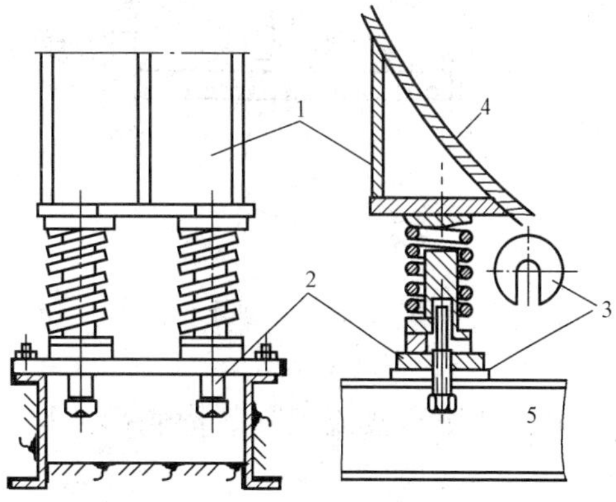

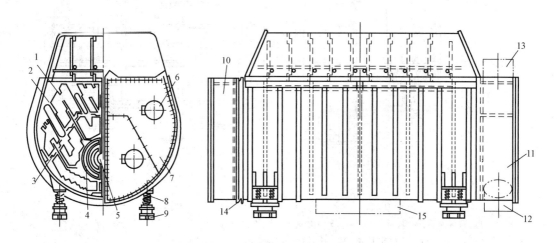

图5-14　凝汽器的弹簧支撑座
1—凝汽器外壳支脚；2—调整螺丝；3—金属垫圈；
4—凝汽器外壳；5—基座

三、典型凝汽器结构介绍

（一）N-3500-1型凝汽器

图5-15为国产50MW汽轮机组所配用的N-3500-1型凝汽器的构造图，它是一个表面式、对分、双道式凝汽器。

图5-15　N-3500-1型凝汽器
1—冷却水管；2—管板；3—挡板；4—空气冷却区；5—空气抽出口；6—人孔；7—水室盖；8—弹簧；
9—弹簧支架；10—后水室；11—前水室；12—冷却水进口；13—冷却水出口；14—补偿装置；15—热水井

该凝汽器是由蒸汽室、前后水室、冷却水管、管板、中间隔板、挡板、补偿装置及热水井等组成，为全焊结构。蒸汽室和水室焊成一个整体，后水室与蒸汽室之间，连接一个波形补偿器14，用以补偿凝汽器壳体与铜管的纵向膨胀的不一致，并改善铜管的振动性能。

管束按汽流向心式布置。铜管的排列为带状排列法，空气冷却区为向心辐射排列法，可减少蒸汽空气混合物的流动阻力。主管束是由5974根$\phi25 \times 1mm$的HSn-70-1的锡黄铜管组成，在进汽方向的第一排管子，为306根$\phi25 \times 2mm$的加厚铜管。凝汽器的重量分布于四个弹簧支座上，凝汽器上下的热膨胀靠弹簧来补偿。冷却水由前水室下部进入，经双流程后，再由前水室上部排出，在运行中，可在低负荷时进行半面清洗。

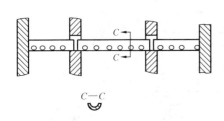

图 5 – 16 N – 3500 – 1 型凝汽器
的半圆形除氧槽

蒸汽由汽轮机排汽口进入，然后迅速的分布在管子全长上，通过管束间的通道，使蒸汽能够全面的同管壁进行热交换，使排汽凝结。部分未凝结的蒸汽和空气混合物经抽气口由抽气器抽出。凝结水最后被集中到热水井中。

该凝汽器设有真空除氧装置，在管束下部的末排位置上，装有开孔的半圆形除氧槽，如图 5 – 16 所示。上部管束的凝结水流到除氧槽中，经小孔形成水滴，并受到由两侧直接流到除氧槽底部的排汽的加热，分离出的气体经空气冷却区由抽气口抽出。

（二）N – 11220 – 1 型凝汽器

N – 11220 – 1 型凝汽器如图 5 – 17 所示，是国产 200MW 汽轮机所配用的凝汽器，是一个汽流向心式、双道制、三壳体凝汽器。

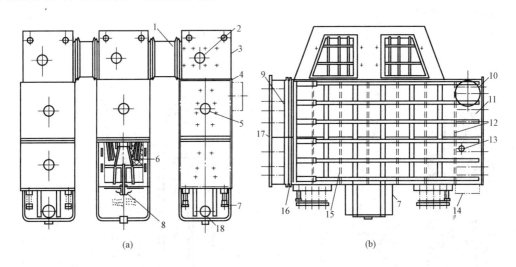

图 5 – 17 N – 11220 – 1 型凝汽器结构示意图

1—蒸汽连通管；2、5—人孔盖；3—喉部；4—壳体；6—管束；7—热水井；8—除氧装置；
9、11—后、前水室；10—出水口；12—管板；13—抽气口；14—进水口；
15—中间支持隔板；16—补偿节；17—水室端盖；18—热水井人孔盖

凝汽器由三个并列的矩形壳体组成，每个壳体上有单独的冷却水进口和出口。整台凝汽器横向布置，每个壳体与汽轮机的一个排汽口相连，各接受 1/3 排汽量。每两个相邻的壳体间用带补偿节的蒸汽连通管 1 连起来，连通管的作用是平衡进入三个壳体中的蒸汽流量和压力。若某一壳体中铜管进行清洗时，可将该壳体中的部分蒸汽通过连通管分流到另外两个壳体中去。每个壳体内部的结构都一样。

管板 12 上装有 17001 根 $\phi25 \times 1 \times 8470$mm 呈辐向块状布置的管束。铜管材料视冷却水用淡水或海水分别采用 70 – 1 号锡黄铜或 77 – 2 号铝黄铜。中间隔板共有五块，每块隔板上的管孔中心相对于两端管板管孔中心自两端向中间依次抬高 3mm、5mm、7mm。后水室和壳体之间有两个补偿装置，以补偿壳体与铜管的膨胀差。

空气冷却区用挡板与主凝结区隔开，布置于管束中心。抽气口设在管板中心下边并由前水室引出转向侧壁抽出。

在热水井中设有一个如图 5 - 18 所示的淋盘式除氧装置，以降低凝结水的含氧量。

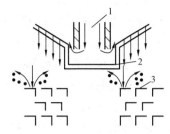

图 5 - 18 真空除氧装置
1—凝结水入口；2—淋水盘；3—角铁

（三）N - 40000 - 1 型凝汽器

N - 40000 - 1 型凝汽器如图 5 - 19 所示，是哈尔滨汽轮机厂生产的与 600MW 汽轮机配套使用的水冷表面式凝汽器，它采用双壳体、双背压、双进双出、单流程、横向布置。凝汽器的特性参数为：

型号	N - 40000
低压侧汽侧压力	4.2kPa
高压侧汽侧压力	5.3kPa
凝结汽量	1148.98t/h
冷却水量	58300t/h
冷却水温度	20℃
水室工作压力	254kPa
总水阻	62.4kPa
凝汽器自重	1211t
运行时重量	1944t
汽侧满水时重量	3273t

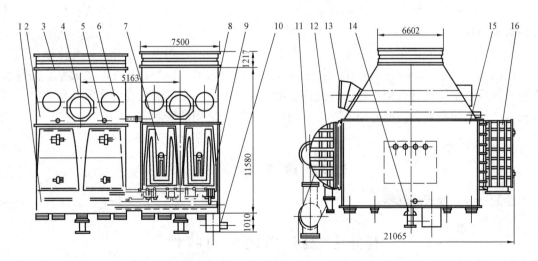

图 5 - 19 N - 40000 - 1 型凝汽器
1—低压凝汽器下部；2—低压凝汽器上部；3—凝汽器补偿节；4—7、8 号低压加热器接口；5—低压侧抽气口；6—低压旁路减温减压器接口；7—中间隔板；8—高压凝汽器上部；9—高压凝汽器下部；10—凝结水集水箱；11—连通管；12—后水室；13—小汽轮机排汽接口；14—死点座；15—支撑座；16—前水室

凝汽器主要由水室、冷却水管、中间隔板、挡汽板、抽气管、补偿节、回热装置、低压

向高压自流水管（靠标高差）和凝结水集水箱等组成，为全焊接结构。冷却水通过连通管后再进入高压侧。本凝汽器允许半边运行。

凝汽器主凝结区采用加砷锡黄铜管，空气冷却区采用白铜管，管束上部的三排管子等部分管子选用壁厚为 1.65mm 的厚壁管。冷却水管的有效长度为 14707mm，管子规格为 $\phi 28.5 \times 1.24mm$。冷却水管两端胀接在管板上，并借助中间隔板支撑。管板、中间隔板中心线由进水侧向出水侧按 4‰ 抬高，因而铜管的中心线也随之作相应的抬高，保证了机组在停机时循环水自动从管内流出，以防止铜管腐蚀，同时当铜管振动时可以起到阻尼作用，减小振动。每个管束中心区为空气冷却区，用挡汽板与主凝结区隔开，不凝结气体和蒸汽经过空气冷却区时，使大多数蒸汽能够凝结下来，剩下的少部分蒸汽随同不凝结气体进入抽空气管。布置在管束中心的抽气管为 $\phi 126 \times 11mm$ 的钢管，管子下面开有小孔以抽吸凝汽器内的不凝结气体。高、低压凝汽器中的抽空气管采用串联结构，不凝结气体由高压侧流向低压侧，最后由低压凝汽器冷端引入抽气器。采用这种结构可以减轻抽气器的负荷，同时可以减少抽气器的备用台数，简化了系统。在每个端部管板内侧的管束下面焊有一条带状集水箱，共 12 个，在运行时，可以随时检查和检测凝结水的含盐量，以便了解冷却水管的泄漏情况。

在凝汽器内设有回热装置，低压侧的凝结水通过 $\phi 1500$ 的管子，借助标高差引向高压侧的淋水盘，利用高压侧的蒸汽把低压侧的凝结水加热到接近高压侧压力下的饱和温度，既实现了对凝结水热力除氧，又提高了凝结水的平均出口温度，提高了循环热效率。

凝汽器的上部布置有低压加热器、给水泵小汽机排汽管、减温减压器、低压侧抽气管等。高、低压凝汽器的上部布置着 7 号和 8 号组装在一个壳体内的低压加热器，布置有四个减温减压器，以接受旁路来的蒸汽，还布置有 5、6、7、8 号低压加热器事故疏水的减温装置等。凝汽器的水室装有可拆卸的水室盖板，便于检修。在水室盖板上设有人孔板，水室外部焊有加强盘。

凝汽器刚性地固定在水泥基础上，每个壳体板下部中心处均设一个死点，允许以死点为中心向四周自由膨胀。凝汽器与排汽缸之间设有橡胶补偿节，以补偿相互间的膨胀。循环水连通管及后水室均设有支架支撑，并允许自由滑动，以适应凝汽器自身的膨胀。后水室处的管板与壳体之间布置有波形补偿节，以补偿铜管与壳体之间的膨胀。

能力训练

绘制一台表面式凝汽器。

任务三　凝汽器的热力特性

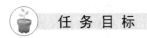

任务目标

熟悉凝汽器的热力特性。

知 识 准 备

一、凝汽器压力的确定

在理想情况下,凝汽器汽室内只有蒸汽而没有其他气体,所以凝汽器汽侧的压力处处都相同,蒸汽则在汽侧压力相应的饱和温度下凝结。若冷却水量和冷却面积为无限大,蒸汽和冷却水之间的传热端差等于零(传热端差指凝汽器中蒸汽的饱和温度 t_s 和较冷却水出口温度 t_{w2} 高出的值,用 δt 表示)。这时,凝汽器内的压力就应等于冷却水温度相对应的饱和蒸汽压力。但实际上,因为冷却面积是有限的,凝汽器的压力总是大于这个理想压力,蒸汽凝结时放出的汽化潜热通过管壁传给循环水,必须存在一定的温差,也就是说传热端差一定要大于零。另外冷却水量也有限,冷却水吸热后温度还要升高一些,所以蒸汽凝结温度要比冷却水温度高出一定的数值。于是凝汽器中的压力需要根据凝汽器和冷却水的温度大小及其分布情况而定,当凝汽器中蒸汽和冷却水的流动近似于对流情况时,其温度沿冷却表面的分布如图 5 – 20 所示。由图可见,蒸汽温度沿着冷却面积并不改变,只是到了空气冷却区,由于蒸汽已大量凝结,蒸汽中的空气相对含量增加,使蒸汽分压 p_s 显著低于凝汽器压力 p_c,这时 p_s 所对应的饱和蒸汽温度才会有明显下降。而冷却水吸热过程中,温度升高变化曲线在进水侧一端较陡,在出口一端较平缓。这是由于进水端的蒸汽和冷却水的平均温差较大,单位面积负荷较大所造成的。

与凝汽器压力 p_c 相对应的饱和蒸汽温度 t_s 为

$$t_s = t_{w1} + \Delta t + \delta t \tag{5-1}$$

式中　Δt——冷却水温升,$\Delta t = t_{w2} - t_{w1}$;

　　　δt——传热端差,$\delta t = t_s - t_{w2}$。

由式可见凝汽器中蒸汽的饱和温度与 t_{w1}、Δt 和 δt 有关,即凝汽器中蒸汽压力与 t_{w1}、Δt 和 δt 有关。从式 (5 – 1)可知,汽轮机运行时,只要知道当时的 t_{w1}、Δt 和 δt 的数值,就可以根据式 (5 – 1)确定蒸汽饱和温度 t_s,进而在水蒸气表上求得凝汽器的压力 p_c。下面进一步分析一下 t_{w1}、Δt 和 δt 对凝汽器压力的影响。

(一)冷却水进口温度 t_{w1}

冷却水进口温度 t_{w1} 决定于地区的气温和供水方式,而与凝汽器的运行情况无关。在其他条件不变的情况下,t_{w1} 越低真空越高,因此,冬季比夏季水温低,真空也较高。

(二)冷却水温升 Δt

冷却水温升 Δt 可根据凝汽器热平衡方程求得:

$$D_c(h_c - h'_c) = D_w c_p (t_{w2} - t_{w1}) \tag{5-2}$$

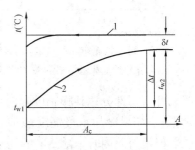

图 5 – 20　凝汽器中蒸汽和冷却水
温度沿冷却表面的分布
1—饱和蒸汽放热过程;
2—冷却水的温度升高过程

式中　D_c——进入凝汽器的蒸汽量,kg/h;

　　　D_w——进入凝汽器的冷却水量,kg/h;

　　h_c、h'_c——蒸汽和凝结水的焓,kJ/kg;

c_p——冷却水的比热容，对于淡水 $c_p \approx 4.1868\text{kJ}/(\text{kg}\cdot\text{℃})$；

t_{w1}、t_{w2}——进、出口冷却水的温度，℃。

而

$$t_{w2} - t_{w1} = \Delta t$$

于是

$$D_c(h_c - h_c') = D_w c_p \Delta t \tag{5-3}$$

或

$$\Delta t = \frac{h_c - h_c'}{c_p \dfrac{D_w}{D_c}} = \frac{h_c - h_c'}{c_p m}$$

式中　$\dfrac{D_w}{D_c}$——凝汽器的冷却倍率，用符号 m 表示。

m 表示凝结排汽所需要的冷却水量，m 值越大，Δt 值越小，凝汽器就可以达到较低的压力，但因此而消耗的冷却水量及循环水泵的耗功也较大。现代凝汽器的 m 值约在 $50 \sim 120$ 的范围内，最佳的 m 值应通过技术经济比较来确定。当冷却水源充足，并采用单流程凝汽器时，可选用较大的 m 值。

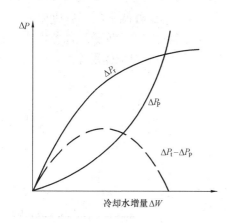

图 5 – 21　汽轮机功率增量及水泵耗功增量与冷却水增量的关系曲线

$h_c - h_c'$ 是每千克排汽的凝结放热量，在凝汽式汽轮机通常的排汽压力变化范围内，$h_c - h_c'$ 变化很小，约为 2180kJ/kg。于是式（5 – 3）可改写为

$$\Delta t \approx \frac{2180}{c_p m} \approx \frac{520}{m} \tag{5-4}$$

可见 Δt 与 m 成反比。在运行时，汽轮机排汽量是由外界负荷决定的。降低排汽压力，或降低 Δt，主要依靠增加冷却水量 D_w 来实现。

在一般情况下，随着冷却水量的增加（增量为 ΔW）汽轮机的功率是逐渐增加的（增量为 ΔP_r），图 5 – 21 中的 ΔP_r 曲线是以较大的斜率上升，后又趋于平坦。这是因为当汽流在汽轮机末级动叶斜切部分达到膨胀极限时，所对应的背压为汽轮机的极限背压（或称凝汽器的极限真空）。如果冷却水量继续增加，背压再低下去，只能增加余速损失，机组功率不会再增加。但是与此同时，随 ΔW 的增加，循环水泵耗功的增量却越来越多。从理论上讲，只有当 $(\Delta P_r - \Delta P_P)$ 达到最大值时，即在功率及 t_{w1} 一定的前提因提高真空所获得的净效益为最大时，真空才是最佳真空。如果一味地增加冷却水量，使凝汽器内的真空高于最佳真空，这反而使电厂出力减少。综上所述，极限真空不一定是最佳真空。

（三）传热端差 δt

由式（5 – 1）可知，减小传热端差 δt 可使 t_s 降低。影响 δt 的因素可从下面推导的公式作进一步分析。由凝汽器的传热方程可知，蒸汽在凝结时，传给冷却水的热量 Q 为

$$Q = D_c(h_c - h_c') = A_c K \Delta t_m = D_w c_p \Delta t \tag{5-5}$$

式中　A_c——冷却水管外表面总面积，m^2；

　　　K——凝汽器的总传热系数，$\text{kJ}/(\text{m}^2\cdot\text{h}\cdot\text{℃})$；

Δt_{m}——排汽和凝结水之间的平均传热温差。

Δt_{m} 可由下列公式计算：

$$\Delta t_{\mathrm{m}} = \frac{t_{\mathrm{w1}} - t_{\mathrm{w2}}}{\ln \dfrac{t_{\mathrm{s}} - t_{\mathrm{w1}}}{t_{\mathrm{s}} - t_{\mathrm{w2}}}}$$

根据式（5-1）可得

$$\Delta t_{\mathrm{m}} = \frac{\Delta t}{\ln \dfrac{\Delta t + \delta t}{\delta t}} \tag{5-6}$$

将 Δt_{m} 表达式代入式（5-5）中，得

$$A_{\mathrm{c}} = \frac{D_{\mathrm{w}} c_p}{K} \ln \frac{\Delta t + \delta t}{\delta t}$$

或

$$\delta t = \frac{\Delta t}{\mathrm{e}^{\frac{KA_{\mathrm{c}}}{D_{\mathrm{w}} c_p}} - 1} \tag{5-7}$$

式中 K 值与冷却水进出口温度、冷却水流速、蒸汽流速和流量、凝汽器结构（含循环水流程数、管子排列方式、管径、管材）、冷却表面清洁程度及空气含量等有关。目前常用的公式为

$$K = 14650 \beta_c \beta_{\mathrm{w}} \beta_t \beta_z \beta_d$$

$$\beta_{\mathrm{w}} = \left(\frac{1.1 c_{\mathrm{w}}}{\sqrt[4]{d_1}} \right) 0.12 \beta_c (1 + 0.15 t_{\mathrm{w1}})$$

$$\beta_t = 1 - \frac{0.42 \sqrt{\beta_c}}{1000} (35 - t_{\mathrm{w1}})^2$$

$$\beta_z = 1 + \frac{z - 2}{10} \left(1 - \frac{t_{\mathrm{w1}}}{35} \right)$$

式中　β_c——冷却面清洁程度修正系数，对直流供水方式 $\beta_c = 0.08 \sim 0.85$，循环供水方式 $\beta_c = 0.75 \sim 0.80$，当冷却水较脏时 $\beta_c = 0.65 \sim 0.75$；

　　　β_{w}——冷却水流速和管径修正系数，它是冷却水流速 c_{w} (m/s)、铜管内径 d_1 (mm)、进口水温 t_{w1} （℃）和系数 β_c 的函数；

　　　β_t——冷却水进口温度修正系数；

　　　β_z——冷却水流程数 z 的修正系数；

　　　β_d——凝汽器单位蒸汽负荷 $d_{\mathrm{c}} \left(d_{\mathrm{c}} = \dfrac{D_{\mathrm{c}}}{A_{\mathrm{c}}} \right)$ 的修正系数，d_{c} 是单位时间、单位面积上的凝汽量，即 $d_{\mathrm{c}} = \dfrac{D_{\mathrm{c}}}{A_{\mathrm{c}}}$，当 d_{c} 在额定值 $(d_{\mathrm{c}})_{\mathrm{n}}$ 到临界值 $(d_{\mathrm{c}})_{\mathrm{cr}} = (0.9 - 0.012 t_{\mathrm{w1}})(d_{\mathrm{c}})_{\mathrm{n}}$ 之间变化时，$\beta_d = 1$；当 $d_{\mathrm{c}} < (d_{\mathrm{c}})_{\mathrm{cr}}$ 时，$\beta_d = \delta_0 (2 - \delta_0)$，其中 $\delta_0 = d_{\mathrm{c}}/(d_{\mathrm{c}})_{\mathrm{cr}}$；新设计的凝汽器，$\beta_d = 1$。

由上述分析可知，减小传热端差可使 t_{s} 降低，真空提高。但减小传热端差就要增大凝汽器的传热面积，使其造价提高。所以设计时，δt 不宜太小，常取 $\delta t = 3 \sim 10$℃，多流程凝汽器可取偏小值，而对单流程凝汽器可取偏大值。

二、凝汽器的热力特性

凝汽器偏离设计工况的运行工况，称凝汽器的变工况。当机组负荷变化时，凝汽量 D_c 要发生相应的变化；冷却水进口温度 t_{w1} 会随气候不同而改变；冷却水量 D_w 也随循环水泵的运行方式而变化，这些变化都使凝汽器处在变工况下工作，凝汽器内的压力 p_c 也同时发生变化。凝汽器压力 p_c 随 t_{w1}、D_w 和 D_c 变化而变化的规律称为凝汽器的热力特性，或称为它的变工况特性，而 p_c 与 t_{w1}、D_w、D_c 之间的关系曲线，称为凝汽器的热力特性曲线。

由式（5-4）冷却水温升 Δt 为

$$\Delta t = \frac{520}{m} = \frac{520}{D_w} D_c$$

当冷却水量 D_w 不变时，则 Δt 与 D_c 为正比关系，即

$$\Delta t = aD_c \tag{5-8}$$

由式（5-7）、式（5-8）可写为

$$\delta t = \frac{aD_c}{e^{\frac{KA_c}{D_w c_p}} - 1} \tag{5-9}$$

当 D_w 不变时，c_p 不变，传热系数 K 亦近似不变，因而 δt 亦与 D_c 成正比例关系，如图5-22 中的虚线所示，即

$$\delta t = bD_c$$
$$b = \frac{a}{e^{\frac{KA_c}{D_w c_p}} - 1} \tag{5-10}$$

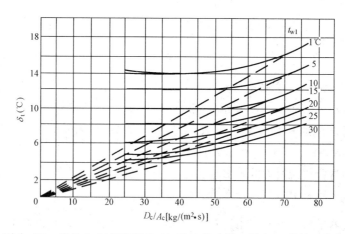

图5-22　端差 δt 与负荷率 D_c/A_c 及冷却水进口温度 t_{w1} 的关系曲线

由式（5-1）可知，凝汽器压力 p_c 下相应的饱和温度为

$$t_s = t_{w1} + aD_c + bD_c \tag{5-11}$$

可见排汽的饱和温度 t_s 与冷却水进口温度 t_{w1} 及蒸汽负荷 D_c 之间存在着固定关系，而对应于每一个 t_s 之值都可以在水蒸气表上查得相应的 p_c 之值，所以当 D_w 不变时，对应每一个 t_{w1} 值均可得出 t_s 与 D_c 之间的一个确定关系曲线，即 p_c 与 D_c 之间的关系曲线，这条曲线就是在 D_w、t_{w1} 不变时凝汽器的热力特性曲线。它可用计算方法或实验方法得出，但因缺乏系统

可靠的数据来估计凝汽器在非设计工况下的 K 值，所以用计算方法绘制的特性曲线不如用实验方法得出的特性曲线准确。

图 5-23 为 N-11220-1 型凝汽器的特性曲线。由图可见，当冷却水量和冷却水进口温度一定时，凝汽器真空随机组负荷减小而升高；当冷却水量和机组负荷一定时，凝汽器真空将随冷却水进口温度的降低而升高。因此在其他条件相同的情况下，凝汽器真空在冬天比夏天高些。

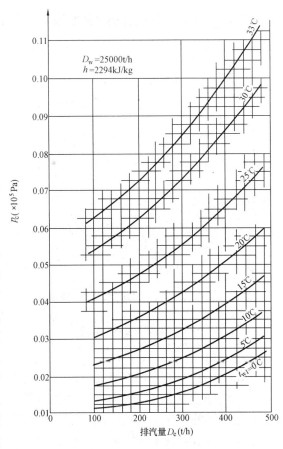

图 5-23 N-11220-1 型凝汽器的热力特性

最后应该明确，对每一个工况，凝汽器都有一个对应的最有利真空。以此为基准，真空再提高，将使机组的热经济性降低。真空过度降低，即所谓的真空恶化，将引起一系列的不良后果。如机组的理想焓降相应减小，在认为此时机组的损失基本不变的前提下，机组的效率要降低；低压缸因蒸汽温度升高而变形，使机组内动静之间的间隙变化，间隙消失会引起机组振动；有的机组，低压转子的轴承坐落在低压缸上（亦称轴承不落地，如国产50、100、200MW 汽轮机就是这种结构），当低压缸膨胀时，原来分配在轴系各轴承上的负荷要发生变化，轴向推力也随之变化，变化幅度大了，也影响机组的安全运行；由于铜管和凝汽器壳体的线胀系数不一样，真空频繁变化，会使铜管在管板中的胀紧程度遭到破坏，真空恶化时，空气分压力增大，使凝结水中的含氧量增加等。因此一旦真空恶化时，机组将被迫减负荷或停机。

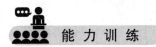

什么是凝汽器的热力特性？

任务四 抽 气 器

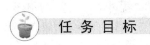

熟悉抽气器的特性。

知 识 准 备

抽气器的任务是在机组启动时使凝汽器内建立真空；在正常运行时不断地抽出漏入凝汽器的空气及排汽中的不凝结气体，维持凝汽器的规定真空，以保证凝汽器的正常工作。抽气器的种类很多，现代电厂中常用的抽气器有射汽抽气器、射水抽气器和机械式真空泵等。

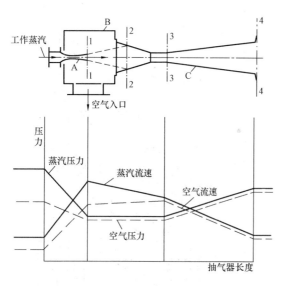

图 5 - 24　射汽抽气器示意图
A—工作喷管；B—混合室；C—扩压管

一、射汽抽气器

（一）启动抽气器

启动抽气器的主要任务是在机组启动前使凝汽器迅速建立起必要的真空。通常的启动抽气器都是单级的。如图 5 - 24 所示，它由工作喷管、混合室和扩压管三部分组成。由主蒸汽管道来的工作蒸汽节流至 1.2 ~ 1.5MPa 压力后，进入工作喷管。该喷管一般采用缩放喷管，它可使喷管出口汽流速度达到 1000m/s 以上，使混合室形成高度真空（混合室压力低于凝汽器压力 p_c）。由凝汽器来的空气和蒸汽混合物不断地被吸进混合室，又陆续被高速汽流带进扩压管。在扩压管中，混合气体的动能逐渐变为压力能，最后在略高于大气压的情况下排入大气，由于混合物的工作蒸汽的热量和凝结水都不能回收，所以启动抽气器经常运行是不经济的。当真空达要求以后，就将主抽气器投入，关闭启动抽气器。

（二）主抽气器

主抽气器的主要任务是在汽轮机正常运行期间把凝汽器中的空气抽出，以维持凝汽器的正常真空。

图 5 - 25 是两级主抽气器的工作原理。凝汽器的蒸汽、空气混合物由第一级抽气器抽出并经扩压管压缩到低于大气压力的某一中间压力，然后进入中间冷却器 2，使其中大部分蒸汽凝结成水，其余的蒸汽和空气混合物又被第二级抽气器抽走。混合物在第二级抽气器中被压缩到高于大气压，再经冷却器 4 将大部分蒸汽凝结成水，最后将空气及少量未凝结的蒸汽排入大气。

实际上，主抽气器还有采用三级的。采用多级后，可设立中间冷却器。设立中间冷却器的好处在于：因混合物在扩压管中的流动是绝热的压缩过程，其间混合物的温度要上升，使消耗的压缩功增加。设立冷却器能使混合物冷却下来，所消耗的压缩功就可减小，从而可节省抽气器工质的能量；自扩压管排出的蒸汽，有大部分凝结成水，这就减轻了下一级抽气器的负担；蒸汽在冷却器中被冷却下来，相应的饱和压力也降低，在扩压管扩压能力不变的情况下，又会使该扩压管前的压力进一步降低，使凝汽器的抽气口处形成更高的真空；同时冷却器还回收了工作蒸汽的热量和凝结水，提高了系统的经济性。

一般都采用从凝结泵打出来的主凝结水作为抽气冷却器的冷却水（如图 5 - 26 所示），而且主抽气器总是安装在抽汽压力最低的低压加热器前面（按主凝结水的流向），因为这里主凝结水的温度最低，被凝结的蒸汽量最多。在主凝结水管路上设有再循环管道 6，以保证在机组启动或低负荷运行时，抽气冷却器有足够的冷却水。

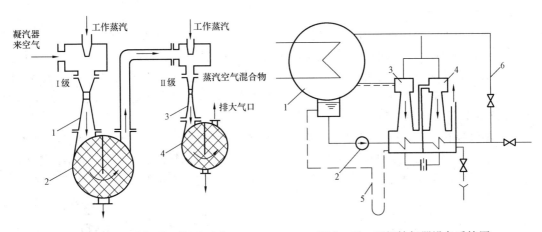

图 5 - 25　两级抽气器工作原理图
1—第一级抽气器；2—第一级冷却器；
3—第二级抽气器；4—第二级冷却器

图 5 - 26　两级抽气器设备系统图
1—凝汽器；2—凝结水泵；3—第一级抽气器；
4—第二级抽气器；5—水封管；6—再循环管

由于中间冷却器内的汽侧与凝汽器的汽侧有一定压差，所以可用带节流阀的管子将中间冷却器内的凝结水疏到凝汽器内。为了防止抽气器因故不能正常工作时，空气大量漏进凝汽器，所以采用了垂直布置的 U 形水封管 5。水封管的总长度 L（m）必须符合下列条件：

$$L > 2(p_1 - p_c) \times 10^{-4} \tag{5-12}$$

式中　p_1——第一级冷却器中汽侧的压力，Pa；
　　　p_c——凝汽器中汽侧的压力，Pa。

这样，即使第一级冷却器汽侧暴露在大气中，空气也不会通过水封管进入凝汽器，但水封管允许第一级冷却器中的疏水顺利通过。第二级冷却器的凝结水因其压力较高，可通过节流孔板或阀门自流到第一级冷却器。

（三）射汽抽气器的特性

射汽抽气器的特性是指当工作蒸汽的压力一定时，抽气口压力与抽出空气量之间的关系。图 5 - 27 示出了一台两级抽气器的特性曲线。较平坦的一段是工作段，较陡的一段是过负荷段，这两段曲线的转折处所表示的抽气量与抽气口压力就是设计值。由于测绘该曲线的前提是工作蒸汽的初压是一定的，即工作蒸汽的能量是一定的，因此只有当抽气口的压力较高时，才能抽出更多的空气量。图 5 - 27 中较平坦的工作段表示了在这个范围内抽气器的工

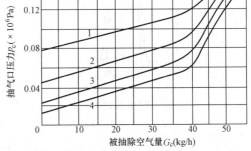

图 5 - 27　两级射汽抽气器的特性曲线
1—蒸汽空气混合物温度 $t''_s = 40℃$；2—蒸汽空气混合物温度 $t''_s = 30℃$；3—蒸汽空气混合物温度 $t''_s = 20℃$；
4—抽除干空气

作特性。若要使抽气量大于设计值，扩压管就偏离设计工况，效率就降低，抽气口的压力就明显升高；抽气口压力升高后，又影响工作蒸汽在喷管中的膨胀，使蒸汽动能减小，扩压管的扩压能力又被削弱，从而使抽气口的压力进一步提高，所以过负荷时的特性曲线特别陡。为此选用的设计抽气量要比正常运行时漏入的空气量大 3~4 倍，以保证抽气器在工作段内工作，使凝汽器保持高度真空。

二、射水抽气器

射水抽气器的工作原理和射汽抽气器一样，只是工质用压力水而不用蒸汽。

图 5-28 为一国产射水抽气器的结构。由射水泵来的压力水进入水室 1，经喷管 2 将压力能转为动能，使混合室 4 中形成高度真空，凝汽器中的蒸汽又被工作水带进扩压管 5，扩压管的出口压力略高于大气压，汽水混合物随工作水一起排出。当水泵发生故障时，止回阀 3 自动关闭，以防止水和空气倒流入凝汽器。

射水抽气器在系统中的连接通常有如下两种方式：一种如图 5-29 所示的开式供水方式，工作水用专用的射水泵从凝汽器循环水入口管引出，经抽气器后排出的气水混合物引至循环水出口管中；另一种方式如图 5-30 所示，设置专门的工作水箱。

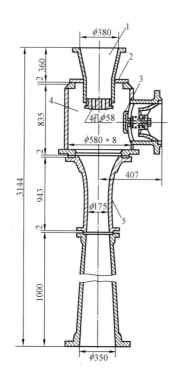

图 5-28　射水抽气器示意图
1—水室；2—喷管；3—止回阀；
4—混合室；5—扩压管

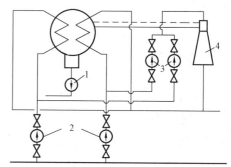

图 5-29　射水抽气器在系统中的连接
1—凝结水泵；2—循环水泵；3—射水泵；4—射水抽气器

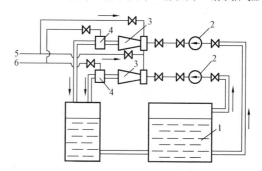

图 5-30　设有专门水箱的射水
抽气器在系统中的连接
1—工作水箱；2—射水泵；3—射水抽气器；4—轴封抽气器；
5—凝汽器来汽、气混合物；6—轴封加热器来汽、气混合物

射汽抽气器与射水抽气器相比，前者的工作蒸汽是从新蒸汽节流而来的，因此产生节流损失，从效率上考虑是不经济的；如果前者与单元制机组配套，当这种机组采用冷态滑参数启动方式时，还需要为射汽抽气器准备汽源。从这些角度考虑，采用后者较为有利。但射水抽气器需要设置专用的射水泵，投资较多；而且又不能回收被抽出蒸汽的凝结水及其热量，

增加了凝结水的损耗。所以现在大功率机组很多采用了真空泵抽空气系统，下面就对真空泵进行介绍。

三、机械式真空泵

在国内外电站中作为抽气设备的机械式真空泵主要有水环式真空泵和离心机械泵两种。

（一）水环式真空泵

水环式真空泵的结构如图 5-31 所示，水环泵的叶轮 5 与泵体 4 呈偏心位置，两端由侧盖 8 封住，侧盖端面上开有吸气窗口 7 和排气窗口 2，分别与泵的入口 9 和出口 10 相通。当泵体内充有适量的水时，由于叶轮的旋转，水向四周甩出，在泵体内部和叶轮之间形成一个旋转的水环 3，水环内表面与轮毂表面及侧盖端面中间形成月牙形的工作空腔 1，叶轮上的叶片 11 又把空腔分成若干各互不相通的、容积不等的封闭小室 6。在叶轮的前半转（吸入侧），小室的容积逐渐增大，气体经吸入窗口被吸入到小室中，在叶轮的后半转（排出侧），小室容积逐渐减小，气体被压缩，压力升高，然后经排气窗口排出。水环泵工作时，必须从外部连续的注入一定量的水以补充排气带走的损失水。这里的补充水除传递能量外，还起密封工作腔和冷却气体的作用。

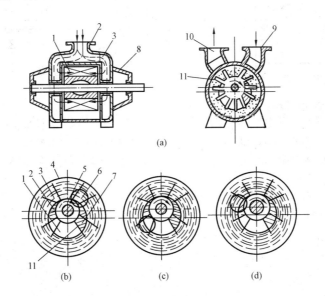

图 5-31 水环泵结构和工作原理示意图
（a）结构简图；（b）吸气位置；（c）压缩位置；（d）排气位置
1—月牙形空腔；2—排气窗口；3—水环；4—泵体；5—叶轮；6—叶片间小室；7—吸气窗口；8—侧封盖；
9—入口；10—出口；11—叶片

使用中的水环泵有单级的、多级的和单级串接喷射器的串接式水环泵。两级水环泵比单级水环泵有高的极限真空，而且吸气量曲线下降较平坦，适用于较高真空下仍需要较大吸气量的工作场合。两级水环真空泵还可作水蒸气射流等高真空泵的次级增压泵。两级水环泵是两级叶轮串联在同一根轴上，主轴与驱动装置直接连接。用于电站凝汽器装置上的两级水环泵抽真空时有两种运行方式，在低真空时的启动工况，此时凝汽器和其他真空系统的绝对压力为 14665.2Pa，可单级运行；高真空时的正常运行工况，此时凝汽器的绝对压力为 5999.4Pa，可两级串联运行。

在电站中使用的串接式真空泵（如图 5-32 所示），是把一台喷射器接在水环泵的进口用以提高抽吸真空。以大气为工作介质，从喷管高速射出，将被引射气体抽出，以后再进入水环泵，在那里继续被压缩，最后排到气、水分离箱。

单级水环泵只能作为机组的启动真空泵。

图 5-33 所示为某发电站 350MW 汽轮机配用的纳希（NASH）式真空泵，也是在水环泵的入口接一个大气喷射器而组成的串接式水环泵系统。

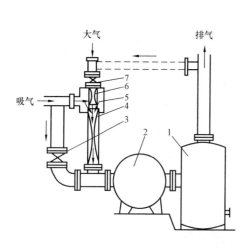

图 5-32 串联气体喷射器的水环真空泵
1—气、水分离箱；2—水环真空泵；3—水环泵
进汽阀；4—喷射器扩压管；5—喷射器吸入室；
6—喷管；7—喷射器控制阀

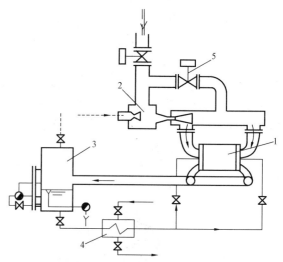

图 5-33 纳西真空泵系统
1—水环泵；2—大气式喷射器；3—汽、水分离器；
4—工作水冷却器；5—旁通阀

图 5-34 所示为某发电站 300MW 和 600MW 汽轮机配用的 2BW4-353-OBK 型水环真空泵组装置，其中水环泵为 2BE1350-0 型。

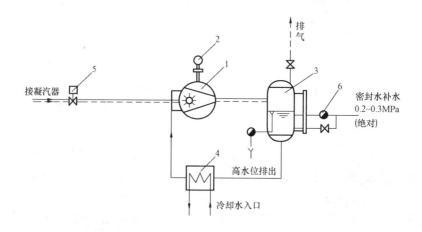

图 5-34 2BW4-353-OBK4 型水环真空泵组
1—2BE1353-0 型水环泵；2—电动机；3—气、水分离箱；4—工作水冷却器；
5—进汽密封隔离间；6—水位调节阀

（二）离心式机械泵（LEBEL式空气泵）

离心式机械泵由于它在电站中有成熟的运行经验，故在国外近代的 100～300MW 的汽轮机上仍广泛采用。图 5－35 所示为部分进水的离心式真空泵结构。它有一个具有辐向叶片的工作轮 1，工作轮放在和扩压管 3 相连接的外壳 2 中；工作水从特制的水箱中投入，通过管口 4 到吸入室 5，然后经喷管 6 进入旋转的工作轮 1 上的叶片，工作轮由电动机拖动。它的工作原理是：从喷管出来的水流被工作轮上的叶片隔碎为各式的小股水柱，这些具有高速的小股水柱被送入聚水锥筒 7，这些小股水柱相当于一些小活塞，沿管口进入泵中空气即夹在这些小活塞之间的空间中被带走。水和空气在聚水锥筒中增速并进入扩压管，经扩压管扩压，把汽、气混合物压缩到高于大气压力，然后排入工作水箱，经气、水分离后，气体排出，工作水继续参加循环。同样这种泵也需要定期补入冷水，以防工作水的流失和水温过高。某电站一台 320MW 汽轮机选用 3 台 LEBEL 真空泵，两台工作，一台备用。同时配有两台射汽抽气器为启动抽气器。

图 5－35 为 LEBEL 离心式机械真空泵结构。

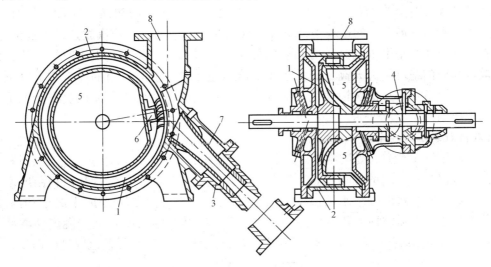

图 5－35　LEBEL 离心式机械真空泵结构

1—具有辐向叶片的工作轮；2—外壳；3—扩压管；4—工作水进水管；5—吸入室；6—喷管；7—聚水锥筒；8—空气进口管

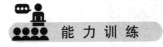
能 力 训 练

什么是抽气器的特性？

任务五　凝汽器的运行与监督

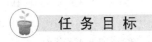
任 务 目 标

熟悉凝汽器正常运行过程中监督的内容。

知 识 准 备

加强对凝汽器在运行中的检查、分析、监督，是保持凝汽器在安全、经济状态下运行的一个有效手段。凝汽器运行状况好坏的标志，主要表现在以下三个方面：

（1）能否达到最有利的真空。

（2）能否保证凝结水的品质合格。

（3）凝结水的过冷度能否保持最低。

一、影响凝汽器工作的因素

（一）凝汽器中存在空气对凝汽器真空的影响

凝汽器中，由于真空系统不能绝对密封而从外界漏入空气，以及蒸汽中所含的不凝结气体（因为给水中的含气量不可能达到绝对为零）在蒸汽凝结时被析出，空气会使冷却水管表面上形成一层空气膜而降低了传热效果，影响蒸汽的冷却放热。在凝汽器中空气容积含量越大，对蒸汽的放热影响也越大。汽轮机排汽在凝结初期空气含量相对很小，在蒸汽进入管束逐渐凝结的过程中，空气含量相对不断增加，使蒸汽放热过程逐渐恶化。凝汽器中的全压力是由蒸汽分压力和空气分压力组成的混合压力，由于空气分压力的存在，凝汽器内的绝对压力升高，凝结水中的含氧量增加，引起机组的经济效益降低，加快了机、炉设备及管路的腐蚀速度。所以，真空系统的严密性是保证机组安全经济运行的一个重要因素。

（二）凝结水的过冷却

汽轮机排汽在刚进入凝汽器时，因空气含量极小，蒸汽在凝汽器中的热交换过程可以看作是纯蒸汽与水之间的传热过程，当蒸汽放出汽化潜热后，仍保持其饱和温度不变的状态下凝结成水，所以凝结水的温度 t_c 在理论上应等于凝汽器压力 p_s 下的饱和温度 t_s。但实际上由于凝汽器的构造和运行上存在的问题，凝结水的温度 t_c 低于凝汽器喉部排汽压力 p_s 下的饱和温度 t_s，这种现象称为凝结水的过冷却，t_c 与 t_s 的差值叫过冷却度，常用 δ 表示。

产生凝结水过冷却的原因及其消除措施：

（1）凝汽器内铜管排列不好，缺乏回热通道，管束布置过密。旧式凝汽器内由于管子布置过密和排列不好，使蒸汽通往凝汽器的中心或下部时受到很大阻力，而造成蒸汽负荷大部分集中在上部几排冷却水管上，如图 5 – 36（a）所示。而进入凝汽器中部和下部的蒸汽压力低于上部压力，因而凝结水温亦随其降低至相应的饱和温度。

另外，蒸汽在上部冷却水管凝结成水后通过稠密管束时，将在冷却水管的外表

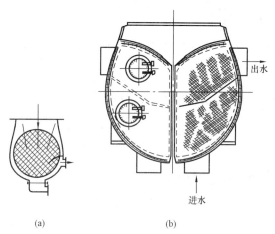

（a）　　　　　　（b）

图 5 – 36　旧式凝汽器铜管的排列改进

（a）管束排列过密的旧式凝汽器；

（b）改进管束排列后的凝汽器

面上形成一层水膜，如图 5 - 37 所示。水膜外层温
度接近或等于该处蒸汽的饱和温度，而水膜内侧温
度则接近或等于冷却水温度，当水膜变厚聚积成水
滴下落时，此水滴温度就低于凝汽器内压力 p_s 下的
饱和温度。

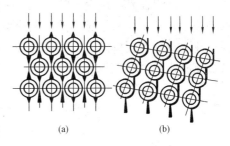

图 5 - 37　蒸汽在上部管束上凝结成
水滴的下落过程
（a）错列；（b）转移轴线的排列

　　现代新型凝汽器通常制成回热式，即管束排列
时保证凝汽器中有较大的通道面积，保证有部分蒸
汽能直接进入凝汽器下部，使凝结水在进入热水井
之前有同蒸汽充分接触的机会，从而消除凝结水过
冷现象，如图 5 - 36（b）所示。

　　（2）凝汽器内积存空气。凝汽器内积存空气主
要因为真空系统不严密，抽气器工作失常或效率降低等原因，从而引起凝汽器压力升高，真
空降低。凝汽器内空气量增多，在冷却水管表面上会形成传热效果不良的空气膜而影响传热
效果。在凝汽器热负荷和冷却水出口温度 t_{w2} 不变的情况下，凝汽器端差 δt 是否增大，是判
别凝汽器内是否积存空气的一个重要依据。在凝汽器入口处汽轮机排汽中空气的含量极少，
排汽压力近似等于蒸汽分压力，排汽温度是对应于蒸汽分压力的饱和温度。在凝汽器的中下
部，随着汽轮机排汽流程的增长，空气成分在汽、气混合物中不断增多，蒸汽成分在汽、气
混合物中相对下降，蒸汽分压力亦相应降低，而蒸汽凝结温度只对应于蒸汽分压力的饱和温
度，因而排汽温度与凝结水温度存在过冷度 δ。在非回热式凝汽器中，凝结水的过冷现象更
为显著。在运行中保证凝汽器真空系统严密不漏和抽气器的良好工作，是保证凝汽器在高度
真空下工作，防止凝结水产生过冷度的有效措施之一。

　　（3）凝汽器内凝结水位过高而导致凝结水过冷。运行中凝汽器内凝结水位升高的原因
有：机组负荷升高而凝结水泵的流量未相应增加、凝结水泵的轴向密封盘根漏空气使凝结水
泵出力降低、凝结水泵落水、凝汽器冷却水管破裂等。当水位升高至浸没部分冷却水管时，
致使凝结水再次被冷却而产生过冷。

　　凝结水的过冷是凝汽设备中的又一个异常现象，这种异常对发电厂的安全、经济都是不
利的。凝结水过冷却，一方面增大了锅炉燃烧煤耗，另一方面使凝结水中含氧量升高，使凝
结水管路、低压加热器等设备受腐蚀。凝结水过冷度增大 $1℃$，煤耗率约增加 $0.1\% \sim$
0.15%。因此，凝汽器在运行中防止凝结水过冷是运行人员的一项重要工作。

二、真空恶化的原因及判断方法

（一）真空恶化的原因

　　在运行中，凝汽器真空恶化可分为真空急剧下降与缓慢下降的两种情况。凝汽器真空急
剧下降的原因有：① 循环水中断；② 凝汽器内凝结水位升高，淹没了抽气器入口空气管
口；③ 抽气器喷管被堵塞或疏水排出器失灵；④ 汽轮机低压轴封中断或真空系统管道破
裂；⑤ 发生错误操作；⑥ 在冬季运行，利用限制凝汽器冷却水入口流量保持汽轮机排汽温
度，致使冷却水流速过低而在凝汽器冷却水出口管上部形成气囊，阻止冷却水的排出。

　　对于上述事故处理不及时，将会迫使机组停机。因而要求运行人员做到熟悉运行设备，
迅速发现设备的故障点，确保安全、经济生产。凝汽器真空缓慢下降，虽然危害较小，允许
有较长时间寻找故障点，但找出故障点也是比较困难的。

引起凝汽器真空缓慢下降的主要因素有：① 冷却水量 D_w 不足；② 冷却水温上升过高，通常发生在夏季，采用循环供水系统更容易产生这种情况；③ 凝汽器内冷却水管结垢或脏污；④凝汽器内缓慢漏入空气；⑤ 抽气器效率降低；⑥ 由于冷却水内有杂物使部分冷却水管被堵塞。

（二）真空恶化的判断方法

为了检查、分析凝汽器真空恶化的原因，可根据式（5-1）进行判断：

$$t_s = t_{w1} + \Delta t + \delta t$$

1. 冷却水入口温度 t_{w1} 对凝汽器真空的影响

在其他条件相同的情况下，凝汽器入口冷却水温度 t_{w1} 越高，则凝汽器出口冷却水温度 t_{w2} 越高，因而排汽温度 t_s 也越高，所以，凝汽器内的真空值就越低。

2. 传热端差 δt 对凝汽器真空的影响

δt 的大小决定于凝汽器的构造、管子内外表面的清洁、冷却水管内冷却水的流量和流速、冷却水入口温度、进入凝汽器的蒸汽流量、真空系统的严密性等。凝汽器在实际运行中，虽然负荷和冷却水条件都相同，但冬季与夏季相比，往往是冬季的端差要比夏季大。因为冬季冷却水入口温度要比夏季低，凝汽器内真空值升高，真空系统漏气量增大，影响了冷却水管的传热效果，因此传热端差增大。

在循环水量 D_w 不变的情况下，凝汽器蒸汽负荷 D_c 上升，δt 亦跟随增大，这是因为在单位冷却面积和单位时间内热交换增强的结果。当凝汽器冷却表面脏污时，管壁随着污垢和有机物的增长而加厚，影响了汽轮机排汽与冷却水的热交换，也使凝汽器端差 δt 增加。真空系统不严密或抽气器工作失常，也会使凝汽器内空气量增多，在冷却表面上将形成空气膜，影响热交换的进行，使 δt 增大，凝汽器真空下降。若凝汽器内的部分冷却水管被堵塞，则相当于减少了凝汽器的传热面积，也会使传热端差 δt 增大。

由上述分析可知，传热端差 δt 的变化标志着凝汽器运行状况的好坏，因而 δt 可作为判别、分析凝汽器运行状态的依据。凝汽器在运行中 δt 的数值越小，表明其运行情况越好。

要保证凝汽器内有良好的真空，在蒸汽负荷 D_c、冷却水温 t_{w1}、冷却水量 D_w 一定的条件下，必须保持冷却表面的清洁和保证蒸汽空间不积存空气；否则必须进行凝汽器清洗或检查消除真空系统的漏气点。

3. 冷却水量 D_w（或冷却水温升 Δt）对凝汽器真空的影响

Δt 数值的大小决定于汽轮机排汽放出的热量和冷却水量的多少。如果保持冷却水量不变，则当凝汽量 D_c 增加时，温升 Δt 增大，凝汽器内真空降低。若保持凝汽量 D_c 不变，则随 D_c 的增加温升 Δt 减小，凝汽器内真空升高。当冷却水量减少，冷却水流速降低时，冷却水吸热量将增加，温升 Δt 升高，汽轮机排汽温度 t_s 也随着升高，因而凝汽器内真空降低。在中小机组中，当 Δt 大于 $8 \sim 12\,℃$ 时，应增加循环水量；若 Δt 低于 $6\,℃$ 时，则应减少冷却水量。增加或减少循环水量，要根据机组负荷的大小和循环水入口温度的高低进行综合分析后决定。

三、凝汽器的投运和停运

凝汽器一般在汽轮机本体启动前投入运行，在汽轮机本体停运后停运。凝汽器的启动包括启动前的检查和启动操作两部分。

（一）投运前的检查和试验

投运前的检查和试验，是保证凝汽器顺利投运的重要步骤，以便及早发现问题及时处理，防止一些设备缺陷影响机组运行。凝汽器投运前的检查与试验项目如下：

（1）凝汽器灌水试验。该试验是查找凝汽器泄漏的最有效方法之一，可以及时发现凝汽器管子及与凝汽器相连的部分管道和附件有无泄漏。

（2）电动阀的开关试验。与凝汽设备有关的循环水系统、补充水系统及胶球清洗系统等处的电动阀门和气动阀门均应做开关、调整试验，以确保其动作灵活可靠及关闭严密。对于循环水系统电动阀门，还应注意终端开、关位置是否正确，并记录其全开至全关的动作时间，供运行时参考。

（3）按照运行规程要求对凝汽器的汽、水系统阀门进行检查，各阀门的开关状态应符合要求，一般汽、水侧放水阀关，水侧入口阀开，水侧出口阀适当开启。

（4）检查热工仪表在正确投入状态，如水位表、压力表和温度表等。

（5）检查封闭人孔门，灌水试验用的临时支撑物拆除，设备处于启动状态。

（二）凝汽器的投运操作

凝汽器投运分水侧投运和汽侧投运两个步骤。水侧投运在机组启动前完成，不宜过早，以节约厂用电。汽侧投运与机组启动同步进行，是机组启动的一部分。

1. 水侧投运

对于单元制系统，凝汽器水侧的投运与循环水系统同步进行。启动循环水泵，循环水系统及凝汽器水侧投入运行。凝汽器通水后应检查人孔门等部位是否漏水，调整凝汽器的出口阀门开度，保持正常的循环水流。

2. 汽侧投运

凝汽器汽侧投运分清洗、抽真空、带热负荷三个步骤。①清洗。凝汽器汽侧的清洗是保证凝汽器水质合格的重要手段之一。清洗前应联系化学分场储备足够的补充水量，并检查关闭凝汽器汽侧放水阀。启动补充水泵，向凝汽器补水至一定水位后，开汽侧放水阀，继续冲洗凝汽器汽侧冷却水管外壁及室壁，直到水质合格。②抽真空。机组冷态启动时，应在锅炉点火前抽真空，以保证疏水的畅通、工质的回收和汽轮机冲转的顺利进行。抽真空时，应监视凝汽器真空的上升情况，判断抽真空系统是否正常。③带热负荷。锅炉点火后，随着汽水进入，凝汽器开始带热负荷，到机组冲转并网后，凝汽器的热负荷将逐渐增加。这一阶段，应注意与凝汽器相连的各系统运行是否正常，监视凝汽器真空是否稳定，确保机组的顺利启动。

3. 凝汽器投运时的注意事项

（1）投运前要拆除临时支撑物，否则将影响凝汽器的膨胀，甚至造成机组振动。

（2）凝汽器在抽真空及进入蒸汽后，应检查凝汽器各部分的温度和膨胀变形情况，并对真空、水位、排汽温度及循环水压、温度等参数进行监视。

（3）凝汽器水侧投运前，禁止有疏水进入。抽真空之前，要控制进入凝汽器的疏水量。

（4）真空低于规定值时，禁止投旁路系统。

（三）凝汽器的停运

凝汽器停运应在机组停机后进行，操作顺序是先停汽侧，后停水侧。凝汽器停运时应注意以下几点：

（1）真空到零后，开启真空破坏阀。

（2）排汽缸温度低于50℃后，方可停运水侧循环水泵。

（3）为防止凝汽器因局部受热或超压造成损坏，停运后应做好防止进汽及进水的措施。较长时间停运时，还应做好防腐工作。

（4）凝结水系统在运行或停运后，认真监视凝汽器水位，防止满水后冷水进入汽缸造成恶性事故。

四、凝汽器的正常运行监视

为保证汽轮机组的安全经济运行，凝汽器在运行中要求能达到最有利的真空值，保证凝结水水质合格。因此，必须对凝汽器运行情况进行严格的控制和监视。凝汽器正常运行中应监视以下项目。

1. 凝汽器真空

正常运行时，凝汽器真空应在规定的范围内。真空下降会减小蒸汽在汽轮机中的有效焓降，使机组的热经济性下降。严重的是在真空下降时，汽轮机排汽温度升高，可能导致排汽缸变形，引起汽轮机动静碰摩，损坏设备。

当发现真空下降，机组要降负荷运行，同时查找原因，并采取措施予以消除。当真空降低到允许的下限值，仍不能减轻或消除时，就要作紧急停机处理。

2. 凝汽器温度

凝汽器汽侧温度与正常工作压力相对应。温度过高会使排汽缸变形，造成汽轮机事故；温度过低，不仅会使凝结水的含氧量增加，而且增加了凝结水的过冷度，降低了机组的热经济性。凝汽器温度过低的主要原因有：①凝汽器水位过高，淹没冷却水管，凝结水的热量直接由冷却水带走；②凝汽器内积聚空气，使蒸汽分压力减小；③管子排列不佳，蒸汽流动阻力过大等。

3. 凝汽器水位

要保持凝汽器水位在正常范围内。水位过高，不仅使凝汽器真空下降，还会造成冷却水带走凝结水的热量，致使凝结水过冷度增大；水位过低，又会使凝结水泵汽蚀。凝汽器水位主要由主凝结水系统的补水调节阀和高水位放水阀控制。

4. 凝结水品质

为了防止热力设备结垢和腐蚀，在运行过程中还要经常对凝结水水质进行监督。使凝结水的硬度、含氧量及pH值等在规定的范围内。运行中若发现水质不合格，其主要原因是冷却水漏到汽侧。这时，应查出泄漏的冷却水管，并予消除。

凝汽器的运行监视项目见表5-1。

表 5-1 凝汽器的运行监视项目

序 号	测 量 项 目	单 位	仪表测点位置
1	大气压力	kPa	表盘
2	排汽温度	℃	排汽缸
3	凝汽器真空	kPa	凝汽器接颈
4	冷却水进口温度	℃	冷却水进口处之前
5	冷却水出口温度	℃	冷却水出口处
6	凝结水温度	℃	凝结水泵之前

续表

序　号	测　量　项　目	单　位	仪　表　测　点　位　置
7	被抽出的气、汽混合物温度	℃	抽气器抽空气管道上
8	冷却水进口压力	kPa	冷却水进口之前
9	冷却水出口压力	kPa	冷却水出口处
10	凝结水流量	m^3/s	再循环管后的凝结水管道上

五、凝汽设备的严密性的检验方法

1. 凝汽设备汽侧的严密性

为了监视凝汽设备在运行中真空系统的严密程度，要定期做真空严密性试验，其试验是在汽轮机额定负荷的80%～100%下进行的。试验前必须确定抽气器空气阀是否严密，否则其试验结果毫无使用价值。试验步骤是先把汽轮机负荷稳定在一定位置上，并通知主控室维持机组负荷稳定，通知锅炉运行人员保持蒸汽参数稳定。然后缓慢关闭主抽气器的空气阀，在操作过程同时严密监视凝汽器的真空变化情况。若在阀门关闭过程中凝汽器内真空下降较大，则应立即停止试验，恢复至运行状态，并寻找原因。当抽气器空气阀关闭稳定后，再开始记录凝汽器内真空值下降速度。一般试验3～5min，真空平均下降速度小于或等于130Pa/min，认为真空系统严密性为优秀；真空平均下降速度小于267Pa/min，则认为真空系统严密性为良好；真空平均下降速度小于或等于400Pa/min，则认为真空系统严密性为合格；当真空平均下降速度接近或大于665Pa/min时，说明漏气严重，必须进行检查并设法消除。在试验过程中，总的真空下降值不能超过665～931Pa。

在汽轮机运行中，查找凝汽器漏气点传统的方法是把蜡烛火焰放在可能漏气的地方观察（此法不适用于氢气冷却的发电机系统），如火焰被吸入则证明该处漏气。有时也可用肥皂水涂抹在可能漏气的点上，根据肥皂水泡是否被吸入来判断是否漏气。也还有用气味强烈的薄荷油抹在可能漏气的点上，通过嗅抽气器的空气排出口是否有薄荷油味来判断该处是否漏气，用这种方法一次只能检查一个地方。

现在电厂还有一种氦气检漏仪法，检漏仪系统如图5-38所示，"→"为泄漏检测点。使用时将氦气释放于真空系统的焊缝、管接头、法兰和阀门等可能泄漏的地方，然后经真空泵4取样，由检漏仪5分析出试样中含氦气的浓度，从而分析确定泄漏的位置和泄漏的严重程度。氦气检漏仪法查找漏点时，不影响机组的运行，并且经多个电厂使用验证，效果非常好。

全面寻找凝汽器漏气点的最好

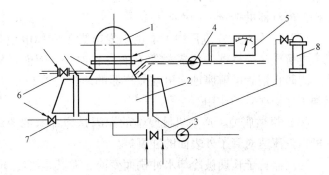

图5-38　氦气检漏仪
1—汽轮机低压缸；2—凝汽器；3—凝结水泵；4—真空泵；
5—检漏仪；6—排气管；7—疏水接管；8—氦气瓶

方法，是在汽轮机停止状态时采用真空系统过水压的方法。汽轮机停止后，对于用弹簧支承的凝汽器，首先用螺栓将凝汽器支承起来，然后把所有与真空系统相连的管道、阀门关闭，然后往凝汽器内注入软化水（使用软化水可防止机组启动时影响凝结水质），当凝汽器内水位升至汽封洼窝以下 100mm 处停止注水，各加热器、抽汽管道以及在汽轮机启动时处于真空状态的管道和设备均应灌水。检查各低压抽气系统、真空系统是否有漏水处，漏水点即为运行时的漏气点。在凝汽器排水过程中一定要注意将进入蒸汽管路的水排尽，防止机组启动时发生水击现象。

2. 凝汽器水侧的严密性

凝汽器在运行中是不允许冷却水漏气汽侧空间的，即使是微小的泄漏也将使凝结水质变坏，引起机、炉有关设备结垢。若严重泄漏，则会造成凝结水位升高，凝汽器真空恶化而停机。因而在运行中应加强对凝结水质的监督。

如果凝汽器冷却水管渗漏不严重，则在凝结水质基本合格的情况下不必立即停机，可采用往冷却水里加锯末子或麦糠的方法临时将漏孔堵住，暂时维持机组运行，待有机会停机时再将漏点找出，用特制的紫铜棒将漏管堵塞。对分制的凝汽器，可在保持机组运行状态下处理冷却水管泄漏故障。处理方法是将机组负荷降至1/2，轮流进行半侧停水，确定漏水侧。但在停止冷却水之前，要先将停水侧通往抽气器的空气阀关闭，防止未冷却的蒸汽进入抽气器，影响抽气器的正常工作。当泄漏侧确定后就可在运行中进行半侧检修。打开凝汽器水室检查冷却水管泄漏的方法可用烛光法或塑料薄膜法，也可用肉眼直接法，因为泄漏的冷却水管两端一般不流水或流得很少，而不漏水的管子两端流水较多。

六、凝汽器的腐蚀及防护办法

凝汽器冷却水管的腐蚀速度决定了其使用寿命，而管子腐蚀速度又取决于运行条件及管子的材料。在某些情况下管子的腐蚀是很剧烈的，有时运行几个月就须更换新管。

凝汽器管子的腐蚀由下列几个原因所引起：

（1）化学性腐蚀。这种腐蚀从管子的内壁开始，逐渐深入向外发展，即由冷却水侧向蒸汽侧发展。受腐蚀的面积可能出现在某一部分，也可能是均匀的遍布在整根管子里面。

产生化学腐蚀的原因是冷却水中含有酸或氨等成分，这样黄铜管内所含的锌便溶解在冷却水中，被水带走。目前防止化学腐蚀的方法是采用对抗脱锌性能较强的铜合金，但是，这会提高凝汽器的造价，因而这种铜管主要用在以海水为冷却水的凝汽器中。

（2）电腐蚀。在电厂中可能由于发电设备和用电设备的绝缘不良发生漏电，使冷却水成为电解质。凝汽器的构成材质有铁壳和铜管，因而形成一个原电池，使铜管被电解而腐蚀。为防止铜管电解腐蚀，可在凝汽器的两侧端盖上加锌板，因为锌的电化次序在铜之前而起到了保护铜管的作用。

（3）机械腐蚀。产生机械腐蚀的原因是冷却水的流动对管子端部和内表面的冲击、汽轮机排汽流速对管子外表面的冲刷等。

凝汽器管子长期被冷却水冲刷而变薄，尤其是当冷却水内含有不溶解的空气时，管子内表面上的氧化膜将被气泡冲击而剥落，使冷却水管在腐蚀和冲蚀作用下损坏。

当引入凝汽器的疏水及其他设备的排汽直接冲刷管子时，被冲刷的管段会很快发生磨损。为了防止这种现象的发生，在凝汽器的疏水和排汽入口处安装有保护挡板，但其安装一定不能影响凝汽器管子的传热效果。

七、凝汽器管子的振动及其防止办法

整个凝汽器的振动，往往是由于汽轮机或某些其他部件的振动，或因蒸汽对冷却水管的冲击等原因引起的。蒸汽流过管子时会产生周期性的冲击作用，尤其当排汽内含有水滴时，其冲击作用就更大了，将引起顶部的两三排冷却水管的振动加剧。

如果冷却水管的自然振动频率与迫使冷却水管振动的频率相一致时，则冷却水管的振动幅度将急剧增加，形成共振。因此在设计和安装冷却水管时，必须避开共振范围。

管子振动会使管子穿过凝汽器中间隔板的部分被磨损，有时会引起管壁破裂，甚至使管子断裂，而断裂部位往往是靠近管板或中间隔板的位置，而且断裂面很光、很平。

为了减轻管子的振动，应在运行中加强监视，避开振动负荷。要采取措施对设备进行改进，也可将冷却水管更换为厚壁管，或者在凝汽器内加装中间隔板，也可用木条或铜片在适当的位置上把管子楔住。

能 力 训 练

1. 影响凝汽器真空的因素有哪些？这些因素如何影响真空？
2. 什么是凝结水过冷度？为什么凝结水过冷度不能太大？

任务六 凝汽器的清洗

任 务 目 标

熟悉凝汽器的清洗方法。

知 识 准 备

冷却水质不良或冷却水中生长有机物及含有杂物，都会使凝汽器冷却水管内表面在运行中逐渐脏污或结垢，从而引起凝汽器的真空下降，机组的热经济性降低，严重时将限制机组负荷。为了提高汽轮机真空，保证机组在额定功率下正常运行，降低机组热耗，节约燃料，必须对凝汽器冷却水管进行定期和不定期的清洗。

一、凝汽器冷却水管的清洗方法

清洗凝汽器冷却水管的方法一般有两类，即用机械方法清除管中的污物或沙土，或用化学方法清除结垢。采用哪种方法，根据管内结垢或脏污情况选定。

（一）机械清扫法

目前采用机械清洗凝汽器冷却水管的方法比较普遍，如使用长杆刷子，用压力水或压缩空气迫使海绵球、橡胶球或塑料球通过冷却水管等。但不管用哪种方法，都尽量不使冷却水管受到损伤；否则将破坏管子的氧化膜，缩短管子的使用寿命。

1. 胶球清洗

胶球清洗凝汽器冷却水管是电厂应用最广泛的清洗方法，它利用特制的装置将胶球输入凝汽器冷却水入口管，在循环水流的推动下，胶球通过冷却水管，达到清扫的目的。它的优点是可使凝汽器冷却水管保持在清洁状态下运行和不停机即可达到清扫冷却水管的目的。

胶球分为硬胶球与海绵球两种，硬胶球的直径比冷却水管内径小 $1\sim2mm$，球在管内随水流动，并与管壁不断撞击，使附着在管壁上的沉积物不能附着而被撞掉。另外，由于水和胶球相对运动，管内水的流速在球的不同位置上有所变化，提高了管壁附近边界层的流速，以冲掉悬浮物和盐垢，或防止其沉积，其原理如图 5 - 39 （a）所示。海绵球一般比管径大 $1\sim2mm$，海绵球被冷却水带进铜管后被压缩变形，与管壁全周接触，从而流经冷却水管时将其内壁擦洗一次，其原理如图 5 - 39 （b）所示。

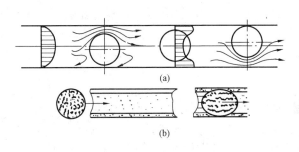

图 5 - 39　凝汽器的胶球清洗原理
（a）硬球清洗原理；（b）海绵球清洗原理

国产 135MW 机组采用的胶球清洗装置系统如图 5 - 40 所示。它的清洗系统由二次滤网（净水器）、加球室、胶球泵、收球网、阀门管道及自动控制部分组成。其工作过程是：清洗时把密度（湿态）与循环水相近的海绵橡胶球装入装球室，其数量约等于一个流程中铜管数的 10%，湿态球直径较铜管内径大 $1\sim2mm$。然后启动胶球泵，胶球就在比循环水进口压力略高一点的水流带动下，通过输球管进入凝汽器的进口管，与通过二次滤网来的主循环水混合并进入凝汽器的前水室。海绵球随水流经冷凝管流出，经收球网把球收回。进入收球网的网底，通过引出管又把球吸收到胶球泵，随后又打入装球室，如此再往复循环。由于海绵球是多孔柔软的弹性体，在循环水进出口压差的作用下进入凝汽器铜管。在铜管中海绵球呈卵形，与铜管内壁整圈接触，这样在胶球经过铜管时，就把铜管内表面擦洗了一次，使凝汽器冷却面达到了清洗的目的。

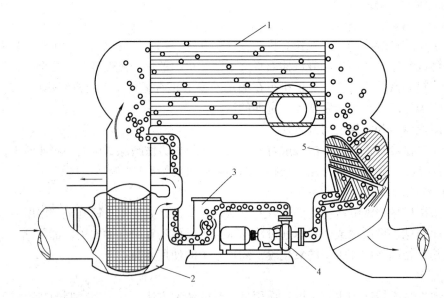

图 5 - 40　凝汽器胶球清洗装置原理图
1—凝汽器；2—二次滤网（带清洗蝶阀）；3—装球室；4—胶球泵；5—收球网

二次滤网是循环水的净化装置，对减少水阻，节约能源起关键作用，是保证胶球清洗装置正常投运，提高胶球回收率不可缺少的部件。

滤网在运行中起过滤垃圾的作用，当网表面积垢，杂物堵塞网眼后，滤网二侧压差增加。若压差值增加到一定值，就必须及时打开排污阀，使滤网的网内压力大于网外压力，在水流反冲洗和激烈的涡流作用下，杂物被排出系统。排污完毕后排污阀关闭，滤网又进入正常工作状态。滤网在整个排污过程由一套控制装置根据滤网的两侧压差自动进行。

收球网是胶球清洗装置关键部件之一，其作用是收集在凝汽器铜管中工作流过的海绵球，使其从循环水中分离出来再循环使用，所以它是起收集海绵球的作用。

收球室是供加球、收球及监视球循环运行情况之用。

胶球泵采用无障碍的离心泵，其叶轮由两叶片构成的宽形管状通道，具有不堵球和磨损低的特点，是一种理想的胶球泵，它由一台电动机驱动。

胶球清洗装置采用电气程序控制，操作方便。也可根据需要切换成手动控制方式。

2. 用毛刷清洗

凝汽器冷却水管内结有软垢，如污泥、有机物的附着物等，可采用长杆毛刷清洗。清洗前首先将凝汽器内的冷却水放净，然后打开凝汽器的两侧端盖，用长杆毛刷伸入管中清扫，然后再用压力水将管中冲洗干净。这种清洗方法一般都由人工操作，工作繁重，花费时间长，适用于小机组停机清洗。

3. 喷枪清洗

凝汽器冷却水管内结有软垢的另一种清洗方法是采用喷枪清洗。喷枪是用金属制成的，其构造有单筒式或多筒式之分，如图 5 - 41 所示。

喷枪清洗可分为压力水洗和压力空气清洗两种。清洗方法是在凝汽器放完水之后将两侧端盖打开，将

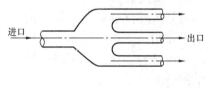

进口 出口

图 5 - 41 多筒喷枪

橡皮球或塑料球放入冷却水管内，然后由喷枪通入压力水或压力空气，将冷却水管内的球打至另一端，达到清扫冷却水管的目的。

（二）化学清洗法

这种方法是在冷却水中加入化学药剂，借助化学反应来达到清洗目的。具体可分：

1. 用苛性钠清洗

当结垢是油垢、淤泥或黏土等类的黏着物时，可采用钠（氢氧化钠）溶液清洗。其方法是在凝汽器水侧灌满浓度为 2% 的苛性钠溶液，然后用低压蒸汽把溶液加热到 50~60℃。加热温度不能过高，否则将使管子或法兰因受热而损坏。清洗时间应根据黏着层的厚度与性质而定，一般应持续 6~24h。

2. 用盐酸清洗

当结垢是属于钙镁盐类的硬垢时，可用浓度为 3% 的盐酸溶液进行清洗。清洗系统如图 5 - 42 所示。凝汽器循环水进口阀门应加装堵板，防止酸液进入循环水系统。进出口的酸液管分别安装在凝汽器的最低进口和最高出口冷却水管上，以保证凝汽器内的盐酸能全面清洗冷却管。清洗方法是先向凝汽器水侧灌水至为全容积的 1/2 左右（灌水时可先将水加热至 50~60℃），用耐酸泵将加酸箱内配好的盐酸液打入凝汽器内，待盐酸回流管有水流出时，即可表明凝汽器内全部冷却水管都已洗到，并保持耐酸泵连续循环运行。当盐酸液与水垢起

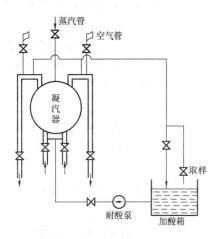

图 5 – 42　盐酸清洗凝汽器系统

化学作用后，盐酸浓度则逐渐降低，根据加酸箱内盐酸液的浓度随时往里补盐酸，维持含酸量为 3% 的清洗浓度，到清洗后期浓度应降低为 1% 左右，并加入抑制剂 ($\frac{1}{1000}$ 麦粉或 0.1% ~ 0.2% 福尔马林) 以防止冷却水管腐蚀。当酸液在连续循环中其浓度不再变低时，说明酸液与水垢的化学作用已基本结束，可停止循环清洗，并将酸液放出，用清水冲洗后再用苏打水循环 2 ~ 3h (以碱液浓度不再变低为止)，化验合格后停止循环清洗，并将全部碱液放出。

　　酸碱溶液清洗完毕后打开凝汽器两侧端盖，将凝汽器冷却水管内的松软水垢用长杆刷子刷掉，并用清水冲洗干净，此时凝汽器的酸洗工作即告完成。

　　用盐酸清洗凝汽器，对冷却水管会起腐蚀作用，因而必须慎重使用，如要使用应加强化学取样监督。

　　用化学清洗法清洗凝汽器铜管，如果化学药剂的浓度或操作工艺不当，容易对凝汽器铜管和法兰等造成损坏，所以电厂除非特殊情况，一般不采用此种办法。

二、凝汽器的半面清洗

　　对分制凝汽器可在不停机的情况下停用一半运行一半，对停用的半面进行清洗，称为凝汽器的半面清洗。

　　凝汽器的半面清洗应在汽轮机低负荷下进行，并做好预防增加负荷的措施。如图 5 – 43 所示的系统，清洗乙侧应进行如下操作：首先将循环水泵切换至甲泵运行，把机组负荷降至 1/2 左右，切换冷油器、冷风器的冷却水源至运行侧，缓慢关闭凝汽器乙侧至抽气器的空气阀 11，关闭凝汽器两侧冷却水入口管联络阀 3，关闭凝汽器清洗侧冷却水出、入口水阀 7、2，在操作过程中要严格注意凝汽器内真空的变化情况，如发现真空急剧下降应立即恢复

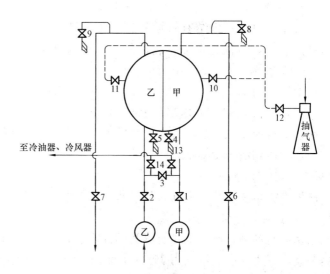

图 5 – 43　凝汽器的半面清洗系统
1、2—甲乙循环水泵入口阀；3—甲乙循环水泵入口管联络阀；4、5—凝汽器排水阀；6、7—凝汽器冷却水出口阀；8、9—凝汽器出口排气阀；10、11—凝汽器空气阀；12—抽气器空气阀；13、14—冷油器、冷风器冷却水阀

机组的正常运行状态，并寻找原因及时消除。当凝汽器内真空稳定后，开放凝汽器乙侧冷却水出口管上的空气排出阀 9 和凝汽器冷却水入口水室的排水阀 5，当凝汽器冷却水全部排完而且凝汽器内真空无异常变化时，才可打开清洗侧两端人孔盖，进行清洗工作。

在清洗过程中，应加强对凝汽器真空和排汽温度的监视，当真空下降较大时，应启动辅助抽气器维持凝汽器真空，必要时应再度降低汽轮机负荷。

清洗工作完毕后，安装好凝汽器的两侧端盖，关闭凝汽器冷却水室排水阀5，缓慢开放凝汽器冷却水出口阀7，当凝汽器内充满水后（冷却水出口空气排出阀9冒水）关闭空气排出阀9，缓慢开放凝汽器两侧冷却水入口联络阀3和抽气器入口空气阀11，待凝汽器真空升高后才可提高机组负荷。

三、冷却水加氯

凝汽器冷却水管内结软垢的原因，在较多的情况下是因冷却水内有微生物存在所造成的。冷却水入口水温最有利于微生物的生存和繁殖，若冷却水内有微生物存在，必将随着冷却水进入凝汽器内侧而附着在水室与冷却水管的内壁上进行繁殖，形成了黏性物质的膜，容易使水中所含的其他杂物滞留在管壁上，而形成了垢，增大了管壁的传热热阻，恶化了传热效果。

冷却水中加氯的作用，是为了把冷却水中的微生物杀死，防止它在凝汽器里繁殖，保持冷却水管内表面的清洁，而水中所含的其他杂质也不容易滞留在管壁上，有效地防止了凝汽器冷却水管内表面结软垢。冷却水中加氯处理，在全国循环供水的电厂中得到了较普遍的应用。

冷却水加氯处理一般在离循环水泵 5 ~ 10m 的吸入水口管道上进行。

加氯可采用图5-44所示的系统，装在罐内的液体氯在注入管道之前，先变为气体，并与少量的水混合在加氯容器内。

加氯量与冷却水的品质、加氯地点及凝汽器的距离有关，一般每千克冷却水应加入氯1~3mg。

在冷却水加氯处理时，氯对人的身体健康影响很大，应特别注意安全。存放氯应有专门设备，要放置在运行现场外和通风良好的地方。

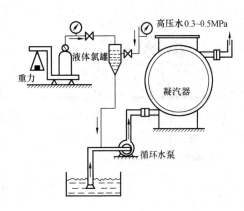

图5-44 冷却水加氯原理图

四、清洗凝汽器的其他方法

1. 高压射流清洗法

高压射流清洗技术是近几年发展起来的一项新技术，它是将低压清水经高压射流泵升压后，输入高压软管，由喷管上的射流孔将高压水转变成高速水流，来冲击凝汽器冷却水管内表面的污垢，并利用喷水方向偏后的反作用推动喷管带动软管向前运动，达到整根冷却水管清洗的目的，如图5-45所示。

利用这项技术清洗凝汽器的冷却

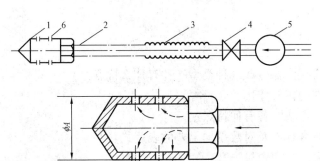

图5-45 射流冲洗凝汽器冷却水管装置

1—喷管；2—不锈钢管；3—高压橡胶软管；

4—调整阀门；5—高压射流泵；6—射流孔

水管，其净度可达到95％，清洗后效果显著。它具有清洁度高、工期短、无腐蚀、无污染、操作方便、节约资金等优点，因而越来越多的电厂正在积极推广使用。

2. 热干燥清洗

用热干燥法来清洗管壁上的有机物和微生物污垢也有广泛应用。热干燥清洗法是基于下述现象而提出的。附着于管壁的大多数微生物，在温度达 40～60℃ 时会死亡，并且在空气

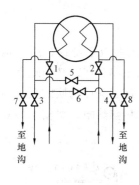

介质中会逐渐干燥、收缩而从管壁剥离，使微生物死亡的这一温度是容易实现的。只要人为地在一段时间内将凝汽器真空降低（这可以通过调整汽轮机负荷或抽气器工作介质压力来实现）就可达到。与此同时，如果从水室的人孔送入 60～70℃ 的热风，则可使污垢干燥龟裂速度明显增加。一般 3～4h，附着壁的微生物就会干燥、剥离。通入循环水即可冲走剥离下来的生物污垢。

3. 反冲洗

反冲洗是利用冷却水管内反回流动而达到清除泥垢及杂物的目的，清洗系统如图 5－46 所示。清洗时应适当降低负荷，开大阀门

图 5－46　凝汽器循环水反冲洗系统

3、4 调节水量。左侧清洗时应首先开阀门 4，增加右侧水量后关闭阀门 1、3，开启阀门 5、7。右侧清洗时应首先开大阀门 3，增加左侧水量后关闭阀门 2、4，开启阀门 6、8。这种方法的优点是操作简单，清洗效果较好，特别适用于直流供水系统、冷却水中含杂物较多、部分冷却水入口管经常堵塞的凝汽器，故得到广泛应用。它的缺点是增加了两段管路和几个阀门。

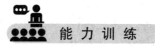

能 力 训 练

叙述凝汽器胶球连续清洗装置的工作过程。

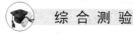

综 合 测 验

1. 凝汽设备的任务是什么？它由哪些主要部件组成？各有什么作用？
2. 试画出凝汽设备原则性的系统图。
3. 什么是凝汽器的汽阻和水阻？
4. 凝汽器的真空是如何形成的？
5. 按汽流方向的不同，可将表面式凝汽器分成几种类型？各有什么特点？
6. 试述凝汽器的主要结构及各部件的主要作用。
7. 凝汽器铜管在管板上有几种排列方法？各有何特点？
8. 写出凝汽器的热平衡方程、传热方程以及对数平均温差的表达式。
9. 何为凝汽器的热力特性？传热端差？
10. 什么是凝汽器的冷却倍率，其大小如何选取？
11. 在凝汽器的运行中影响凝汽器真空的因素有哪些？
12. 什么是凝汽器的最佳真空？
13. 说明射汽式和射水式抽气器的作用及工作原理。

14. 启动抽气器和主抽气器的功能有何不同？主抽气器的蒸汽冷却器、凝结水再循环管的作用是什么？

15. 凝汽器投运前应做哪些检查和试验？

16. 简述凝汽器的投、停步骤。

17. 凝汽器正常运行中要监视哪些项目？为什么？

18. 造成凝汽器真空下降的原因有哪些？

19. 简述凝汽器真空严密性试验的方法。

20. 凝汽器真空系统查漏的方法有哪些？简要说明之。

21. 简述胶球连续清洗系统的工作过程。

22. 简述凝汽器清洗的方法有哪些？

项目六　汽轮机运行

 项 目 目 标

熟悉汽轮机的启动、停机的主要步骤以及正常运行中应该监督的主要内容。

任务一　汽轮机启停时的热状态

 任 务 目 标

熟悉汽轮机的热应力、热变形以及热膨胀的基本知识。

 知 识 准 备

汽轮机运行所涉及的内容是非常广泛的，就运行工况看，包括汽轮机的启动、停机、空负荷及带负荷等工况。此外，汽轮机的经济调度、汽轮机设备的事故处理等也属于运行方面的内容。

汽轮机从静止状态到工作状态的启动过程和从工作状态到静止状态的停机过程中，各部件的工作参数都将发生剧烈变化，因此可以认为启动和停机过程是汽轮机运行中最复杂的运行工况。而这些剧烈变化的工作参数中，对机组安全运行起决定作用的是温度的变化。在机组启停过程中，由于温度的剧烈变化，以及零部件尺寸很大而且工作条件不同，必将在零部件中形成温度梯度从而产生热膨胀、热变形和热应力。当热变形和热应力过大而超出其允许值时，将严重危及机组的安全。因此，在汽轮机的启停过程中一定要控制好汽轮机的热变形和热应力，使之不超允许值，同时使机组按照要求均匀膨胀。

一、汽轮机的热应力

汽轮机启动时，汽缸内蒸汽温度急剧上升，使汽缸内外表面之间产生较大的温差，此时内表面因温度高而膨胀大，外表面因温度低而膨胀小，由于膨胀不均匀使内表面产生热压应力，外表面产生热拉应力（停机过程正好相反）。如果温差增大，热应力的数值也会随着增大，当超出其允许值时将使汽缸产生永久性变形甚至出现裂纹。因此启停过程中一定要监视好汽缸内外的温差，使之不超过允许值。

很显然，汽缸热应力的大小与启停时汽缸内表面受热或冷却的速度有关，汽缸受热或冷却的速度越快，汽缸内外的温差就越大，热应力就越大，反之越小。而汽缸受热或冷却的速度主要与汽轮机的启停速度有关，因此机组启停时只要控制好启停速度，就能有效地控制热应力。

对转子半径与汽缸法兰厚度相差不大的单层缸中小型汽轮机，启停时汽缸的热应力一般大于转子的应力，因此启停时只要按照汽缸法兰的热应力来控制最大的升速、升负荷速度，转子的热应力就不会超过允许值。为了简化启动、停机时的操作过程，实际上电厂都编制了机组的启动、停机程序，即将机组的启动、停机操作划分为一定的几个阶段，通过实验或计算确定出各阶段的操作时间（或确定出升降速、升降负荷速度），以间接达到控制温升速度、温差和热应力的目的。

对转子半径远大于汽缸法兰厚度的双层缸大型汽轮机，由于转子半径大、转子表面受热快于汽缸及转子又受离心力作用等原因，使转子的应力远大于汽缸，所以启停时应以监视转子应力为主，只要转子应力不超标，汽缸热应力就不会超标。现代大功率汽轮机的控制系统中一般都设有应力控制回路，它可以通过不停地检测机组状态参数、计算转子的应力，并在转子应力的允许范围内以最大的升速率、最短的时间来实现机组的最优化自动启停。

二、汽轮机的热膨胀

汽轮机受热时，各部件温度升高会引起机组膨胀，因此在运行中必须加强对机组绝对膨胀值的监视，除了保证汽缸横向均匀膨胀防止汽缸中心偏移外，重点要保证汽缸纵向膨胀畅通，否则可能会出现动静摩擦、碰撞等严重事故，危及机组的安全。

在机组启停和变工况时，由于蒸汽流经转子和汽缸相应截面的温度不同，蒸汽对转子表面的表面传热系数比对汽缸表面传热系数高，而转子的质面比又小于汽缸的质面比（转子、汽缸的质量与转子、汽缸和蒸汽的接触面积之比），这样使转子的温度变化快于汽缸。因此在启停和变工况时转子和汽缸的膨胀值是不同的，我们把转子与汽缸沿轴向的膨胀差值称为胀差。

启动时，转子温升速度快于汽缸，使转子的轴向膨胀值大于汽缸，这时的胀差称为正胀差；停机时，转子温降速度快于汽缸，使转子的轴向收缩值大于汽缸，这时的胀差称为负胀差。不论是正胀差还是负胀差，过大都会使机组产生动静摩擦或碰撞等严重事故，但是出现负胀差时，会使原来就比较小的级内间隙进一步减小，更容易发生动静摩擦或碰撞（出现正胀差时，会使原来比较大的级间间隙减小，所以正胀差不容易发生动静摩擦或碰撞），因此负胀差的危害远大于正胀差。如 135MW 机组规定：当高压缸负胀差达到 1.5mm 时，胀差保护就要动作，汽轮机就会停机。而高压缸正胀差达到 7.5mm 时，胀差保护才动作，汽轮机才会停机。

在汽轮机的启停和变工况时，必须严格监视和控制胀差，使之不超出规定的范围。通常所采取的措施有：

（1）严格控制蒸汽的温度变化率（或控制机组启停速度），保证汽缸转子的温差在规定的范围内。

（2）大机组合理使用汽缸法兰螺栓加热装置，以减小汽缸和转子的温差。

（3）合理调整使用轴封供汽。例如，冷态启动时，尽量选择温度较低的轴封汽源并尽量缩短冲转前向轴封送气的时间，这样可以防止正胀差过大；热态启动时，应该选择温度较高的轴封汽源，并且要先供轴封汽后抽真空，这样能够有效防止负胀差的进一步加大；停机时可以使用高温汽源加热转子的轴封段，以控制转子收缩，防止负胀差过大等。

三、汽轮机的热变形

汽轮机在启停和变工况过程中，不稳定传热以及受热或冷却条件不同使转子和汽缸在轴向和径向产生温差，这些温差除了引起热应力以外，还会使转子和汽缸因膨胀不均匀而产生热变形。

在机组启停过程中，上下缸往往出现温差，上缸温度高于下缸温度，原因主要是：

（1）上下汽缸的散热面积不同，下汽缸因布置有回热抽汽管道、疏水管道，散热面积大，且金属重量也大，因而在同样的保温条件下，上缸温度会高于下缸。

（2）汽缸内部温度高的蒸汽向上升，凝结水则向下流并经疏水管道排走，凝结水在下汽缸表面形成水膜，阻碍了蒸汽向下汽缸的传热。

（3）汽轮机零米气温低于运行层，在汽缸外部冷空气由下向上流，使下缸温度低于上缸。

（4）下汽缸因管道多而使保温材料容易脱落，散热较快。

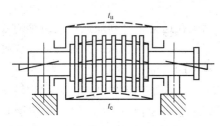

图 6-1 缸温和转子的热变形

（5）对提板式小汽轮机和空、低负荷时只有上部调节阀开启的汽轮机，由于蒸汽先从汽轮机的上部进汽，也会使上缸温度高于下缸。

由于汽缸温度上高下低，如果转子静止不动的话，转子温度也会上高下低，这样必然会造成汽缸和转子都产生向上拱背的热弯曲变形，如图 6-1 所示，这个变形随着上下缸温差的增大而增大。因汽缸和转子的弯曲变形，使动静部件的轴向间隙和径向间隙都发生了变化，如果变化过大，会使动静部件产生摩擦，甚至引起机组振动或大轴弯曲等重大事故。

机组启停过程中除了会出现上下缸温差外，汽缸法兰的内外表面也会出现温差，这个温差不仅会引起汽缸法兰的热变形，还会引起螺栓的变形，由于汽缸法兰内外表面温差引起的热变形比较复杂，这里不再一一介绍。

目前现场采用千分表来监视测量转子的热弯曲，其原理是转子的热弯曲值与千分表所测数据有一定的比例关系，如图 6-2 所示。

用千分表测得挠度 y_s 值后，再用下式计算出转子的最大弯曲值 y_{max}，只要挠度 y_s 不超过规定值，那么转子的最大弯曲值 y_{max} 就不会超过规定值。

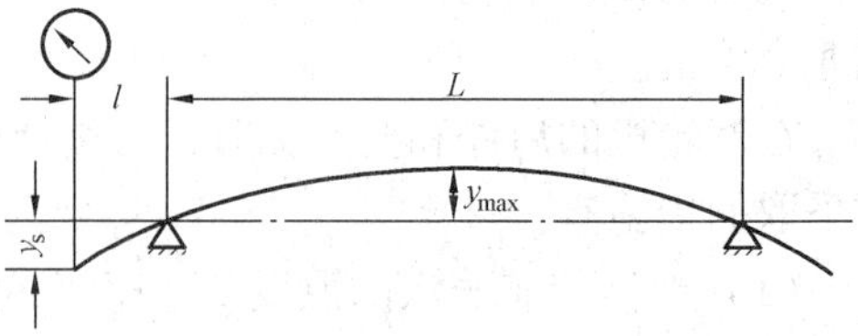

$$y_{max} = 0.25 \frac{l}{L} y_s$$

图 6-2 用千分表测量转子的热弯曲

式中 y_s——千分表测得的挠度，μm；

L——两轴承间转子长度，mm；

l——千分表位置与轴承间的距离，mm。

为了控制汽缸和转子的热变形，在机组启停过程中，必须采取措施把上下缸的温差和汽缸法兰内外的温差控制在规定的范围内。为此，在机组启动前和停机后应充分盘车，使汽缸、转子均匀受热；严格控制启停速度；大机组还应正确地使用法兰螺栓加热装置等，这些措施都能有效地控制汽缸和转子的热变形。

能力训练

1. 何谓汽轮机的胀差？胀差的正负值是如何规定的？胀差过大有什么危害？如何控制胀差。

2. 转子的热弯曲是如何产生的？如何测量和限制转子的热弯曲？

3. 汽轮机启停过程中，主要应考虑控制汽缸热应力还是转子热应力？

4. 何谓汽轮机的额定参数启动？何谓汽轮机的滑参数启动？什么类型的机组采用额定参数启动？什么类型的机组易采用额定参数启动？为什么？

5. 何谓热态启动？对热态启动有些什么要求？与冷态启动相比，热态启动有些什么特点？

6. 何谓转子的惰走时间？惰走曲线？标准惰走曲线？惰走曲线有什么作用？

7. 简要说明汽轮机的额定参数启动、额定参数停机的主要程序及操作要点。

任务二　汽轮机的启停机方式

任务目标

熟悉汽轮机的启停机方式。

知识准备

一、汽轮机的启动

汽轮机从静止状态升速到额定转速，并将负荷逐渐增加到额定负荷的过程，称为汽轮机的启动。汽轮机的启动过程实质上是一加热过程，在启动过程中汽轮机各部件的温度将发生剧烈的变化，即从室温或较低温度加热到带对应负荷下的温度。

汽轮机的启动方式较多，大致有以下四种分类方法：

（一）按主蒸汽参数分

1. 额定参数启动

在汽轮机冲转、升速、暖机、定速、并网升负荷直至升至额定负荷的整个启动过程中，电动主闸阀前的主蒸汽参数始终保持额定参数的启动方式，称为额定参数启动。它一般适用于母管制供汽的中小型汽轮机。

2. 滑参数启动

电动主闸阀前的主蒸汽参数随转速、负荷的升高而滑升的启动方式，称为滑参数启动。它一般适用于单元制供汽的大、中型汽轮机（切换母管制和扩大单元制机组也可以采用）。

（二）按冲动转子所用阀门分

1. 用调节阀启动

用调节阀启动时，电动主闸阀和自动主汽阀保持全开，进入汽轮机的蒸汽量由调节阀控制。这种启动方式的优点是有利于冲转和控制进汽量。缺点是启动时高压缸尤其是调节汽室处受热不均匀,热应力、热变形较大。

2. 用自动主汽阀启动

启动时,调节阀和电动主闸阀保持全开,进入汽轮机的蒸汽量由自动主汽阀的预启阀控制。这种启动方式的优点是高压缸尤其是调节汽室处受热均匀,热应力、热变形较小。

3. 用电动主闸阀的旁路阀启动

有的小机组在启动时,调节阀和自动主汽阀保持全开,进入汽轮机的蒸汽量由电动主闸阀的旁路阀控制。这种启动方式的优点是高压缸尤其是调节汽室处受热均匀,热应力、热变形较小。缺点是由于电动主闸阀的旁路阀没有自动控制装置时,需要到现场人工操作,不能实现遥控,所以大机组一般不采用。

(三)按冲动转子时的进汽方式分

1. 高、中压缸同时进汽的启动方式

高、中压缸同时启动时,蒸汽同时进入高压缸和中压缸,冲动转子。这种启动方式对于高、中压合缸的汽轮机,可以使分缸处均匀受热,减小启动时的热应力,缩短启动时间。

2. 中压缸进汽的启动方式

中压缸进汽的启动方式,是冲动转子时高压缸不进汽,只有中压缸进汽,当汽轮机转速升高到 $2000 \sim 2500r/min$ 后,才逐步向高压缸送汽。这种启动方式有利于控制胀差,但启动时间较长,启动操作复杂。

(四)按启动时汽轮机的金属温度水平分

按启动时汽轮机的金属温度水平高低,一般可以把汽轮机的启动分为冷态启动和热态启动。启动时,汽轮机调节级汽室处上汽缸温度低于180℃时的启动定义为冷态启动;而调节级汽室处上汽缸温度高于180℃时的启动定义为热态启动。

二、汽轮机的停机

汽轮机从带负荷状态减去全部负荷、解列发电机、切断进汽,到转子完全静止下来的过程,称为汽轮机的停机。汽轮机的停机过程实质上是一冷却过程,因各部件的冷却条件不同,汽轮机各部件之间和同一部件的不同部位之间也会出现温差,产生热应力和热变形,其情况与启动过程正好相反。又因为停机时出现负胀差,所以快速停机比快速启动更危险。

汽轮机的停机可以分为正常停机和事故停机。正常停机是根据电网的调度停机,而事故停机是由于汽轮机不能正常运行而采取的强迫停机。正常停机又分为额定参数停机和滑参数停机。

不同类型的汽轮机有不同的特点,即使同一类型的汽轮机也有不同的性能和要求。因此,电厂都根据具体条件制订出了每一台机组的运行规程。启停时应该根据机组的具体情况按照机组的运行规程来操作。

能 力 训 练

何谓汽轮机的额定参数启动?何谓汽轮机的滑参数启动?什么类型的机组采用额定参数启动?什么类型的机组易采用额定参数启动?为什么?

任务三 汽轮机启动前的准备工作

 任 务 目 标

熟悉汽轮机的启动前的准备工作。

 知 识 准 备

为了保证汽轮机组的安全启动和缩短启动时间，充分做好启动前的准备工作是十分必要的。其主要任务是使各种设备、汽水系统、监测仪表、信号、保护等都处于准备启动状态，以保证随时可以投入运行；反之，如果准备工作有疏忽，启动中某些未准备好的设备系统等将可能发生临时故障，使启动过程延长，甚至使启动工作半途而废。

启动前的准备工作，应注意以下几个主要方面。

一、运行场地

检查所有进行过检修工作的地方，要确知检修工作已全部结束，工作票已全封好，主辅设备及周围场地均已清扫干净，影响通行和操作的杂物已经清除，现场整齐清洁，照明完好。

二、工具及仪表

准备好启动时需要用来开关阀门的钩子、扳子、听声棒、手电筒、秒表、振动表、手携式转速表、温度计、油壶、接油盘、记录纸、操作票等。

三、水泵、油泵等转动机械

设备应完整，盘动转子时应无卡涩现象，轴承润滑油质合格，油量充足。

四、填写与办理操作票

按照机组所处的状况（属大小修后或一般停运状态）决定启动方式。依照运行规程和临时启动技术措施等，由操作人员填写好操作票，并由监护人、值长办理审批手续。

五、汽、水、油等系统

启动前对各个系统要进行详细的检查、调整，使所有的阀门都处于运行规程要求的开或关的位置。电动阀门要经过开关定位试验，尤其当机组经过大修或系统有所改进后，更要逐个系统、逐台阀门地检查，按启动前的要求进行准备和试验调整。如发现异常，及时联系有关方面进行处理，使之达到正常。

六、联系工作

（1）联系热工值班员，检查热工仪表是否齐全完好，送上仪表、保护、信号的电源；投入有关表计；确信各种保护、自动控制装置能正常工作，灯光指示、音响信号均应正常。

（2）联系电气值班员，测试电动机绝缘是否合格，对要投入工作的电气设备送电，检查各操作开关、联动开关等，使它们处于启动前的正常位置；有关指示灯应齐全完好；校正联络信号；对同步器进行电动试验，操纵应自如，正、反方向无误。

（3）联系化学值班员，准备机组启动所需的除盐水，向凝汽器充除盐水，并做好机组启动的有关化学方面的准备工作。

（4）联系锅炉值班员，做好与汽轮机启动相应的准备工作。

（5）联系零米辅机值班员，做好必要的启动准备工作。

七、汽、水、油系统的检查和准备

启动前应按运行规程的规定，对各汽、水、油系统，如主蒸汽系统、抽汽及其疏水系统、加热器及其疏水系统、主凝结水系统、循环水系统、油系统、调节保安系统等，逐个系统认真检查，使每个阀门处于机组启动前要求的开放或关闭位置。尤其在机组大、小修后的启动前，更应该认真仔细地检查、调整，使每个系统都处于机组启动前的正常状态。

八、启动辅助设备，做联动试验

检查各汽、水、油等系统，将它们调整到处于机组启动前的准备状态后，要对各辅助设备进行试转和做必要的联动试验，以观察各类水泵、油泵的运转情况。例如合上电源开关后，应监视水泵、油泵的空载电流和出口压力，若有异常，应及时切断电源，查出超载原因，并进行处理；检查泵的盘根和结合面有无泄漏、过热；检查泵体和电动机的振动情况，声音有无异常等。然后进行联动试验，核实相互联动状况，使各台辅助设备处于随时可以工作的状况。

以 CC12 – 3.43/0.98/0.49 型汽轮机组的启动为例。

（一）启动排烟机

（1）合上排烟机的电源开关，检查排烟机运转是否正常。

（2）开启出口风门。

（二）启动前试验交流电动油泵

（1）开启油泵盘根冷却水阀。

（2）开启油泵泵体空气考克，注油并排尽空气后，关闭考克。

（3）合上油泵电源开关，油泵试转应正常。

（4）开启油泵出口阀，操作时要监视出口压力变化，并缓慢进行。

（5）开启冷油器空气阀，待空气排尽后关闭。

（6）检查油泵出口压力、润滑油压是否正常。

（7）一切正常后，停泵作备用。

（三）启动前试验直流油泵

（1）检查油泵，使之处于启动前状态。

（2）合上油泵电源开关，检查各部件运转是否正常。

（3）缓慢开启油泵出口阀，油压应保持正常。

（4）一切正常后，停泵作备用。

（四）启动凝结水泵，并进行联动试验

（1）检查轴瓦油位，一般应处于油标的 1/3 ~ 1/2 位置；油质应良好。

（2）适当开启水泵的盘根冷却水阀和水泵盘根密封水阀。

（3）合上一台水泵的电源开关，水泵运转应正常，电流值和出口压力值应正常。

（4）切断运行泵的电源，停泵。

（5）用同样的方法试验另外一台凝结水泵，正常后保持运行。

（6）投入连锁开关。

（7）切断运行泵电源。

（8）待备用泵联动后，合上联动泵的电源开关。

（9）用同样的方法做另外一台水泵的联动试验。

（10）分别对两台凝结水泵进行事故按钮互相联动试验。

（11）试验结束后，解除连锁开关，将凝结水泵停止。

用以上方法，按运行规程的规定启动射水泵、试转循环水泵，并分别做两台泵的互相联动试验和事故按钮联动试验。

九、主机的静态保护系统试验

（一）危急保安器手动试验

（1）启动交流油泵，开启出口油阀，调速油压应正常。

（2）将危急保安器挂闸，调速汽阀应全开。

（3）将自动主汽阀开启到 1/3 位置。

（4）手打危急保安器，自动主汽阀应迅速关闭，调速汽阀也应迅速关闭。

（5）重新挂闸，开启自动主汽阀。

（二）低油压保护试验

（1）启动盘车装置，投入连锁开关。

（2）将自动主汽阀关至 1/3 位置。

（3）联系热工人员，拨动联动油压表指针。①当油压降至 0.054 MPa，应发低油压信号；②当油压降至 0.039 MPa，直流油泵应联动起来，立即合上直流油泵电源开关；③当油压降至 0.0196MPa，磁力断路电磁阀应动作，自动主汽阀及调节汽阀都应关闭；④当降至 0.0147MPa，盘车应自动停止，手动切下盘车电源开关和连锁开关。

（4）试验结束后，停止直流油泵。

（5）重新挂闸，开启自动主汽阀。

（三）低真空保护试验

（1）将自动主汽阀关至 1/3 位置。

（2）联系热工人员，投入低真空保护开关，拨真空联动表指针至 60kPa 时，保护应动作，自动主汽阀应关闭。

（3）试验结束后，切除该保护，重新挂闸，开启自动主汽阀。

（四）轴向位移保护试验

（1）将自动主汽阀关至 1/3 位置。

（2）联系热工人员，投入窜轴保护。

（3）由热工人员拨动轴向位移表指针。①窜轴 1.0mm 时，发出窜轴警报信号；②窜轴 1.4mm 时，磁力断路电磁阀动作，自动主汽阀应自动关闭。

（4）试验结束后，将轴向位移表指针拨至正常数值，自动主汽阀恢复至开启位置。

（五）抽汽止回阀手动试验

（1）启动一台凝结水泵，缓慢开放出口水阀。

（2）开放凝结水泵至联动装置的总水阀。

（3）开放各抽汽止回阀进水阀，这时止回阀应开启。

（4）手动"关闭抽汽止回阀"开关，止回阀应都关闭。

（5）手动"开启抽汽止回阀"开关，止回阀应都开启。

（六）自动主汽阀联动水压止回阀试验

（1）将自动主汽阀关至1/3位置。

（2）合上表盘的"自动主汽阀关闭"开关，这时，自动主汽阀应关闭，各抽汽止回阀应关闭。

（3）切开表盘上的"自动主汽阀关闭"开关，自动主汽阀恢复至开启位置。

（4）关闭凝结水泵出口阀，停止凝结水泵。

（七）活动中低压调压器

（1）将保安操纵箱钥匙扭向"投入"位置。

（2）按动中、低压调压器"投入"按钮，调压器投入。

（3）缓慢开启2、3号脉冲油节流孔阀门（手轮）。

（4）缓慢旋转中、低压调压器手轮（逆时针），启用调压器。此时中、低压油动机滑阀缓慢下降，中、低压旋转隔板应动作灵活，无卡涩，油压变化正常。再反方向（顺时针）旋转调压器手轮，中、低压油动机滑阀缓慢上升，中、低压旋转隔板应动作灵活，无卡涩。

（5）试验结束后，按动调压器"解除"按钮，调压器解除；关闭2、3号脉动油节流孔阀门，并将钥匙从保安操纵箱上拔出。

汽轮机启动前应做好哪些准备工作？

任务四　汽轮机的冷态额定参数启动方式

熟悉汽轮机的冷态额定参数启动的主要步骤。

一、暖管及启动辅助设备

（一）暖管

暖管是指用新蒸汽逐渐加热电动主闸阀前主蒸汽管道的过程；电动主闸阀后至汽轮机调速汽阀之间的主蒸汽管道的暖管是与启动汽轮机暖机同时进行的。

在暖管过程中，蒸汽在主蒸汽管内放热后会凝结成水，因此在这个过程中需要充分排放管内的疏水，以防止在冲转时，疏水进入汽轮机内，造成水冲击。

暖管时，为了避免主蒸汽管道突然受热，造成管道过大的热应力和水冲击，使管道产生永久变形或裂纹，要求按运行规程的规定，分低压暖管和升压暖管两步进行。

1. 低压暖管

稍微开启主蒸汽送汽阀（一般开启送汽阀的旁路阀），将汽压控制在 0.2~0.4MPa，进行暖管。由于管道壁的初温（即室温）比表压为 0.2~0.4MPa 对应的蒸汽的饱和温度（约150℃）低很多，所以当蒸汽进入管道时，会在管壁上急剧凝结放热，又因为凝结放热的表面传热系数相当大，所以必须严格监视和控制暖管的蒸汽压力，否则，当管内蒸汽压力升高较多时，蒸汽的饱和温度与管壁金属温度之差将增加很大；如果蒸汽剧烈凝结，会使管道内壁温度猛增，造成管道和阀门等部件的内、外壁温差增大，金属产生过大的热应力，从而可能损坏管道、阀门及其他部件。所以在低压暖管阶段，应监视暖管压力不要超过规定值。另外，管壁的温升速度还和通入管道内的蒸汽量有关，如果蒸汽流量过大，也会使管道及其部件受到剧烈加热。所以在低压暖管过程中，还应该十分注意调节主蒸汽送汽阀及疏水阀的开度，以控制暖管的蒸汽流量不要过大。关闭着的电动主闸阀前为暖管的末端，监视管壁温度的测点一般也设在此处。暖管时，该处的金属温升率应控制得低一些，以免沿汽流方向的前端管道金属温升率超限。

2. 升压暖管

当低压暖管到管壁温度接近 140℃ 后，可以逐渐开大送汽阀，提升汽压暖管，升压速度应严格控制。一般当汽压在 1.5MPa 以下时，以每分钟提升 0.1MPa 的速度进行；当在 1.5~2.0MPa 时，以每分钟提升 0.2MPa 的速度进行；当在 4.0MPa 以上时，以每分钟提升 0.3~0.5MPa 的速度进行。整个暖管过程中，还应注意防止蒸汽漏入汽缸，所以，应该经常监视电动主闸阀后的防腐蚀汽阀有无漏汽，如有漏汽，要及时设法关严电动主闸阀及其旁路阀。另外还要检查整个暖管系统有无漏汽、漏水现象，管道膨胀补偿及支吊架等有无异常情况。

3. 以 CC12-3.43/0.98/0.49 型汽轮机为例

（1）稍微开启主蒸汽母管至汽轮机送汽阀的旁路阀，控制汽压在 0.2~0.3MPa，暖管 20min；

（2）以每分钟 0.1~0.15MPa 的速度，提升主蒸汽压力至额定汽压；

（3）暖管过程中应控制蒸汽的温升速度，使它小于 5℃/min；

（4）检查防腐蚀汽阀是否漏汽；

（5）在升压过程中，根据汽压升高程度和汽温上升速度，适当调整主蒸汽管的直排疏水阀；

（6）检查主蒸汽管道的支吊架和管道的膨胀情况。

（二）启动辅助设备

（1）启动交流油泵，检查油系统，应无漏油现象，主机各轴瓦回油应正常，合上连锁开关。

油温应控制在 30~45℃ 左右。遇到冬天油温低可以提前启动交流电动油泵，延长油循环的时间或利用专设的暖油装置来提高油温。油温过低或过高，油的黏度将增大或减小，油的黏度增大，会使轴瓦中油膜过厚，降低油膜的承载能力；油的黏度减小，会使油膜过薄甚至难以建立，失去润滑作用。另外油温过低或过高也将影响调速、保安系统的工作性能，为此，在主机冲转前要控制油温在 30~45℃ 左右。

（2）启动盘车装置，投入连锁开关，仔细听机内和各轴承、油挡、汽封处的声音；检查有无摩擦异音。有时在暖管过程中，蒸汽可能漏入汽缸内，所以在暖管前就需要启动盘车装置，进行盘车，以防止转子局部受到漏入蒸汽的加热。

（3）启动循环水泵，向凝汽器通水。

（4）启用均压箱。①开启主蒸汽至均压箱的送汽阀，见图 2－1，甲阀全开，用串联于后边的乙阀进行调整；②开启减温水阀，保持均压箱汽压为 0.003～0.029MPa，汽温为 110～200℃。

凡是串联的两个汽阀都应注意操作顺序：送汽时应首先将沿汽流方向前边的汽阀全开，然后用后边的汽阀调节；停汽时，应先将后边的汽阀全关闭，再关闭前边的汽阀。不能按相反的顺序操作，否则两个汽阀在调节中都可能被节流的汽流刺漏，无法关严前边的汽阀切断汽源，对后边的汽阀进行检修。

对于高压加热器和低压加热器，如果汽侧及水侧的严密性良好，且高压加热器保护动作试验正常，那么主机冲转前，可将高压加热器和低压加热器随主机一起启动，即水侧通水，加热器的加热汽阀和加热器汽侧的空气阀全开放，抽汽随汽侧压力的升高而送往加热器，这有利于汽缸下部疏水随抽汽排往加热器，从而改善主机启动过程中的下汽缸的受热，减小上、下汽缸的温差。

二、冲动转子至定速

（一）冲转前应具备的条件

（1）主蒸汽压力、温度应符合规程要求。

（2）凝汽器真空达 60～70kPa。

（3）油温为 30～35℃，调速油压、润滑油压及各轴承回油均应正常。

（4）低油压、窜轴等热工保护装置应正常并投用。

（5）转子的晃度不应大于规定值，以确保大轴弯曲度不超过规定（小型机组没有这项监测）。

冲转前应记录机组冷态时的有关数据，如汽缸的膨胀值、上下汽缸壁温度、窜轴值等。

（二）冲动转子

（1）关闭防腐蚀汽阀。

（2）开启自动主汽阀和调速汽阀。

（3）联系值长，锅炉、电气、辅机的值班员。

（4）全开电动主闸阀的旁路甲阀。

（5）稍开启电动主闸阀的旁路乙阀冲动转子。

（6）汽轮机转子被冲动后，盘车装置应自动脱开；将手柄倒向发电机侧，保险锁应能自动锁住手柄，此时切断盘车装置的电源及连锁开关。

（7）当转子被冲转至转速近 500r/min 时，可立即关闭电动主闸阀的旁路阀，在无汽流、低转速下，对前、后汽封和缸内进行听音检查，此时容易发现有无摩擦等问题。确认无异声后，再重新开启旁路汽阀，将转速维持在 400～500r/min 进行低速暖机，并进行其他检查。一旦有明显金属摩擦异声，应手打危急保安器停机，进行全面检查，研究处理措施。

冲转后应检查机组的振动情况，各轴瓦的油流、油温、油压应正常。

冷态启动时，为了使汽缸受热均匀，减小金属热应力，一般尽可能使汽轮机全周进汽，即冲转前全开自动主汽阀、调速汽阀和电动主闸阀的前一个旁路阀，而用电动主闸阀的后个旁路阀来冲动转子和控制进汽量（根据所要求的转速进行控制），进行各个阶段的暖机。

　　遇到电动主闸阀的旁路阀不严密或者用旁路阀冲转难以操作，控制不住转速的情况，可以先不开启调速汽阀，而全开启电动主闸阀的两个旁路阀，冲转则通过采用操作同步器开启调速汽阀来进行。用调速汽阀控制转子转速在 400 ~ 500r/min 的状态下，进行听声和全面检查。一切正常后，逐渐关小电动主闸阀的后一个旁路阀，限制蒸汽量，同时用同步器逐渐全开调速汽阀。操作中应注意维持转速不变，这样就使冲转时的部分进汽方式切换为调速汽阀全开状态下暖机的全周进汽。然后，用调节电动主闸阀的旁路阀来控制各个阶段的暖机。

　　冲转开始时，高温主蒸汽进入温度为室温的调速汽阀后的蒸汽室和汽缸内，蒸汽将对金属部件进行剧烈的凝结放热，使汽缸和转子等各部件的温度发生较剧烈的变化，容易产生很大的热应力。为此只能采取限制暖机的主蒸汽流量和延长分段暖机的时间等办法，来控制各部件金属的受热程度（控制温升速度）。

　　冲转后要特别注意检查下列各点：

　　（1）各轴瓦的振动情况。一旦轴承有明显的振动、晃动现象，应立即打闸停机，待查明原因，处理好以后，方可再冲转启动。

　　（2）检查调速、润滑油压和油流情况，若有异常现象，须及时调整。

　　（3）注意保持凝汽器热水井的水位，要利用凝结水再循环水阀等及时进行调整。

　　（4）对前后轴封及汽缸内要仔细听音。如发现有明显金属摩擦声，应及时研究、分析可能的原因，决定是需停机处理，还是继续监测。

　　（5）凝汽器真空的变化。如果真空降低太多，需及时进行调整。

　　（6）随时控制进汽量，使主机转速维持在 500r/min 状态下进行暖机。

　　（7）如果调整段布置有汽缸壁温的测点，应监视测点的温度升高程度。

　　冲转后，蒸汽放热于电动主闸阀的旁路阀至调速汽阀、蒸汽室之间的主蒸汽管道、汽缸和转子，放热后，蒸汽将会大量凝结成水，需及时排出。冲转开始转速只有 500r/min，汽量较小，蒸汽的表面传热系数不大，暖机效果不明显。这一过程主要是以检查冲转后各部件状况，以及疏放主蒸汽管内、主机内的凝结水为目的，时间不必过长，一般在 10 ~ 15min；暖机主要在于后面的中速、高速暖机过程。

　　（三）升速暖机

　　冲转后，维持主机转速在 500r/min 的状态下，检查一切正常后，开始进行升速暖机。升速的快慢，在某转速下暖机的时间以及各项控制指标，应按具体运行规程的规定或给出的启动曲线进行。机组达到额定转速前，一般分别在 1000 ~ 1300r/min（中速）和 2400r/min 左右（高速）的工况下，停留一定时间进行暖机。暖机转速以与机组临界转速（小机组一般在 1400 ~ 1800r/min）相差 150 ~ 200r/min 为准来选定。机组在从低速升到中速和从中速升到高速的过程中，通常以 100 ~ 150r/min 的平均速度升速较适宜。

　　每次升速前后，都必须检查或记录下列主要项目：主蒸汽压力、温度，凝汽器真空，排汽温度，机组振动、转动声音，汽缸膨胀，金属温度，轴承回油温度、油量，调速、润滑油压，油箱油位，窜轴与胀差等。在检查或记录中，当发现有明显异常时，应停止升速。在查明原因，进行调整或处理到正常后，才可以继续升速。

　　应充分进行中速暖机，因为在中速暖机向高速暖机过渡中，要通过机组临界转速，这时蒸汽流量会增加较多，汽轮机金属部件温升率大，容易产生较大的温差。若中速暖机不充分，金属部件温升率可能超过允许值，甚至引起胀差偏大，动、静部分发生摩擦而使机组发生振动。

为了尽快地"冲过"临界转速，应迅速、平稳地开大电动主闸阀的旁路阀，较快地增大汽轮机的进汽量，然后再将其关回一部分，将转速控制到所需的暖机转速。通过临界转速时，要特别注意监视各轴承的振动值，若振动值比升速前增大 0.04mm 以上或最大振动值超过 0.10mm，应立即打闸停机，严禁硬闯临界转速，或者采用降速暖机。

中速暖机后，应提升凝汽器的真空值，升速到高速暖机工况。一般情况下，要求转速升到 2500r/min 以上时，凝汽器的真空达到正常值。

中速暖机终了，应对机组进行全面检查并做好记录，各处正常后，可将转速提升到 2200～2400r/min 进行高速暖机。高速暖机时，由于机组进汽量较大，金属温升较快，汽缸膨胀也比较明显，所以暖机中提升转速和暖机时间均应按运行规程的规定进行；同时随着机组转速的升高，应依据润滑油温和发电机风温及时投入冷油器和空冷器。

高速暖机后，再继续提升转速，调节系统将开始动作（一般在 2800～2850r/min 动作），这时调速汽阀将逐渐关小。这时可手摇同步器维持调速汽阀全开状态，继续保持机组全周进汽，并按规定的速率升速，将机组转速升到 3000r/min。在这个升速阶段中，要监视主油压的变化。当调速油压高于电动辅助油泵出口压力时，应适时地停下电动辅助油泵，使主油泵投入工作。停电动辅助油泵时，在切断电源前，应将电气联动开关投入，防止电动辅助油泵出口止回阀卡涩，而发生油泵"倒油"，使主油压下降。这时需重新投运电动辅助油泵，待检修后再停运。主油泵投入工作后，应及时检查，如果发现主油泵出现问题时，应及时停机处理。

主机转子维持定速后，应对机组进行全面检查，对主要表计指示值进行一次认真记录，确认机组各处正常后，联系有关方面进行危急保安器超速试验及其他一些必要的试验。

假如维持 3000r/min 的时间较长，这时应注意由于低压级叶片鼓风摩擦导致的排汽温度升高。排汽温度升高后，会使排汽缸受热不均，而引起排汽缸发生歪扭膨胀，严重时会导致机组中心变动，使机组发生振动；还可能会造成凝汽器冷却水管胀口不严密，引起凝汽器泄漏。为此，要将排汽温度控制在规程规定的允许值范围内（制造厂一般提供的数据在 100～120℃之间）。若凝汽器内设置有喷水减温装置，当排汽温度升高后，应喷入凝结水以降低排汽温度，将排汽温度控制在允许值范围内。

（四）CC12-3.43/0.98/0.49 型汽轮机暖机时间及注意事项

暖机时间见表 6-1。

表 6-1   暖 机 时 间 表

转速 (r/min)	时间 (min)	备 注	转速 (r/min)	时间 (min)	备 注
0→500	5		1000→2400	5	迅速通过机组临界转速 1400～1700r/min
500 暖机	10～15		2400 暖机	10	
500→1000	5	平均升速率为100r/min	2400→3000	10	
1000 暖机	20		总计暖管时间	65～70	

升速暖机过程中的注意事项：

（1）在汽轮机的升速过程中，应全面检查机组的振动，汽封、汽缸内部声音，调速、润滑油压，各轴瓦的油温、油流，凝汽器的真空及排汽温度，均压箱汽压等。

（2）当发现机组振动时，应将机组转速降低到消除振动的转速，并暖机一段时间，等到振动消除后，再提升转速。

（3）当油温为40℃时，投入冷油器，保持油温为35~45℃。

（4）当发电机入口风温达30℃时，投入空冷器，保持入口风温为20~40℃。

（5）凝结水质经化验合格后，可向除氧器送凝结水；关闭排地沟的水门，根据热水井水位，调整凝结水再循环阀。

（6）随时注意将转速控制到所需要的暖机转速。

（7）排汽温度超过100℃时，可启用凝汽器喉部的喷水装置进行调温。

三、汽轮机定速（3000r/min）后的试验

（一）手动危急保安器按钮试验

（1）将自动主汽阀关至1/3位置。

（2）手动危急保安器按钮，自动主汽阀、调速汽阀应迅速关闭，主机转速应下降。

（3）手动关闭自动主汽阀。

（4）拉出危急保安器拉杆，重新挂闸，缓慢开启自动主汽阀，保持主机转速为3000r/min。

（二）自动主汽阀严密性试验

新装机组或自动主汽阀、调速汽阀分解检修后第一次启动时，必须对自动主汽阀和调速汽阀进行严密性试验，以确保机组在事故情况下能切断汽源。一般在额定主蒸汽参数和汽轮机空负荷运行时进行试验。

（1）汽轮机保持3000r/min的空负荷运行状态。

（2）全关自动主汽阀（调速汽阀全开状态），记录起始时间。

（3）随着主机的转速下降，油压下降，随时准备启动交流电动油泵。

（4）主机转速下降到1000r/min为合格，记录终止时间。

（5）试验结束后，缓慢开启自动主汽阀，提升转速至3000r/min，适时停止交流电动油泵。

（三）调速汽阀严密性试验

（1）汽轮机保持3000r/min空负荷运行状态。

（2）手摇同步器，将调速汽阀全关闭（自动主汽阀全开状态），记录起始时间。

（3）随着主机的转速下降，根据油压下降情况，随时准备启动交流电动油泵。

（4）主机转速下降到1000r/min为合格，记录终止时间。

（5）试验结束后，手摇同步器将调速汽阀缓慢开启，提升转速至3000r/min，适时停止交流电动油泵。

（四）超速试验

1. 应做超速试验的条件

（1）机组大修后；

（2）调节系统拆卸后；

（3）在机组正常运行状态下，危急保安器误动作；

（4）停机备用一个月以后，再次启动；

（5）机组连续运行达 2000h 以上；

（6）甩负荷试验之前。

2. 禁止做超速试验的条件

（1）未经手动试验或手动试验不合格；

（2）自动主汽阀或调速汽阀关闭不严或卡涩；

（3）调节系统不能使机组维持空负荷运行；

（4）高压缸的下汽缸温度在 150℃ 以下，或汽轮机转子未达到热态之前，因为在这种状态下，汽缸和转子尚未充分地受热膨胀均匀，而超速试验需要较快地增加大量蒸汽推动转子（使转速达到 3300r/min 以上），这样将使转子快速受热膨胀，易造成主机动静部分发生摩擦，使机组产生振动。

3. 超速试验的准备工作

（1）在运行专责人员和值长的指挥下，做好试验人员分工；

（2）准备好试验用的转速表；

（3）交流电动油泵处在联动备用状态；

（4）手动危急保安器按钮试验应合格；

（5）联系锅炉值班员等有关人员。

4. 超速试验的操作步骤

（1）将自动主汽阀关至 1/3 位置。

（2）如果有两个离心棒（或飞环），分别将它们的试验油阀手轮或把手转到试验的位置，进行超速试验。

（3）将同步器摇到下限位置，采用缓慢调整错油阀顶端螺钉的方法使脉动油压升高，将主机转速提升至 3200r/min 左右；再用同步器将主机转速提升到 3300～3360r/min，使危急保安器动作，自动主汽阀、调速汽阀应迅速关闭，记下动作转速，手动快速关闭自动主汽阀，同时将同步器手轮摇至下限位置。如果机组装有可操作的超速试验油阀，应先手摇同步器将主机转速缓慢升至 3200r/min 左右，再用超速试验油阀继续将转速提升到危急保安器的动作转速，记下动作转速，快速手动关闭自动主汽阀，同时手摇同步器至下限位置。当主机转速提升到 3360r/min 以上，危急保安器仍不动作时，应立即手动危急保安器按钮停机，研究拒动的原因，或对偏心环进行调整。

（4）当转速下降至 3050r/min 以下，可以按动危急保安器复位电磁阀挂闸，重新开启自动主汽阀及调速汽阀，保持主机转速 3000r/min。试验结束后，将错油阀顶端螺钉复位，调整脉动油压至正常。

5. 超速试验的要求

（1）每一个偏心环应在同一情况下进行两次超速试验，两次动作转速都应在合格范围（3300～3360 r/min）内，且两次动作转速差不应大于 0.6%。

（2）对于新安装或大修后的机组，每个偏心环应进行三次超速试验，第三次动作转速和前两次动作转速的平均数相差不应超过 1%。

（3）若危急保安器动作转速超过 3360 r/min，机组不允许投入运行，应停机，将危急保安器动作转速调整到合格范围内。

（五）注油压出试验

对新安装或大修后第一次启动的机组，为了检查危急保安器动作是否灵敏，减少机组超速试验的次数，需在空负荷下做注油压出试验。

（1）将自动主汽阀关至 1/3 位置。

（2）将主机转速降至 2900 r/min。

（3）利用压出试验的切换装置，将被试验的危急保安器"解脱"（即偏心环飞出，但不触到危急保安器错油阀，因而不关自动主汽阀和调速汽阀），然后使压力油注入油囊中。

（4）缓慢提升机组转速，使偏心环飞出（观察其动作信号），其飞动动作转速应在 2935 ±15 r/min 的范围内，否则应考虑调整。有的机组做注油压出试验时，不能将危急保安器"解脱"，当注油后提升转速时，偏心环被压出，自动主汽阀和调速汽阀应立即关闭，此时需要将危急保安器复位，重新挂闸，再开启自动主汽阀和调速汽阀，保持机组空负荷运行。

（5）利用上述方法操作压出试验切换装置，注油到另一个偏心环做压出试验。

（6）试验结束后，将压出试验切换装置和注油操作按钮复位，将危急保安器复位，用同步器维持主机转速在 3000 r/min。

四、并列与接带负荷

（一）一般要求

汽轮机组在 3000 r/min 空负荷状态下的有关试验结束后，可以联系电气值班员将汽轮发电机组并入电网。并网后使机组带上 3%～5% 的额定负荷。全开电动主闸阀和关闭它的两个旁路阀的操作，视不同机组运行规程的规定进行。在该项操作中，将使电动主闸阀至调速汽阀之间的一段管道从较低汽压提升到全压，所以在进行该项操作前，先要把这段管路的疏水阀关小或关闭，防止升压后大量跑汽，另外要控制这段管道升压、升温不要过急，一般在 15min 内完成。

并列后机组接带负荷和逐步加负荷至额定负荷的过程，仍是逐步增加汽轮机进汽量的过程（汽缸、转子等各金属部件都要逐步升温、膨胀），也是汽轮机进一步暖机的过程。为了防止金属部件的受热过于剧烈，其温升率和各部分温差等均应控制在允许范围内，所以加负荷速度和在各规定负荷下的暖机时间都必须按照制造厂的有关规定进行。整个升负荷过程中，应随时对金属部件的温度、机组振动、油系统、轴封供汽、轴向位移（窜轴）、汽缸膨胀、推力瓦温度及其他主要参数的变化进行监视、记录和调整控制。若升负荷时，振动增大或出现异常，应暂停加负荷，使机组在原负荷下维持运行一段时间，如果停止加负荷后，振动仍然较大或第二次加负荷时，振动重新出现，那么必须认真全面地分析原因，以决定机组是否能继续运行。

随着机组负荷的增加，相应地要进行有关操作，在汽轮机从冲转到低负荷暖机的阶段中，凝结水水质一般不合格，特别是当新机组试运或机组大修后启动时，因蒸汽湿度较大，热力系统内汽轮机通流部分的锈垢等被冲洗下来；再循环的凝结水冲刷凝汽器铜管的脏污等，都使凝结水比较脏，这时凝结水应排往地沟，直到水质经化验合格后，再切换导入除氧器回收。随着负荷升高，各级汽压相应地提高，抽汽管的止回阀应先后投入工作；各高、低压加热器若不是随主机启动，要按规定投入运行。供热机组按需要适时地将调节抽汽投入调压器，向热网供汽。凝结水再循环阀、汽缸疏水阀和调速汽阀后的疏水阀、低压加热器疏水泵、发电机空气冷却器等都应适时的调整或投入。

（二）CC12 – 3.43/0.98/0.49 型机组并列与接带负荷实例

（1）机组转速为 3000 r/min 的各种试验结束后，缓慢地全开电动主闸阀，关闭其旁路的两个阀门，此项操作要控制电动主闸阀后到调速汽阀汽室这段管道的汽压上升；汽温上升不能过急，主蒸汽管道的三通的疏水门应适当关小。

（2）对机组进行全面检查，应一切正常。

（3）向主控制室发"注意"及"备妥"信号。

（4）接到主控室发来的"注意"及"已合闸"信号表示发电机已并列，应升负荷至 500kW，进行低负荷暖机。

（5）随时注意调整均压箱压力，使它保持 0.003 ~ 0.03MPa。

（6）按表 6 – 2 所示的速度接带负荷。

表 6 – 2　　　　　　　　　　　机组接带负荷的速度

负　荷（kW）	加负荷速度	时间（min）
500（暖机）	保持 500kW	10 ~ 15
500 ~ 2000	每 4 min 升 500kW	12
2000（暖机）	保持 2000kW	15
2000 ~ 5000	每 4 min 升 500kW	24
5000（暖机）	保持 5000 kW	15
5000 ~ 12000	每分钟升 500kW	14
总　计　时　间		90 ~ 95

（7）当汽缸温度达 180℃时，关闭主蒸汽管道的三通疏水阀、调速汽阀疏水阀和下汽缸各个疏水阀。

（8）升负荷过程中的注意事项。①应注意调节系统动作是否灵活，如转动同步摇手轮加不上负荷时，应将同步器退回到原来位置；待查明原因，给予处理后，才能继续升负荷。②在升负荷过程中，任何一个轴承振动异常，振动值超过 0.05mm 时，都应暂停升负荷。先在该负荷下运行约 30min，如果振动仍然不消除，可以降下 10% ~ 15% 的负荷继续暖机 30min；如果振动值仍然超标准，应请示有关领导处理。在振动消除以后，再按前述升负荷速度继续提升负荷。

（9）当负荷升到 500kW 时，根据凝汽器热水井水位、凝结水水质状况，可往除氧器送水，同时用凝结水再循环阀保持热水井水位。

（10）当负荷升到 3000kW 时，启用 4 段抽汽，投入低压加热器。

（11）当负荷升到 6000kW 时，启用 2 段抽汽，投入高压加热器，当高压加热器汽侧压力大于 0.2MPa 时，将高压加热器疏水送往除氧器。

（12）当 3 段抽汽压力达 0.03MPa 时，启用 3 段抽汽向除氧器送汽。

（13）当 2 段抽汽压力达 0.03MPa 时，启用汽封调节器，停止供给均压箱主蒸汽，注意均压箱内压力、温度的调节和疏水的排放。

（14）当负荷升到 7000kW 时，可以根据需要投入 1 段抽汽，并入热网，向外供汽。

（三）投入调节抽汽的操作

1. 投入调压器的准备工作

（1）电负荷应升至 7000kW 以上。

（2）试验1、2段抽汽止回阀，动作应正常。

（3）1、2段抽汽安全阀校验正常，动作值分别为：1段抽汽1.32±0.04MPa；2段油汽0.74±0.02MPa。

（4）投入调压器波纹筒，按以下四步进行：关闭抽汽至脉冲室的阀门；开启脉冲室通大气的闷头螺钉，向脉冲室注入凝结水；脉冲室注满水后，拧紧闷头螺钉，关闭注水阀门；缓慢打开抽汽至脉冲室的阀门，将升压速度控制在每分钟升0.01MPa，防止因升压速度过快而损坏波纹筒。

（5）调压器手轮应处在全松开位置。

（6）调压器动作时，电磁阀应处在"解除"位置。

（7）送汽电动阀关闭时，切换开关处在"电动"位置。

2. 调压器的投入

（1）将保安操纵箱上的钥匙旋转至"投入"位置。

（2）缓慢打开脉冲油节流孔阀门，使脉冲油压逐渐建立起来，旋转隔板应缓慢关小，这时使抽汽口压力升高，并保持电负荷不变。

（3）当抽汽室压力达到中压0.79MPa，低压0.39MPa时，按动机头调压器"投入"按钮。注意电负荷是否变化。

（4）缓慢调整调压器手轮和节流孔手轮，直到节流孔门全开。

（5）投入调压器时，如遭到调节系统发生较大幅度摆动时，应停止投入调压器的操作，将手轮顺时针旋转至零位，待查明原因后再投入。

3. 向热网供汽（以投入中压抽汽为例）

（1）联系值长，准备向外网供汽。

（2）电动送汽阀前、后流水阀及1段抽汽止回阀前的疏水阀应开放。

（3）将I段抽汽止回阀水压联动来水阀开启，止回阀应慢慢开启。

（4）用调压器将抽汽口汽压调整到比热网压力稍高0.03MPa（低压抽汽稍高0.02MPa）。

（5）缓慢开启电动送汽阀，向热网送汽，同时操作调压器维持抽汽室汽压，直到电动送汽阀全开。这时热负荷的增减可以通过操纵调压器的手轮进行。热负荷的增加速度不应大于2.5t/min。

（6）中（低）压抽汽量达到额定抽汽量的50%时，应暖机20min。

（7）当供汽母管无压力送汽时，送汽母管的各处疏水阀均应开启；稍开电动送汽阀，用30 min将汽压提高到0.2MPa，暖管30 min；检查管路疏水是否畅通，管路有无振动，当疏水管冒出无色蒸汽时，关闭疏水阀，然后逐渐全开电动送汽阀，用调压器将送汽压力提升到热网用汽需要的压力值。

能 力 训 练

1. 简述汽轮机冷态额定参数启动的大体步骤。

2. 何谓热态启动？对热态启动有些什么要求？与冷态启动相比，热态启动有些什么特点？

3. 何谓转子的惰走时间？惰走曲线？标准惰走曲线？惰走曲线有什么作用？

4. 简要说明汽轮机的额定参数启动、额定参数停机的主要程序及操作要点。

任务五　汽轮机的滑参数启动

任务目标

熟悉汽轮机的滑参数启动的主要步骤。

知识准备

由于额定参数启动时使用的新蒸汽压力、温度都很高，汽轮机特别是高参数汽轮机各金属部件必将受到很大的热冲击并产生很大的热应力，导致启动时间延长，并造成较大的热量损失和汽水损失。因此，对单元制机组、扩大单元制机组及切换母管制机组，都可以采用滑参数启动。根据汽轮机在冲动转子时主蒸汽压力的不同，滑参数启动又可以分为真空法和压力法两种启动方式。

一、真空法启动

真空法启动时，锅炉保持在最低水位，开启锅炉至汽轮机之间管道上的所有阀门，在汽轮机盘车状态下开始抽真空，使真空区一直扩展到锅炉。当锅炉点火产生一定压力的蒸汽后，汽轮机转子即被冲动，其后的升速和带负荷全部依靠增强锅炉燃烧进行控制。真空法启动操作简单，但是当锅炉控制不当时，可能使过热器内的积水和新蒸汽管道内的疏水进入汽轮机，造成水击事故。另外，真空法启动时，真空系统庞大，抽真空困难，而且转速不容易控制。因此目前很少采用这种方法。

二、压力法启动

压力法启动时，其真空区仅限于汽轮机部分。冲动转子时，主汽阀前蒸汽参数具有一定压力，冲转及升速是通过调节阀的开度变化加以控制的。汽轮机定速后，调节阀全开，以后通过加强锅炉燃烧来加大机组的负荷。

汽轮机采用压力法滑参数启动时，启动前的准备工作与额定参数启动时的基本相同。其启动过程为锅炉点火及暖管、冲动转子及暖机、并列及接带负荷。压力法启动的主要步骤为：

（1）锅炉点火及暖管。锅炉点火前，先应启动高、低压电动油泵；投入盘车；凝汽器抽真空并投入循环水系统等。以上工作正常后，方可进行锅炉点火。锅炉点火与升压、暖管是同时进行的。暖管时，过热器的积水、蒸汽管道的疏水随同蒸汽经凝疏管排出。对中间再热机组，尚需对再热蒸汽管道进行暖管，为此，锅炉点火后须投入旁路。

（2）冲动转子及暖机。随着锅炉升温升压，当电动主闸阀前的蒸汽参数达到冲转参数时，即可冲动转子。冲转参数与汽轮机的型式、结构及金属材料等因素有关。国产高参数汽轮机通常采用的冲转参数一般是：蒸汽压力 0.3 ~ 1MPa，有 50℃ 的过热度。而中间再热式汽轮机，为了启动参数的稳定，要求在不加强燃烧的情况下，蒸汽量能满足汽轮机升至全速并进行超速试验，蒸汽压力还可以选的再高一些。国产中间再热式汽轮机通常采用的冲转参数一般是：蒸汽压力 0.7 ~ 2MPa，新蒸汽有 50℃ 的过热度（新蒸汽温度大约在 200 ~ 250℃），再热蒸汽有 30℃ 以上的过热度。此外，对高、中压合缸的中间再热式汽轮机，为防止汽缸中部产生过大的热应力，还要求再热蒸汽温度不低于新蒸汽温度 30℃。考虑到在使汽轮机的热应力、热变形保持在安全允许的最大限度内的前提下尽量缩短启动时间，还可以使冲转压力再提高一些，例如一些进口中间再热式机组的冲转压力选在 4MPa 以上。转子冲动以后的操作过程与额定参数启动类似，也应该分段暖机，适时投入法兰加热装置，注意通过临界转速等。

（3）并列和接带负荷。汽轮机定速后，应立即与电网并列，并使调节阀逐渐全开，然后再通过加强锅炉燃烧提高蒸汽参数的方法逐渐增加负荷。在达到额定负荷以前，蒸汽参数应该先达到额定参数。

汽轮机在整个滑参数启动过程中的蒸汽温度和压力的提升速度以及转速和负荷的提升速度，都应该根据金属的允许温差、胀差以及机组的振动等情况而定，这些监视指标应严格控制在规定的范围内。通常在冲转和低负荷阶段的加负荷过程中，最容易出现较大的温差和胀差，所以这时应特别注意。另外，对中间再热式汽轮机，采用高、中压缸同时进汽的启动方式时，应尽量保证高、中压缸进汽量的均衡。

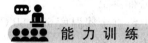

能力训练

简述什么是真空法滑参数启动和压力法滑参数启动。

任务六 汽轮机的热态启动

任务目标

熟悉汽轮机的热态启动的特点。

知识准备

热态启动是根据主机启动前汽缸金属部件的温度来决定的。对于中、小型机组，一般把汽轮机调节级汽室处上汽缸温度大于 185℃ 时的启动定为热态启动。

一、热态启动的特点

（1）汽轮机上、下汽缸温差较大。为了避免上、下汽缸大的温差，可以加强下汽缸的保温。若预先知道停机后短时间内就要进行热态启动，可以在停机后先不开启下汽缸疏水阀，进行所谓"闷缸"，以保证下汽缸温度不过多地下降。上、下汽缸温差超过规定值时，不允许启动汽轮机。

（2）转子容易出现热弯曲。有条件时，必须测量大轴挠度值，如果超过规定值，则不允许启动汽轮机。对于热态启动，一般在汽轮机冲转前，应连续盘车 2 ~ 4h，以消除转子的热弯曲。

（3）进入汽轮机的蒸汽应不冷却汽轮机。热态启动初期，容易出现汽缸受冷却而收缩，因此启动时进入汽轮机的主蒸汽温度一般要求高于调节级上汽缸金属温度 50～80℃，并应有 50℃ 以上的过热度，以保证主蒸汽经过阀门、管道和调节级喷管后，温度仍不低于调节级的上汽缸温度，以避免汽缸受冷却而收缩。

（4）机组在运行中存在起始负荷点。热态启动中，从转子的冲转、升速直至机组并网、带负荷等各项操作，应尽可能快速进行，使机组尽快达到汽轮机调节级上汽缸金属温度所对应的工况点（称作"起始负荷点"）。机组一般在满足低速全面检查的基础上，可以 5～10min 内升到 3000r/min，并尽快以每分钟 5%～10% 额定负荷的带负荷速度并网带负荷，使运行工况达到"起始负荷点"，不在"起始负荷点"前长时间停留，才能避免汽轮机汽缸受到冷却。运行工况达到"起始负荷点"后，以后的操作可以参照冷态启动操作。

此外，热态启动时，应先向轴封送汽，再对凝汽器抽真空，这样可防止冷空气从前后轴封流入汽轮机内，使轴封处转子受到冷却。同时要求轴封送汽应有较高温度的汽源。

二、CC12－3.43/0.98/0.49 型汽轮机热态启动实例

热态启动的条件和步骤如下：

（1）冲转前连续盘车 2h 以上。

（2）先向轴封送汽，再对凝汽器抽真空。

（3）主蒸汽温度应高于调节级上汽缸金属温度 50～80℃，且应有 50℃ 以上的过热度。

（4）冲转前，要求凝汽器真空为 80～86.6kPa。

（5）冷油器出口油温要求高于 30℃。

（6）调节级处上下缸温差不大于 50℃。

（7）暖机区间划分基本与冷态启动时相同，但升速时间视冲转前汽缸温度而定，一般约为冷态启动时的 1/3。

（8）根据冲动转子前汽缸的温度状况，应在启动过程中加快升速和加负荷的进度（在加到起始负荷以前，不需要暖机，加到起始负荷后的加负荷速度与冷态启动相同），避免使原来较高温度下的金属部件急剧冷却。

能力训练

何谓热态启动？对热态启动有些什么要求？与冷态启动相比，热态启动有些什么特点？

任务七　汽轮机的额定参数停机

任务目标

熟悉汽轮机额定参数停机关的准备工作及停机步骤。

知识准备

额定参数停机是在停机过程中，电动主闸阀前的主蒸汽参数一直保持额定参数值的停机过程。

一、停机前的准备

（1）接到值班长的停机命令后，联系锅炉、电气运行人员和汽轮机运行的有关值班员，准备停机。

（2）试转高压电动油泵、直流低压油泵和交流低压油泵应正常，如果辅助油泵不正常时，必须检修好，否则不允许停止汽轮机。

（3）空转盘车马达，应正常。

（4）与主控制室进行联络信号试验。

（5）活动自动主汽阀，其动作应灵活，无卡涩现象。

（6）确定热用户已另有汽源。

（7）准备好必要的停机专用工具。

（8）准备好停机操作票，并完成审批手续。

二、减负荷

减负荷应按运行规程的规定进行。停机过程是机组从带负荷的运行状态转变为静止状态的过程，也是汽轮机金属部件由高温转变为低温的冷却过程，为此，在停机过程中，要注意金属部件的降温速度和温差。一般机组在减负荷中，金属的降温速度应不超过 $1.5 \sim 2.0 ℃/min$。为保证这个降温速度，须以每分钟 $300 \sim 500kW$ 的速度减负荷，每下降一定负荷后，必须停留一段时间，使汽缸转子的温度缓慢、均匀下降。

减负荷过程中的系统切换和附属设备的停用，应根据各机组的具体情况，按运行规程的规定进行。例如 CC12 – 3.43/0.98/0.49 型机组运行规程中规定：

（1）当负荷降至 7000kW 时，停止中、低压调节抽汽。

（2）高压加热器汽侧压力大于除氧器汽压不足 0.2MPa 时，高压加热器疏水应切换至低压加热器；负荷降至 6000kW 时，停用高压加热器，并开放 1、2 段抽汽管路疏水阀及止回阀前疏水阀，关闭凝结水至 1、2 段抽汽止回阀的供水阀。

（3）负荷降至 5000kW 时，开放凝结水再循环阀，保持凝汽器热水井水位；适当关小低压加热器出口水阀，保持凝结水母管水压；防止除氧器内的蒸汽向凝结水母管返汽，发生水击。

（4）当 3 段抽汽压力小于 0.03MPa 时，停止 3 段抽汽。

（5）当 2 段抽汽压力小于 0.03MPa 时，均压箱启用主蒸汽，停用压力调节器。

（6）当负荷降至 3000kW 时，停用低压加热器。

减负荷过程中，需时时检查调速汽阀有无卡涩现象，如果有卡涩而又无法在运行中消除时，应通知主控室采用关闭自动主汽阀或电动主闸阀的办法进行减负荷停机。

正常运行中，轴封供汽由轴封供汽调整系统控制，但在停机降负荷过程中，因主机工况变化大，轴封供汽调整系统不易自动调节，应改为手动旁路阀来控制，以便在汽轮机惰走时，仍旧能维持向轴封正常供汽。

调速汽阀、自动主汽阀杆漏汽和轴封漏汽，在机组降负荷中停止排向其他热力系统，应随着负荷的降低而切换为排大气运行。

在机组降负荷中，应注意调节发电机空气（或氢气）冷却器的冷却水量，以保持正常的发电机风温。降负荷中应监视转子的轴向位移、汽轮机胀差的变化。

三、解列

当机组负荷降至零后，联系主控室将发电机与系统解列。接到主控室发来的"注意""解列"信号后，要密切注视汽轮机的转速，检查调节系统能否维持机组空负荷运行，当汽轮机超速时，应立即打闸停机。

将自动主汽阀关至 1/3 位置，手打危急保安器，检查自动主汽阀和调速汽阀能否迅速关闭；发电机解列，油开关拉开后，抽汽止回阀应自动关闭。

汽轮机转速降低后，应根据润滑油压启动低压油泵。如出现低压油泵、高压油泵都不正常或不能启动的情况时，应及时恢复向汽轮机送汽，维持主机正常转速，用主油泵工作保持油压，待辅助油泵处理正常后再停机。

关闭射水器空气入口阀，停止射水泵。关闭低压加热器出口水阀，停止向除氧器送凝结水。

开启汽缸、调速汽阀、主蒸汽管道的疏水阀。

解列发电机后，从主汽阀和调速汽阀关闭，切断汽轮机进汽开始，到转子完全静止的这段时间，称为转子的惰走时间。转子的惰走时间与转速下降的关系曲线，称为转子的惰走曲线。新安装的机组，投入运行基本工作正常后，即可在停机时测绘转子的惰走曲线，以此作为汽轮发电机组的标准惰走曲线。绘制这条曲线时，要控制好凝汽器的真空，使其按一定速度下降，一般转速降到零时，真空也降到零。

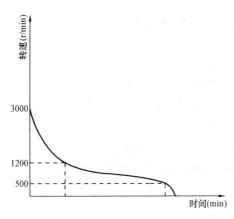

图 6 - 3　汽轮发电机组转子
惰走曲线的一般形状

惰走曲线的形状与转子本身的转动惯量、转动过程的鼓风摩擦损失和机械损失等因素有关。惰走曲线的大体形状如图 6 - 3 所示，一般可以分为三段：第一段转速下降较快（从 3000r/min 很快下降到 1500r/min 左右），是由于高转速下的鼓风摩擦损失很大所致（鼓风摩擦损失与转速的三次方成正比）；第二段转速下降较慢，是因为该段中转子的能量主要用来克服机械摩擦阻力，而机械摩擦阻力比高转速下的鼓风摩擦损失所产生的阻力小得多，所以这段时间内转速下降极为缓慢；第三段转速急剧下降，是由于转速下降到某一值后，轴承油膜破坏，机械损失产生的阻力急剧增大所致。每次停机时都应该按相同的工况（参数）记录、绘制机组的惰走曲线，以便对照标准惰走曲线，分析机组是否存在缺陷。例如在同样的条件下停机，如果惰走时间明显缩短，表明汽轮机内机械摩擦阻力增大，可能是由于轴承工作恶化或汽轮机动静部分发生摩擦所致。反之如果惰走时间明显延长，则表明主汽阀、调节阀或抽汽管道上的止回阀关闭不严，使有压力的蒸汽漏入汽轮机内造成的。

真空降到零时，才可以停止轴封供汽和停用轴封加热器。如果真空未降到零就停止轴封供汽，外面的冷空气将从汽轮机轴封处漏入汽轮机，使转子和汽缸局部急剧冷却；反之转子静止后继续供轴封汽，将会造成汽缸上下温差过大、转子受热不均，使汽缸和转子产生较大的热应力和热变形。

四、转子静止后的操作

（1）当转子静止后，要尽快投入盘车装置，连续盘动转子（防止上下缸的温差使转子发生弯曲），具体的盘车时间可以根据制造厂家的规定确定。例如：有的制造厂家要求连续盘车 8～12h；有的厂家要求盘车到调节级处汽缸温度降到250℃后，方可停止连续盘车。停止连续盘车后，一般进行每过半小时或一小时盘动转子180°，直到调节级处汽缸温度降至150℃为止。

（2）转子静止后，必须保证润滑油泵连续向各轴承供油，一则是盘车的需要，另外因为停机后，汽轮机转子的温度仍然很高，其热量会沿轴颈向轴承传导，这就需要有足够的润滑油来冷却轴瓦，否则轴瓦的温度会上升得很快，甚至损坏乌金和引起洼窝内油质劣化，所以停机后润滑油泵至少要连续运行 2～4h 以上。若因特殊需要，临时停止润滑油泵，也只能短时间地停一下，然后再开启润滑油泵继续供润滑油。润滑油泵供油期间，冷油器也需要连续运行，使润滑油的温度不超过40℃，当各轴承的回油温度低于40℃后，才可以停止冷油器。润滑油泵是否停止运行，还应根据盘车能否停止来确定。

（3）汽轮机转子静止后，当排汽缸温度低于规定值时（一般要求低于50℃），循环水泵可以停止向凝汽器供循环水；然后要特别检查汽水系统有无向汽缸漏汽、漏水现象。

（4）关闭锅炉的主蒸汽母管至汽轮机的蒸汽送汽阀，开放节流孔板前、后疏水阀。关闭电动主闸阀，开启防腐蚀汽阀，不应冒汽。

能 力 训 练

1. 何谓转子的惰走时间？惰走曲线？标准惰走曲线？惰走曲线有什么作用？
2. 简要说明汽轮机的额定参数停机的主要程序及操作要点。

任务八　汽轮机的滑参数停机

任 务 目 标

熟悉汽轮机滑参数停机的主要步骤及操作特点。

知 识 准 备

滑参数停机是在调节阀全开的情况下，通过蒸汽参数的逐渐降低来减负荷直至停机的。其主要步骤与额定参数停机大体相同，只是在具体操作上有以下几个特点：

（1）停机前除应做好必要的准备工作外，还应该将除氧器和轴封汽源切换为备用汽源供汽，并向法兰螺栓加热装置的管道送气暖管。

（2）减负荷过程开始时，先将负荷减至80%～85%额定负荷，然后通知锅炉把新蒸汽参数降低到与负荷相对应的数值并逐渐全开调节阀，稳定运行一段时间待汽轮机金属温度降低、各部分温差减小后，再开始滑停。滑停大多分段进行，每减负荷至一定数值后，先保持汽压不变降低汽温，使监视段汽温低于金属温度 30～50℃（应把金属温降率控制在 1～2℃/min 内），当蒸汽过热度降到 50℃ 左右且汽缸金属温度下降趋于缓慢时，再开始降低新蒸汽压力（通常把降压速度控制在 0.02～0.03MPa/min 内），负荷随之下降。当负荷降至另一数值时，停留一段时间保持汽压不变继续降温，达到上述温度变化要求后，再降低压力减负荷。这样交替降温、降压减负荷，直到将负荷减到较低数值。

　　在减负荷的各阶段，新蒸汽压力和温度的滑降速度不同，较高负荷时，温度和压力的下降速度较快；而负荷减到较低时，温度和压力的下降速度应该减慢，以保证汽轮机金属温度变化比较平稳。表 6 - 3 是一台高压汽轮机滑参数停机时的新蒸汽压力、温度滑降速度表。

　　表 6 - 3 为某高压汽轮机滑参数停机时的新蒸汽压力、温度滑降速度表。

表 6 - 3　　　　　　　　某高压汽轮机滑参数停机时新蒸汽参数滑降速度表

压 力（MPa）	降压速度（MPa/min）	温 度（℃）	降温速度（℃/min）	时 间（min）
8.8～3.9	0.1	535～435	2.0	50
3.9～2.9	0.02	435～350	1.3	50
2.9～2.0	0.01	350～250	1.0	100
2.0～1.0	0.04	250～230	0.8	250
1.0～0.2	0.02	230～200	0.75	40

　　在减负荷过程中，当新蒸汽温度低于法兰内表面金属温度时，有法兰螺栓加热装置的汽轮机，可以投入法兰螺栓加热装置冷却汽缸法兰，防止胀差负值增长过快。其蒸汽来源可以来自本机组滑参数的新蒸汽，也可以用其他的低温汽源，使加热联箱内的蒸汽温度控制在低于法兰金属温度 80～100℃ 的范围内。打闸停机前停止法兰螺栓加热装置。

　　（3）当负荷减至 20% 额定负荷左右时即可停机。停机方式有两种：一种是打闸停机同时锅炉灭火，解列发电机，这样停机后汽缸温度可以保持在 250℃ 以上；另一种是锅炉维持最低负荷燃烧后灭火，此时调节阀全开，利用锅炉余汽继续发电一段时间，待负荷接近减到零时再解列发电机，此后还可以利用锅炉余热使汽轮机继续空转、冷却。随着锅炉余热的减少，汽轮机转速逐渐降低，接近临界转速时，可采用破坏真空的方法使之迅速通过。在低转速下，也可以打开防腐门，使汽缸进一步冷却，直到转子静止。这种方式停机后汽缸温度可以降到 150℃ 以下，便于尽早地开始检修工作。

　　滑参数停机过程中，应使新蒸汽始终保持 50℃ 的过热度，以保证蒸汽中不带水（需要对汽轮机通流部分进行清洗时除外）。对中间再热式汽轮机，还必须保证再热蒸汽温度和新蒸汽温度变化一致，不得使两者温差过大，尤其是对高中压合缸的汽轮机，两者温差必须控制在 30℃ 以内。同时还应合理的使用旁路系统，注意保持高中压缸进汽均匀，以免发生无蒸汽运行。

综 合 测 验

　　1. 何谓汽轮机的胀差？胀差的正负值是如何规定的？胀差过大有什么危害？如何控制胀差？

2. 转子的热弯曲是如何产生的？如何测量和限制转子的热弯曲？

3. 汽轮机启停过程中，主要应考虑控制汽缸热应力还是转子热应力？

4. 何谓汽轮机的额定参数启动？何谓汽轮机的滑参数启动？什么类型的机组采用额定参数启动？什么类型的机组宜采用滑参数启动？为什么？

5. 何谓热态启动？对热态启动有些什么要求？与冷态启动相比，热态启动有些什么特点？

6. 何谓转子的惰走时间、惰走曲线、标准惰走曲线？惰走曲线有什么作用？

7. 简要说明汽轮机的额定参数启动、额定参数停机的主要程序及操作要点。

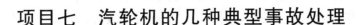

项目七　汽轮机的几种典型事故处理

 项 目 目 标

了解汽轮机运行中的维护和几种典型事故的象征及处理方法。

任务一　汽轮机正常运行中的维护

 任 务 目 标

熟悉汽轮机正常运行中的维护工作。

 知 识 准 备

汽轮机正常运行中的维护，是保证汽轮发电机组安全经济运行的重要环节之一。汽轮机运行值班员应该高度认真、负责、仔细、正确地执行规程，随时监视，定时巡检，认真操作，合理调整，对运行与备用设备要按规定定期进行试验和切换。

一、运行人员的基本工作

运行值班员在值班过程中必须集中精力，通过眼观、耳听和手摸等手段，对全部设备、仪表、信号及系统进行监视、检查，分析判断其工作是否正常，同时进行合理、必要的调整。若发现设备、仪表、信号及系统等出现缺陷或异常时，应及时联系有关人员进行处理，恢复其正常工作，运行值班员的基本工作有以下几方面：

（1）通过监盘，定时抄表（一般每小时抄录一次或按特殊规定时间抄录），对各种表计的指示进行观察、对比、分析，并做必要的调整，保持各项数值在允许的变化范围内。

（2）定时巡回检查各设备、系统的严密性；各转动设备的电流，进出口压力，轴承温度、油量、油质及汽轮机的振动情况；各种信号显示情况；自动调节装置的工作情况；各设备系统就地表计指示是否正常。

（3）按运行规程的规定或临时措施，做好保护装置及辅助设备的定期试验和切换工作，保证它们安全、可靠地处于备用状态。

（4）除了每小时认真清晰地抄录运行记录表外，还必须填写好运行交接班日志，全面详细地记录8小时值班中出现的问题。

（5）保持所管辖区域的环境清洁，设备系统清洁。

二、运行中的参数监视

汽轮机组的各类设备和各种工质基本上是通过各处测点的参数值来显示其工作状态的，

为了保持最佳运行状况，值班人员应该不断监视各处仪表参数值的变化并进行必要的调整，使其维持在运行规程规定的范围内，不得超过规定范围的上限和下限；如果有超限发生而又不能调整，则应及时联系有关人员按规程规定进行处理，甚至进行停机。运行中应该经常监视、巡视的参数有：汽轮机的负荷与转速（电网频率），主蒸汽压力、温度、流量，再热蒸汽压力、温度、流量，调节级汽室的压力（监视段压力），各抽汽口的压力，供热蒸汽压力、温度、流量，凝汽器真空和汽轮机排汽温度，凝结水温度、过冷度，循环水出、入口温度及冷却水温升，凝结水硬度，各加热器进、出口温度及疏水温度、水位，除氧器含氧量，发电机出、入口风温（或水温），各轴承温度及轴承回油温度，油箱油位，均压箱的汽压、汽温，转子的轴向位移，汽轮机胀差，油动机开度等。

三、运行中的巡回检查

运行中的巡回检查是了解设备、系统的运行情况，发现隐患、缺陷，保证机组安全运行的重要措施，因此运行值班人员必须认真仔细地做好检查，如发现异常，要及时分析、判断，找出原因，及时消除，如果不能及时消除，一定要采取措施防止事态的扩大，并及时汇报，做好记录。巡回检查的主要内容有：

（一）汽轮机本体的检查

（1）前箱。调节系统的工作情况，如同步器的位置，油动机的位移，调压器和旋转隔板的位置，调节阀、旋转隔板有无卡涩，油动机齿条及传动机构工作是否正常，窜轴、机组膨胀值，轴承温度，振动等情况。

（2）自动主汽阀。自动主汽阀开度，冷却水是否畅通。

（3）汽缸。前后轴封情况，机组运转声音，排汽缸温度及振动。每当负荷变化和交接班时，必须听音检查。

（4）轴承。各轴承的温度、振动、轴承的回油温度及回油量，油挡是否漏油等。

（5）发电机及励磁机。发电机及励磁机出入口风温（或水温），冷却器出入口水温及水压。

（6）主表盘。各种仪表、信号、自动装置、联动装置的工作情况，表管有无泄漏和振动。交接班时必须试验热力信号的灯光、音响，联系主控室共同试验联络信号。

（二）一般运行泵的检查

对于电动机，应该检查的内容包括：电流，出口风温，连锁装置的工作情况，轴承温度及振动，运转声音，电动机外壳接地线是否良好，地脚螺栓是否牢固等。对于泵，可参阅泵的有关资料。

四、正常运行中的定期试验

（1）为防止自动主汽阀卡涩，一般每天白班值班人员应将其活动一次。

（2）为了掌握机组的振动情况，一般每周定期将轴承的垂直、横向、轴向振动值测量一次，记在振动记录本内，同时记下当时的负荷、蒸汽参数、凝汽器真空等数值。振动标准：0.02mm 以下为优秀，0.03mm 以下为良好，0.05mm 以下为合格。

（3）各抽汽管道上的止回阀和供热管道上的安全阀，应按规定定期试验和校正。

（4）一般每月进行一次润滑油低油压及辅助油泵试验，每次启、停机前也应进行试验（具体方法前面已介绍）。

（5）一般每月进行一次真空严密性试验。保持电、热负荷稳定（大约在 80% 额定负荷下进行），关严抽气器空气阀1min后，记录约3~5min凝汽器真空下降数值，以真空平均下降速度每分钟不大于0.4~0.7kPa为合格。试验中如果凝汽器真空下降过快或凝汽器真空值低于0.06MPa时，应立即开启空气阀，停止试验。

（6）一般每月进行一次高压加热器保护试验。联系热工、电气人员，通知辅机、锅炉值班人员，按规程规定进行高压加热器疏水水位升高保护试验。高压加热器没有高水位保护或保护不正常时，禁止投入运行。

能 力 训 练

1. 运行值班员的基本工作有哪些？
2. 汽轮机正常运行中的定期试验有哪些？简要叙述如何做这些试验？

任务二　汽轮机重大事故的处理原则

任 务 目 标

熟悉汽轮机重大事故的处理原则。

知 识 准 备

电力生产的基本方针是"安全第一"，因为发电厂发生事故，尤其是发电设备的严重损坏事故，不但对本企业造成严重的经济损失，而且会对国民经济和人民生活带来重大的损失。汽轮机组连续长期在高温、高压、高转速条件下工作，又与众多辅助设备和复杂的汽、水、油、气系统有机地联合工作，不可避免地会发生一些故障和事故。为了避免设备发生重大损坏事故，以及减轻设备的损坏程度，缩短处理和检修时间，尽早恢复发电和供热，就要求汽轮机运行值班人员对各种事故能迅速准确地判断和正确熟练地操作处理。首先，运行值班人员要树立牢固的"安全第一"思想，值班中有工作责任心，应该认真按运行规程要求巡回检查，及时发现运行中的异常问题，并采取有效措施，做到预防为主，同时要加强运行分析，抓住事故苗头，将一些事故发生前的征兆分析判断后正确处理，就可以避免或大大减少损失。其次，运行值班人员要熟练地掌握设备结构和性能，熟悉汽水等系统和事故处理规程，经常做好事故预想和进行事故演习培训，一旦事故发生，就能迅速准确地判断和熟练的操作处理。

一、事故处理的原则

（1）运行值班人员在监盘和巡回检查中发现异常，应根据异常征兆，对照有关表计、信号进行综合分析判断，并尽快向班长、值长汇报，以便共同分析判断，统一指挥处理。如果班长、值长不在事故现场，应根据运行规程有关规定，自己及时进行处理；如果已经达到紧急故障停机条件，为保证主设备的安全，应果断打闸，破坏真空停机，千万不可存在侥幸心理或担心承担责任而犹豫不决，延误了处理时间，造成事故扩大。

（2）发生事故时，运行值班人员要坚守岗位，沉着冷静，迅速抓住重点进行正确操作，切忌慌乱，顾此失彼，以致误操作而扩大事故；在多名人员协助处理事故时，要听从统一指挥，操作时要联系准确和协调，防止发生混乱而造成误操作。

（3）发生故障时，运行值班人员必须首先迅速解除对人身和设备安全有威胁的系统，同时应注意保持没有故障的设备和其他机组继续安全运行，并尽可能地增加这些正常机组的负荷，以保证用户的用电或供热需要。

处理事故时应根据事故的部位、征兆和性质，分为紧急故障停机和一般故障停机，两者的主要差别是前者应立即打危急保安器，解列发电机，并破坏真空，启动辅助油泵，尽快将机组停下来；后者通常是先逐渐降负荷到零，然后解列发电机，再手打危急保安器停机，启动辅助油泵，不需要破坏真空，只是根据运行规程规定降低真空，其他停机操作都按运行规程规定执行。

紧急故障停机时，机组各部件的金属温度变化剧烈，高温部件的热应力、热变形都变化很大，因此对机组的使用寿命影响很大，同时各项操作紧张，容易发生操作忙乱而误操作，损坏设备，所以，除非故障性质恶劣必须尽快停机，否则尽可能不采取紧急故障停机方式。

二、紧急故障停机

在下列情况下，应采取紧急故障停机。

（1）汽轮机的转速升高值超过危急保安器动作范围，通常是超过额定转速的112%。

（2）汽轮机转子轴向位移或胀差超过规定的极限值。

（3）油系统油压或主油箱油位下降超过规定值。

（4）任一主轴承或推力轴承瓦块的乌金温度及回油温度快速上升，并超过规定的极限值。

（5）凝汽器真空下降超过规定的极限值。

（6）主蒸汽温度突然上升，且超过规定的极限值。

（7）主蒸汽温度突然下降，且超过规定的极限值或出现水冲击现象。

（8）汽轮机内部发出明显的金属摩擦、撞击声音或其他不正常的声音。

（9）主轴承或端部轴封发出较强火花或冒浓烟。

（10）汽轮机油系统着火，就地采取措施无法扑灭。

（11）汽轮机发生强烈振动。

（12）主蒸汽管道、主凝结水管道、给水管道、背压排汽管道及油系统管道或附件发生破裂，急剧泄漏。

（13）加热器、除氧器等压力容器的压力超过规定的极限值而无法降低或容器发生爆破。

（14）发电机强烈冒烟或着火。

三、紧急故障停机的通常操作顺序

（1）手打危急保安器，确信自动主汽阀、调速汽阀、抽汽止回阀已迅速关闭，调整抽汽机组的旋转隔板关闭。

（2）向主控制室发出"注意""危险"信号，解列发电机，这时转速下降，记录惰走时间。

（3）启动交流油泵，注意油压变化。

（4）凝汽式机组应开放真空破坏门，停止抽气器，破坏凝汽器真空。

（5）开放凝结水再循环阀，关闭低压加热器出口水阀，保持凝汽器水位。

（6）调整抽汽式机组应关闭中、低压电动送汽阀，解列调压器；背压式机组应关闭背压排汽电动总阀，开放背压向空排汽阀，解列背压调整器，把同步器摇到下限位置。

（7）根据需要联系值长投入减温减压器。

（8）其他操作按一般停机规定完成。

（9）处理结束后，报告值长及车间领导。

能 力 训 练

简述汽轮机重大事故的处理原则。

任务三　汽轮机动静部分摩擦及大轴弯曲

任 务 目 标

熟悉汽轮机动静部分摩擦及大轴弯曲事故的象征和处理方法。

知 识 准 备

一、事故原因

（一）动静部分发生摩擦的原因

（1）动静间隙安装、检修调整不当。

（2）动静部套加热或冷却时，膨胀或收缩不均匀。

（3）受力部分机械变形超过允许值。

（4）推力轴承或主轴瓦损坏。

（5）机组强烈振动。

（6）转子套装部件松动有位移。

（7）通流部分的部件损坏或硬质杂物进入通流部分。

（8）在转子弯曲或汽缸严重变形的情况下强行盘车。

（二）引起大轴弯曲的主要原因

（1）动静部分摩擦使转子局部过热。

（2）停机后在汽缸温度较高时，由于某种原因使冷水进入汽缸，引起高温状态的转子下侧接触到冷水，局部骤然冷却，出现很大的上下温差而产生热变形，造成大轴弯曲。据计算结果，当转子上下的温差达到150～200℃时，就会造成大轴弯曲。转子金属温度愈高，愈易造成大轴弯曲。

（3）转子的原材料存在过大的内应力，在较高的工作温度下经过一段时间的运转后，内应力逐渐得到释放，从而使转子产生弯曲变形。

二、事故象征

由于这种事故发生在汽缸内，无法直接观察，因而只能根据事故的原因、特征进行判断。一般有下列特征：

（1）机组振动增大，甚至强烈振动。

（2）前后汽封处可能产生火花。

（3）汽缸内部有金属摩擦声音。

（4）有大轴挠度指示表计的机组，指示值将增大或超限。

（5）若是推力轴承损坏，则推力瓦温度将升高，轴向位移指示值可能超标并发出信号。

（6）上下汽缸温差可能急速增加。

三、事故处理方法

通过各种特征，如机组振动大、汽缸内有金属摩擦声或汽封处产生火花等，结合有关表计指示值变化判断是这种事故，应果断地故障停机，不要采取降负荷或降转速继续暖机，以致延误了停机时间而扩大事故，加剧设备的损坏。停机时要记录转子惰走时间，静止后进行手动盘车。如果盘车不动，不要强行盘动，必须全面分析研究，采取适当措施，直至揭缸检查。

四、大轴弯曲事故典型事例

某电厂 200MW 汽轮发电机组，在一次热态启动时，冲转前大轴晃度超过原始值0.09mm，上下汽缸的温差80℃。冲转后在低速盘车时就发现振动明显增大。当时错误地采取了升速暖机的措施，当升速到 1200r/min 时，机组发生强烈振动，运行人员没有紧急停机，而是采取降速暖机后又继续升速，当转速再次达到 1300r/min 时，2 号轴承振动达到0.12mm，高压缸前汽封摩擦冒火，前轴承晃动，这时才紧急停机，惰走时间仅有 2min，转子停转后无法盘动转子，23min 后，用吊车盘动转子180°，1h 后投入盘车，2 号轴承处大轴晃度仍达 0.55mm，连续盘车 48h 后，2 号轴承处大轴晃度仍达 0.5mm，确认大轴发生了永久性弯曲。

揭缸检查，发现高压前汽封齿大部分已磨损倾倒，第 1～8 级动叶片围带铆钉和隔板汽封也发生了严重磨损。高压转子 4 号汽封稍前的位置最大弯曲为 0.72mm，后来在直轴台架上复测该处最大弯曲为 0.7mm。

造成这次事故的原因主要有两条：①在机组不满足热态启动条件下（大轴晃度超标，上下汽缸的温差过大，机组振动过大），错误的开机。②升速到 1200r/min 时，机组发生强烈振动，运行人员没有紧急停机，而是采取降速暖机后又继续升速。

从中我们应该吸取的教训：应该严格执行规程规定，在机组不满足启动条件时不能启动；机组发生强烈振动时，运行人员必须紧急停机，防止事故的进一步扩大。

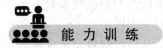

能 力 训 练

简述汽轮机动静部分摩擦及大轴弯曲事故的象征。

任务四　汽 轮 机 水 击

 任 务 目 标

熟悉汽轮机水击事故的象征和处理方法。

 知 识 准 备

汽轮机水击事故是一种恶性事故，如处理不及时，易损坏汽轮机本体。汽轮机运行中突然发生水击，将使高温下工作的蒸汽室、汽缸、转子等金属部件骤然冷却，而产生很大的热应力和热变形，导致汽缸发生拱背变形，产生裂纹，并能使汽缸法兰结合面漏汽，胀差负值增大，汽轮机动、静部分发生碰摩损伤；转子发生大轴弯曲，同样也使动静部分发生碰摩，这些都将引起机组发生强烈振动。水击发生时，因蒸汽中携带大量水分，水的速度比蒸汽速度低，将形成水塞汽道现象，使叶轮前后压差增大，导致轴向推力急剧增加，如果不及时紧急停机，推力轴承将过载而被烧毁，从而使汽轮机发生剧烈的动静碰摩而损坏。另外，发生水击时，进入汽轮机的水将对高速旋转的动叶片起着制动作用，特别是低压级的长叶片，其叶顶线速度可高达 300～400m/s 以上，水滴对其打击力相当大，严重时将把叶片打弯或打断。总之，水击将导致汽轮机严重损坏。

一、水击发生的原因

（1）锅炉的蒸发量过大或蒸发不均引起汽水共腾。

（2）锅炉减温器泄漏或调整不当，运行人员误操作或给水自动调节失灵造成锅炉满水。

（3）汽轮机启动中没有充分暖管或疏水排泄不畅；主汽管道或锅炉的过热器疏水系统不完善，可能把积水带到汽轮机内。

（4）滑参数停机时，由于控制不当，降温降得过快，使汽温低于当时汽压下的饱和温度而成为带水的湿蒸汽。

（5）汽轮机启动时汽封供汽系统管道没有充分暖管和疏水排除不充分，使汽、水混合物被送入汽封。

（6）停机过程中，切换备用汽封汽源时，因备用系统积水而未充分排除就送往汽封。

（7）高、低压加热器水管破裂，保护装置失灵，抽汽止回阀不严密，水由抽汽管道返回汽轮机内。

（8）停机后，忽视对凝汽器水位的监督，发生凝汽器满水，倒入汽缸。

二、水击象征

（1）主蒸汽温度急速下降，主汽阀和调速汽阀的阀杆、法兰、轴封等处可能冒白汽。

（2）机组振动逐渐增大，直到剧烈振动。

（3）推力轴承乌金温度迅速上升，机组转动声音异常。

（4）汽缸上下温差变大，下缸温度要降低很多。

三、处理方法

汽轮机水击事故是汽轮机运行中最危险的事故之一，运行人员必须迅速、准确地判断是否发生水击，一般应以主蒸汽温度是否急剧下降作为依据（水击初始并不一定发生主汽阀和调速汽阀阀杆、法兰等处冒白汽），同时应检查汽缸上下温差变化，因为汽轮机进水时，下缸温度必然下降较大。待确认发生水击事故时，应立即破坏真空紧急故障停机。

（1）破坏真空紧急故障停机。

（2）开启汽轮机缸体和主蒸汽管道上的所有疏水门，进行充分排水。

（3）正确记录转子惰走时间及真空数值。

（4）惰走中仔细倾听汽缸内部声音。

（5）检查并记录推力瓦乌金温度和轴向位移数值。

（6）注意惰走过程中机组转动声音和推力轴承工作情况，如惰走时间正常，经过充分排除疏水，主蒸汽温度恢复后，可以重新启动机组。但这时要特别小心仔细倾听缸内是否有异音，并测量机组振动是否增大，如果发生异常，应立即停止启动，揭缸检查。

（7）如果因为加热器钢（铜）管破裂造成机内进水，应迅速手动关闭抽汽止回阀，同时关闭加热器的加热汽阀，对抽汽管要充分排水。

四、汽轮机进水事故

某电厂 7 号 200MW 汽轮发电机组，1983 年 6 月 17 日 4 时 8 分时，由于锅炉高温段省煤器泄漏，上报中调批准进行临时检修。使用给水泵向锅炉上水打压查漏，4 时 30 分时，压力升到 14.5MPa，锅炉过热器安全门动作，即关闭给水阀停止给水泵运行。6 月 18 日 1 时冲动汽轮机，1 时 45 分升速到 1400r/min 时，汽轮发电机组发生强烈振动，高压缸前后汽封处冒火，运行人员立即关闭调速汽门，当转速降到 700r/min 时，汽轮机轴向位移保护装置动作，汽轮机掉闸。此后几次启动，也没有成功。

揭缸检查，发现汽轮机转子从高压第 2 级到 11 级的动叶围带均被汽封片磨出沟道，最深处达 3mm，汽封片磨损严重，大轴弯曲值达 0.58mm。

造成这次事故的原因是汽轮机进水，加上一系列的错误操作，导致汽轮机大轴发生了永久性弯曲。具体原因分析如下：①锅炉上水打压查漏时，虽然电动主闸阀已关闭，但没有用手摇紧，汽轮机自动主汽阀前的压力曾上升到 11MPa，未引起足够重视，造成汽轮机进水。②升速到 1400r/min 机组发生强烈振动时，运行人员没有按规程规定紧急停机，而是采取关调速汽门降速暖机的错误做法，并且此后又多次强行启动，最终导致了大轴弯曲的重大事故。

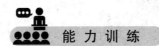

简述汽轮机水击事故的象征。

任务五　汽轮机叶片损坏与脱落

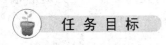

熟悉汽轮机叶片损坏与脱落事故的象征和处理方法。

知识准备

一、事故原因

造成叶片断裂或脱落的原因很多,它与设计、制造、材质、安装、检修工艺和运行维护等因素均有关系,归纳起来有下列几个方面。

(一)机械损伤

(1)外来的机械杂质随蒸汽进入汽轮机内打伤叶片。

(2)汽缸内部固定零部件脱落,如阻汽片、导流环等,造成叶片严重损伤。

(3)因轴承或推力瓦损坏、大轴弯曲、胀差超限以及机组强烈振动,造成通流部分动、静摩擦,使叶片损坏。

(二)腐蚀和锈蚀损伤

叶片的腐蚀常发生在开始进入湿蒸汽的各级,这些级段在运行中,蒸汽干、湿交替变化,使腐蚀介质易浓缩,引起叶片腐蚀。另外长期停机备用的机组通常会因空气中的潮气或蒸汽漏入机内造成叶片严重锈蚀。

叶片受到浸蚀削弱后,不但强度减弱,而且叶片被侵蚀的缺口、孔洞还将产生应力集中现象,浸蚀严重的叶片,还会改变叶片的振动频率,从而使叶片因应力过大或共振疲劳而断裂。

(三)水蚀损伤

水蚀一般多发生在末几级湿蒸汽区的低压段长叶片上,尤其是末级叶片。水蚀是湿蒸汽中分离出来的水滴对叶片冲击造成的一种机械损伤,而末级叶片旋转线速度高,并且蒸汽湿度大,水滴多,故水冲蚀程度更严重。受水蚀严重,叶片将出现缺口、孔洞等,叶片强度降低,导致断裂损坏。

(四)水击损伤

汽轮机发生水击时,前几级叶片的应力会突然增加,并骤然受到冷却,使叶片过载,末几级叶片则冲击负荷更大。叶片遭到严重水击后会发生变形,其进汽侧扭向内弧,出汽侧扭向背弧,并在进、出汽侧产生细微裂纹,成为叶片振动断裂的根源。水击有时会使叶片拉金断裂,改变了叶片连接形式,甚至原来成组的叶片变成单个叶片,改变了叶片振动频率,降低叶片的工作强度,致使叶片发生共振,造成断裂。

(五)叶片本身存在的缺陷

(1)设计应力过高或结构不合理,如叶片顶部太薄,围带铆钉头应力大,常在运行中发生应力集中,铆钉头断裂,围带裂纹折断,使叶片损坏。

(2)叶片振动特性不合格,运行中因共振产生很高的动应力,使叶片损坏。

(3)叶片材质不良或错用材料,如叶片材料机械性能差,金属组织有缺陷或有夹渣;裂纹;叶片经过长期运行后材料疲劳性能和振动衰减性能等降低而导致叶片损坏。

(4)加工工艺不良,例如叶片表面粗糙,留有刀痕,围带铆钉孔或拉金孔处无倒角等等,都会导致应力集中而损坏叶片。

(六)运行维护原因

(1)电网频率变动超出允许范围,过高、过低都可能使叶片振动频率进入共振区,产生共振而使叶片断裂。

（2）机组过负荷运行，使叶片的工作应力增大，尤其是最后几级叶片，蒸汽流量增大，各级焓降也增加，使其工作应力增加很大而严重超负荷。

（3）主蒸汽参数不符合要求，频繁而较大幅度地波动，主蒸汽压力过高，主蒸汽温度偏低或水击，以及真空过高，都会加剧叶片的超负荷或水蚀而损坏叶片。

（4）蒸汽品质不良使叶片结垢、腐蚀，叶片结垢后将使轴向推力增大，引起某些级过负荷。腐蚀则容易引起叶片应力集中或材质的机械强度降低，都能导致叶片损坏。

（5）停机后由于主蒸汽或抽汽系统不严密，使汽水漏入汽缸，时间一长，使通流部分锈蚀而损坏。

二、事故象征

（1）汽轮机内部或凝汽器内有突然的响声。

（2）当断落的叶片落入凝汽器时，会将凝汽器铜管打坏，使凝汽器内循环水混入凝结水中，导致凝结水硬度和导电度突然增大，凝结水水位增高，凝结水泵电动机电流增大。

（3）机组振动通常会明显变化，有时还会产生瞬间强烈抖动，其原因是叶片断裂脱落，使转子失去平衡或摩擦撞击。但有时叶片在转子中间级断落，并未引起严重动、静摩擦，在工作转速下机组振动不一定明显增大，只有在启动、停机过程中的临界转速附近，机组振动会出现明显增大。

（4）叶片损坏较多时会使蒸汽通流面积改变，从而同一个负荷的蒸汽流量、监视段压力、调速汽阀开度等都会改变。

（5）如果断落叶片发生在抽汽级处，叶片就可能进入抽汽管道，造成抽汽逆止阀卡涩或进入加热器，使加热器的管子受撞击断裂，引起加热器疏水水位升高。

（6）在停机惰走过程或盘车状态下，有可能听到金属摩擦声，惰走时间缩短；在启动和停机过程中，通过临界转速时机组振动将会明显地变化。

三、事故处理方法

这种事故发生在汽缸内，只能根据叶片断裂事故可能出现的象征进行综合判断。当清楚地听到缸内发生金属响声或机组出现强烈振动时，应判断为通流部分损坏或叶片断落，则应紧急故障停机，准确记下惰走时间，在惰走和盘车过程中仔细倾听缸内声音，经全面检查、分析、研究，决定是否需揭缸检查。

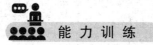

能力训练

简述汽轮机叶片脱落事故的象征。

任务六　汽轮机超速

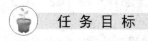

任务目标

熟悉汽轮机超速事故的象征和处理方法。

知 识 准 备

一、事故原因

（一）调节系统有缺陷

不合格的调节系统，汽轮机一旦甩掉全负荷后，机组不能维持转速在危急保安器动作转速以下，转速飞升过高，其原因为：

（1）调速汽阀不能正常关闭或漏汽量过大。

（2）调节系统迟缓率过大，调节部件或传递机构卡涩。

（3）调节系统的速度变动率过大。

（4）调节系统动态特性不良。

（5）调节系统整定不当，如同步器调整范围、配汽机构膨胀间隙不符合要求等。

（二）汽轮机超速保护系统故障

危急保安器动作过迟或不动作，将会引起超速。原因如下：

（1）重锤或飞环导杆卡涩。

（2）弹簧受力后产生过大的径向变形，以致与孔壁产生摩擦。

（3）脱扣间隙大，撞击子飞出后不能使危急保安器滑阀动作。

另外危急保安器滑阀卡涩、自动主汽阀和调速汽阀卡涩、抽汽止回阀不严或拒动、蒸汽返入缸内，都能引起汽轮机超速。

（三）运行操作、调整不当

（1）由于油质管理不善，例如汽封漏汽大而蒸汽进入油内，引起调速和保安部套生锈发涩。

（2）运行中同步器调整超过了规定范围，这时不但会造成机组甩负荷后飞升转速过高，而且还会使调节部套失去脉动作用，从而造成卡涩。

（3）主蒸汽品质不合格，含有盐分，机组又长期带某一固定负荷运行，将会造成自动主汽阀和调速汽阀阀杆结盐垢而卡涩。

（4）超速试验时操作不当，转速飞升猛增。

二、事故象征

（1）功率表指示到零。

（2）转速或频率表指示值连续上升。

（3）机组声音异常，振动逐渐增大。

（4）主油压迅速升高。

三、事故处理方法

汽轮机组严重超速是汽轮机恶性事故之一，如果处理不当，会因转子转速过高使汽轮机与发电机转子上的零部件由于离心力过大而损坏，甚至甩出机内致使事故扩大。

（1）如果危急保安器未动作，转速超过3360r/min，应立即手打危急保安器，破坏真空故障停机。

（2）如果危急保安器动作，而自动主汽阀、调速汽阀或抽汽止回阀卡住或关闭不严时，应设法关闭以上各汽阀或者立即关闭电动主汽阀和抽汽阀。

（3）如果采取上述办法后机组转速仍然不降低，则应迅速关闭一切与汽轮机相连的汽阀，以截断汽源。

（4）必要时可以要求电气人员将发电机励磁投入。

（5）机组停下后，必须全面检修好调速与保安系统的缺陷。重新启动后，在并列前，必须做危急保安器超速试验，确认动作转速正常方可并列投入运行。

四、汽轮机超速事故

某电厂 5 号 200MW 汽轮发电机组，计划 1988 年 2 月 12 日小修。停机时，进行超速试验。

发电机组解列后，锅炉油枪减到两只，汽压仍然较高，少开一级旁路，全开中压主汽阀前的排大气阀，维持再热蒸汽压力 0.8MPa，温度 505～507℃；主蒸汽压力 12.6MPa，温度 517～520℃。汽轮机润滑油温度 41℃。

试验开始前，在额定转速下进行手动脱扣汽轮机试验，高中压主汽阀和调节阀关闭正确。汽轮机转速正常下降，重新复置，定速后作 1 号飞锤动作试验，使用试验滑阀提升转速到 3210r/min 时，汽轮机跳闸，主汽阀和调节阀关闭，但 1 号飞锤动作指示灯未亮，试验人员误认为 1 号飞锤动作。

试验人员将机组恢复到 3000r/min 继续进行 2 号飞锤的动作试验。当转速升到 3302r/min 时，1 号飞锤动作指示灯亮，同时听到一声响，好像汽门的关闭声音。试验人员认为 2 号飞锤动作，即松开超速试验滑阀手柄，随即发现飞锤并没有动作，调节汽门也没有在关闭位置，但是转速已降至 3020r/min。此时，试验人员认真检查机组的振动，但并没有发现异常。向总工汇报后继续试验，当转速表出现 3352r/min 数字后，转速突然跃升到 3456r/min，即刻手动脱扣汽轮机。随即听到一声巨响，机组后部着火，高压后汽封冒出大量蒸汽，试验人员立即按停机按钮，停止高低压油泵运行，并开始事故紧急排油、排氢，将火扑灭。

设备损坏情况：轴系断为 13 段，7 个联轴节螺栓被切断，5 处轴颈断裂（发电机 2 处，低压转子两侧叶轮根部和危机保安器小轴腰部），1～7 号轴承（除 2 号轴承外）箱均被击碎飞散，经济损失达 2510 万左右（整台汽轮机报废）。

经过调查认为，轴系稳定性裕度偏低和转速飞升到 3500～3600r/min 是轴系断裂的主要原因。引起这次事故的主要原因则在于：

（1）机结构设计上轴承油膜易于失稳，稳定性裕度不足，在不太大的超速范围内，发生了油膜振荡开始的"突发性"复合振动，造成损坏。

（2）不正常的超速是由于调节系统改型后调速器滑阀的卸油口面积减小，而超速试验滑阀油口维持原尺寸，进油口面积为泄油口面积的 2.1 倍，使调节系统容易进入开环区。另外，超速试验手柄太短，定位不好，操作困难，也是其中的一个原因。

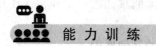

能　力　训　练

简述汽轮机动超速事故的象征。

任务七　汽轮发电机轴瓦乌金熔化或损坏

　任 务 目 标

熟悉汽轮发电机组轴瓦乌金熔化或损坏事故的象征和处理方法。

　知 识 准 备

一、事故原因

（1）由于发生水击或机组过负荷，引起推力瓦损坏。

（2）轴承断油。一般由以下原因引起：①运行中油系统切换时发生误操作；②启动或停机过程中润滑油泵工作失常；③汽轮机启动、升速过程中，在停止高压电动油泵时，没注意监视油压，此时若向主油泵入口供油的射油器工作失常或电动油泵出口止回阀卡涩等使主油泵失压，且电动润滑油泵又没联动起来便引起断油；④油箱油位过低，空气进入射油器使润滑油压下降或油系统中进入空气；⑤油系统积存空气未能及时排除，往往会造成轴瓦瞬间断油；⑥厂用电中断事故停机中，直流油泵因故没能及时投入造成轴瓦断油；⑦油管道断裂或油系统泄漏造成油压下降而使轴瓦供油中断；⑧轴瓦在运行中移位，如轴瓦转动，造成进油孔堵塞而断油；⑨安装或检修时油系统内留有棉纱、抹布等杂物造成油系统堵塞而断油。

（3）机组强烈振动。由于机组强烈振动，会使轴瓦油膜破坏而引起轴颈与乌金研磨损坏，也可能使轴瓦在振动中发生位移，造成轴瓦工作失常或损坏。

（4）轴瓦本身缺陷。在轴瓦加工制造过程中，乌金浇铸质量不良，如浇铸乌金前，瓦胎清洗不净；没有挂锡或挂锡质量不符合要求，在运行中发生轴瓦乌金脱胎或乌金龟裂等问题。

（5）润滑油中夹带有机械杂质，损伤乌金面，引起轴承损坏。

（6）油温控制不当，影响轴承油膜的形成与稳定，都会导致轴瓦乌金损坏。

二、事故象征

（1）轴承回油温度超过75℃或突然连续升高至70℃。

（2）主轴瓦乌金温度超过85℃，推力瓦乌金温度超过95℃。

（3）回油温度升高且轴承内冒烟。

（4）润滑油压下降至运行规程允许值以下，油系统漏油或润滑油泵无法投入运行。

（5）机组振动增加。

三、事故处理方法

在机组运行中发现以上象征而证明轴瓦已发生异常或损坏，应立即打闸故障停机，检查损坏情况，采取检修措施进行修复。

四、支持轴承和推力轴承故障的其他原因

不论是支持轴承还是推力轴承，都会在运行中出现异常、事故，甚至损坏机组，其原因

还有以下几个方面：

（一）检修方面的原因

由于检修方面的原因造成径向支持轴承或推力轴承工作失常，大多发现在大、小修后机组启动或试运过程中，或者启动前的试验中。主要原因有：轴承乌金面接触不良；在调整各轴承润滑油分配量时，轴承润滑油入口油孔调整失当；油管中残留异物（棉纱、破布、漆片、沙土）；调整轴瓦垫片时忘记开油孔；轴承间隙、过盈量的过大或过小；润滑油系统充油时，放进了脏油或油中含水等都会造成运行中轴承工作失常、断油、烧瓦。

（二）运行方面的原因

轴封漏汽过大造成油中有水而又没及时滤过，油中有水破坏了轴承的润滑条件。现在更有一种理论认为，油中的水珠在油膜的高压下会变成固体冰，直接破坏轴承的乌金表面。

润滑油温调整不当，太高或太低，使轴承油膜形成不好，引起轴承处于半液体摩擦状，并伴随有机组的振动，构成轴承润滑不良的恶性循环，使轴承发生故障。

运行中清扫冷油器或润滑油过滤网后，投入前没排尽油系统内的空气，使汽轮机在运行中瞬间断油。

冷油器中润滑油压应大于冷却水的压力，但是在夏季运行中，为降低润滑油温打开工业水补充水门，如控制不好有时会使水压大于油压，一旦此时冷油器铜管泄漏，会造成油中大量存水。

润滑油过滤网及主油箱上的过滤网应根据网前网后压差增大的情况及时清扫，否则压差过大时会毁坏过滤网。若碎网片进入油系统中，则会造成严重后果。

运行中主蒸汽温度骤然降低，造成汽轮机水击，使推力增大。或汽水质量不合格，汽机叶片严重结垢，通流面积减少，使转子的推力增大，造成推力轴承损坏。

上述是造成径向推力轴承及支持轴承工作情况变坏的主要原因，引起故障的原因还有许多，这里就不一一列举了。

五、产生轴电流的原因、危害及消除方法

汽轮机在运行中由于种种原因会产生轴电流，如果不采取相应的措施，一旦轴电流通过轴承释放，就会损伤乌金面、破坏油膜。汽轮发电机产生轴电流的原因为：

（1）摩擦产生的静电荷在一定的偶合条件下，转子上的叶轮和周围的干蒸汽相摩擦，出现静电效应使转子带电，电位可达 100～200V，对地放电电流可达 3～5mA，工作人员接触轴颈或轴承时有发麻的感觉。

（2）转子发生轴间磁化，汽轮机转子直轴后，采用感应加热法退火，残磁消除得不好；励磁机回路连接不合理，干燥静子时直流强度过大，转子线圈层间短路，使转子发生轴间磁化。磁力线在轴承处分流，在轴颈和轴瓦间出现单极感应电流。在一般情况下此电流只有几十毫伏，但转子发生线圈短路时，将会发生危及安全的单极感应电流，只有将转子退磁，才能彻底消除。

（3）交流轴电流。由于发电机转子与静子不同心，磁间隙不等，静子硅钢片厚度、位置不当，静子线圈层间短路等，使转子—轴承—台板环路中感应出交流电流，电压一般不大于 20～35V。在发电机后轴承、励磁机前后轴承和台板间，以及这些轴承和油管间增设绝缘设施，就可以防止这一轴电流造成的危害。但是如果上述绝缘损坏，则回路中会产生很大的电流。

在发电机的前部及汽轮机轴上安设接地碳刷，能防止这种轴电流通过汽轮发电机各轴承所产生的电蚀作用。但不允许在发电机后的各轴承上设置接地碳刷，否则会造成回路短路，产生较大的轴电流，形成强大的环形磁化作用，使汽轮机部件、发电机外壳等发生磁化。

为防止轴电流造成危害，还要在平时加强维护工作，防止积灰、油垢破坏发电机后轴承、励磁机前后轴承与台板间的绝缘，以及它们和油管间的绝缘。

 能 力 训 练

简述汽轮发电机组轴瓦乌金熔化事故的象征。

任务八　汽轮机真空下降

 任 务 目 标

熟悉汽轮机真空下降事故的象征和处理方法。

任 务 准 备

汽轮机真空下降有急剧下降和缓慢下降两种情况。

一、事故原因

（一）真空急剧下降的原因

（1）循环水中断。厂用电中断、循环水泵电动机跳闸、水泵止回阀损坏或循环水管爆破，都能导致循环水中断。

（2）轴封供汽中断。汽封压力调整器失灵、供汽汽源中断或汽封系统进水等，都可能使轴封供汽中断，这将导致大量的空气漏入排汽缸，使凝汽器真空急剧下降。

（3）抽气器故障。射汽式抽气器喷管堵塞或冷却器满水，射水式抽气器的射水泵故障失压或射水系统破裂，都将使抽气器工作故障。这时要尽快切换备用抽气设备；有辅助抽气器的机组，必要时可投入辅助抽气器工作，以维持凝汽器真空。

（4）凝汽器满水。凝汽器铜管泄漏、凝结水泵故障或运行人员维护不当，都可以造成凝汽器满水而导致真空下降。

（5）真空系统大量漏气。由于真空系统管道或阀门零件破裂损坏，引起大量空气漏入凝汽器，这时应尽快找出泄漏处，设法采取应急检修措施堵漏，否则应停机检修。

（二）真空缓慢下降原因

真空缓慢下降往往经常发生，一般对机组的安全运行威胁较小，而检查原因较为困难，归纳起来大致有以下几方面原因：

（1）真空系统不严密漏空气。通常表现为汽轮机同一负荷下的真空值比正常时低，并稳定在某一真空值，随着负荷的升高凝汽器真空反而提高（升负荷使机组真空系统范围缩小了）。真空系统严密程度与泄漏程度可以通过定期的真空系统严密性试验进行检验。若确认真空系统不严密，则要仔细地找出泄漏处，可用烛焰或专用的检漏仪器检漏，并及时消除。机组大、小修后应对真空系统上水找漏，以消除泄漏点，确保在运行中真空系统严密。

（2）凝汽器水位高。凝汽器水位升高，往往是因为凝结水泵运行不正常或水泵有故障，使水泵负荷下降所致。必要时启动备用水泵，将故障泵停下进行检查维修。若检查出凝结水硬度变高或加热器水位升高，可以判断为凝汽器或加热器铜管破裂导致凝汽器水位升高。另外因凝结水再循环水门泄漏，也能造成凝汽器水位升高。

（3）循环水量不足。相同负荷下（指排汽量相同）若凝汽器循环水出口温度上升，即进、出口温差增大，说明凝汽器循环水量不足，应检查循环水泵工作有无异状，检查循环水泵出口压力、凝汽器水室入口水压和循环水进口水位，检查进口滤网有无堵塞。

（4）抽气器工作不正常或效率降低。这种情况可看出凝汽器端差增大，主要检查抽气器的汽压（或水压）是否正常，射汽式抽气器还可检查疏水系统和冷却水量是否异常，射水抽气器的水池水位、水温是否正常，抽气器真空系统严密性如何，有条件可试验抽气器的工作能力和效率。

（5）凝汽器铜管结垢或闭式循环冷却设备异常。凝汽器铜管结垢引起真空降低，传热端差一定会增大。冷却设备的喷管结垢、泄漏或水塔淋水装置、配水槽道等工作异常，都将引起循环水进水温度升高，凝汽器真空降低。

二、事故象征

（1）凝汽器真空下降，排汽温度升高。

（2）机组负荷降低或带同样负荷时主蒸汽流量增大。

（3）凝汽器水位升高。

（4）循环水泵、凝结水泵、抽气设备、循环水冷却设备等工作出现异常。

三、事故处理方法

视凝汽器真空是急剧下降还是缓慢下降，根据造成的原因不同而采取不同的处理方法，要根据凝汽器真空值的下降数，依照运行规程的规定降低机组负荷（运行规程中都有真空值和机组负荷的对应表）。减负荷过程中，若故障一时处理不了，凝汽器真空值降到允许最低值时仍继续下降，则需停机处理。

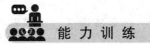

能 力 训 练

简述凝汽器真空下降事故的象征。

任务九 汽轮机油系统着火

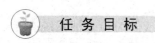

任 务 目 标

熟悉汽轮机油系统着火事故的象征和处理方法。

知 识 准 备

　　油系统的漏油接触到高温设备或高温管道时，就会冒烟或起火。形成油系统着火的必要条件是：①有油从油系统中漏出；②漏油处有热体，如漏油接触到未保温或保温不良、表面温度高于200℃的热体（汽轮机油的燃点约200℃）。

一、事故原因

　　（1）设备结构或安装、检修中存在缺陷。包括：①由于油管道布置或安装不良，运行中发生振动而漏油；②油管法兰与某些热体之间没有隔离装置；③油系统阀门零部件或管道接头安装不良引起漏油；④法兰结合面使用不耐油的胶皮垫或塑料垫，耐油性能或耐高温性能不佳而引起漏油；⑤安装时法兰垫未摆正，法兰螺栓未拧紧或拧得不均匀。

　　（2）由于外部原因致使油管道被击破，造成油系统大量漏油。

　　（3）汽轮机检修后，油渗漏在地面或保温层上（内），又未彻底清除或更换，致使机组投入运行后引起着火。

二、事故处理方法

　　汽轮机油系统着火往往是瞬时爆发，而且火势凶猛，运行人员必须尽快切断泄漏油源，紧急处理，否则火势将蔓延扩大，以致烧毁设备和厂房，危及人身安全。当油系统着火不能及时扑灭时，值班人员应镇定坚守岗位，果断操作，防止发慌而发生误操作。当威胁到设备安全时，应紧急破坏真空停机，这时不应启动高压电动油泵，否则会使高压油大量泄漏而扩大火灾。当火情危及主油箱时，应立即打开主油箱事故放油阀，将油放到室外事故油箱，并且尽快通知消防人员，同时合理使用现场消防设备进行灭火和控制火势，不让其扩大蔓延。

三、预防油系统着火的措施

　　（1）油系统的设计布置，应尽量远离高温管道或高温设备，要布置在低于高温蒸汽管路以下位置。

　　（2）靠近蒸汽管路或其他高温设备的高压油管法兰应装设铁皮罩盒，以防油直接喷射至高温管路或设备上。油系统附近的高温管路、设备应有完整紧固的保温，并外包铁皮，必要时还应装设防火隔层。

　　（3）油管路要有牢固的支吊架，油系统中的仪表管路应尽量减少交叉，防止运行中发生振动磨损而漏油。

　　（4）油系统的阀门不许采用铸铁或铸铜阀门，油管路应尽量减少法兰连接。

　　（5）油系统的安装和检修必须保证质量，阀门、法兰、接头的接合面必须认真刮研至接触良好，不渗漏，管路走向不应扭劲。法兰结合面的垫片要求采用隔电纸、青壳纸或耐油、耐高温的石棉橡胶板，严禁使用不耐油、不耐高温的塑料、胶皮垫以及不耐高温仅耐油的胶皮垫。施工中垫片要放正，法兰螺栓要均匀拧紧。

　　（6）当调节系统发生大幅度摆动或机组油管路发生振动时，应及时检查油系统有无漏油处，当发现漏油应加强监视并及时修复，消除漏油。漏出的油要立即拭净，如果运行中无法更换渗有油的保温材料，而有可能引起火灾事故时，要尽可能采取果断措施停机处理。

（7）事故排油阀的操作手轮处应有两个以上通道保证人员能够到达，排油阀位置应远离主油箱或密集的油管区间，防止着火时被火焰包围无法靠近操作，要保证在紧急情况下能迅速开启排油阀。在运行中，事故排油阀禁止上锁。

（8）现场应配备足够的消防器材，保证经常处于完备状况，随时可用。

 能 力 训 练

简述汽轮机油系统着火事故的象征。

任务十　汽轮发电机甩负荷

 任 务 目 标

熟悉汽轮发电机组甩负荷事故的象征和处理方法。

知 识 准 备

汽轮发电机在运行中，电负荷突然降至零，这种事故称为汽轮发电机甩负荷。甩负荷有以下四种情况：

（1）发电机解列，机组转速稳定在危急保安器动作转速以下。

（2）发电机解列，危急保安器动作。

（3）发电机解列，机组转速高于危急保安器动作转速而危急保安器不动作。

（4）负荷甩至零，发电机未解列。

这四种甩负荷的象征和处理方法都不相同，现分述如下。

一、发电机解列，机组转速稳定在危急保安器动作转速以下

（一）原因

由于电气部分故障，发电机油开关跳闸甩去负荷，调节系统动态特性合格，控制转速在危急保安器动作转速以下，危急保安器未动作。

（二）象征

（1）电负荷指示为零。

（2）转速表指示升高，并稳定在额定转速3000r/min以上某数值，该数值决定于调节系统速度变动率的大小和甩负荷前机组所带负荷相应的同步器位置。

（3）油动机行程减小，调速汽阀关至空负荷位置。

（4）各段抽汽止回阀关闭，并发出"关闭"信号。

（5）背压机组排汽压力下降，抽汽机组供热汽压下降。

（三）处理

（1）将同步器调至空负荷位置，保持机组转速为3000r/min。

（2）及时调整轴封供汽，维持凝汽器真空，监视除氧器的压力并作必要的调整。

（3）对背压机组，解列背压调整器，迅速关闭甲、乙电动排汽总阀，利用向空排汽阀控制汽轮机背压。

（4）对抽汽机组，关闭调节抽汽的电动送汽阀，解除调压器。

（5）开放凝结水再循环阀（注意凝结水母管压力），保持凝汽器水位，必要时补充软化水。

（6）切换各加热器疏水，高压加热器疏水倒向低压加热器，低压加热器疏水倒向凝汽器，停止低压加热器疏水泵。

（7）检查机组膨胀、胀差、振动及汽缸各部温度或温差等运行参数，确认一切正常后向主控室发出"正常"信号，并列发电机，根据汽缸温度迅速带到相应的电负荷，其他正常操作按机组运行规程规定进行。

二、发电机解列，调节系统不能控制转速，危急保安器动作

（一）原因

电气部分故障，使机组甩去负荷，汽轮机调节系统动态特性不好，造成转速升高过多，致使危急保安器动作。

（二）象征

（1）电负荷表指示为零。

（2）自动主汽阀、调速汽阀、抽汽止回阀关闭，并发出信号。

（3）汽轮机转速上升到危急保安器动作转速后再下降。

（4）危急保安器动作并发信号。

（5）背压机组背压下降，抽汽机组调整抽汽压力下降。

（三）处理方法

（1）转速降至3050r/min时，迅速摇同步器至空负荷位置，重新挂闸，开启自动主汽阀；用同步器控制转速至3000r/min。

（2）根据油压的变化和需要，启动和停止电动辅助油泵。

（3）其他操作同第一种甩负荷的处理中第（2）~（6）条。

（4）报告有关领导，调节系统正常后方可重新并列带负荷。

三、发电机解列，调节系统不能控制转速而超速，危急保安器不动作

（一）原因

电气部分故障，使机组甩去负荷，而汽轮机调节系统不能控制转速，转速迅速升高并超过危急保安器动作转速；而保安器又拒动。

（二）象征

（1）电负荷表指示为零。

（2）汽轮机转速上升超过3300~3360r/min，机组运行声音异常。

（3）主油泵出口油压迅速升高。

（4）机组振动增大。

（5）各段抽汽止回阀关闭并发出信号。

（6）背压机组的背压下降。

（三）处理方法

（1）立即手打危急保安器按钮，破坏真空故障停机，自动主汽阀、调速汽阀迅速关闭并发出信号。

（2）对抽汽机组，关闭调整抽汽送汽电动阀，解除调压器；对背压机组，关闭背压送汽阀向空排汽，解除背压调压器。

（3）将同步器摇至空负荷位置。

（4）根据油压启动辅助油泵。

（5）完成其他停机操作。

（6）报告领导，进行全面检查，确认各部正常后方可恢复运行，危急保安器必须经试验调整合格后，机组方可并列带负荷。

四、负荷甩至零，发电机未解列

（一）原因

由于汽轮机保护装置或调节系统误动作，引起汽轮机进汽中断，负荷甩至零，而发电机未解列。

（二）象征

（1）电负荷表及主蒸汽流量表指示为零。

（2）自动主汽阀、调速汽阀及各段抽汽止回阀关闭，并发出信号。

（3）转速表仍指示为3000r/min（和电网频率相同）。

（4）主油泵出口油压不变。

（5）排汽温度升高，背压机组的排汽背压下降。

（6）某种保护信号发出警报。

（三）处理方法

（1）迅速检查机组各种保护信号，核对发出信号的保护指示仪表数值，同时检查机组本体情况，若确属设备发生故障使保护动作，应立即将发电机解列，故障停机；

（2）如果检查机组本体及有关表计都正常，证实保护误动作或调节系统误动作时，可将保护开关断开，重新挂闸，迅速恢复机组负荷，同时联系热工查明保护误动原因，尽快设法消除。

（3）处理过程中，必须迅速分析判断，因为发电机未解列，汽轮机在无蒸汽下以3000r/min转速运行，不得超过制造厂的规定时间，一般不大于3min，否则应手动发电机解列事故按钮，故障停机，查明原因。

（4）缺陷原因未查清或缺陷未消除前，不允许汽轮机立即启动并网运行。

（5）报告领导，只有在缺陷消除后方可重新启动机组，在整个启动、并列、带负荷过程中，应严格监视汽轮机各部情况，并根据需要进行有关试验和调整。

任务十一　背压机组的热负荷变化

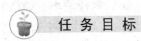

任　务　目　标

熟悉背压机组热负荷变化事故的象征和处理方法。

知 识 准 备

当背压机组热负荷增加，引起背压参数降低时，应联系值长，根据电负荷情况进行调整，或联系热负荷调度，恢复正常背压。

排汽压力低于允许工况 0.1MPa（计示压力）时，应及时联系有关人员调整。

当背压机组热负荷减少，引起背压升高、电负荷降低时，注意排汽温度不应高于规程所规定的数值，否则应联系值长进行调整。

如背压突然升高，使背压安全阀动作时，应及时减小负荷，降低背压，使背压安全阀恢复。

任务十二　抽汽机组热负荷变化

任 务 目 标

熟悉调整抽气机组热负荷变化事故的象征和处理方法。

知 识 准 备

1. 甩掉热负荷

当热负荷大幅度下降时，抽汽流量和主蒸汽流量急剧下降，抽汽室汽压升高；凝汽器真空因凝汽量增加而下降；该调整抽汽旋转隔板迅速开大，而调速汽阀关小。这时司机应检查该段抽汽室压力是否超过允许值，而决定是否需要手摇同步器减小电负荷，如果是因旋转隔板卡住所致，应立即减小电负荷，并迅速报告班长、值长和热网调度，查清故障原因，再采取相应的措施。

2. 热负荷突然增加

当热负荷突然增加，使机组抽汽量突然增加时，该机组供热抽汽流量和主蒸汽流量都增加，旋转隔板关小，该段抽汽室汽压下降，由于旋转隔板关小，排往低压汽缸的蒸汽量减少，所以凝汽器的真空值将升高。这时司机应迅速检查监视段汽压、各段抽汽压力和主蒸汽流量是否超过允许值，若超过允许值时，应手摇同步器减小电负荷，使各个压力数值降到允许值范围内。另外，检查窜轴指示值和推力瓦块温度变化有无异常。同时应及时联系班长、值长和热网调度，查清热负荷突然增加的原因，采取相应的措施。

3. 调压器薄膜泄漏

运行中若调压器下部汽压敏感件泄漏，往往会使抽汽室压力升高，旋转隔板关小，抽汽量增加。引起通往调压器薄膜的蒸汽脉动小管发热，使蒸汽漏入透平油内，导致油中有水。这时司机应操作调压器手轮使其全松开；关闭去热网的电动送汽阀，解除调压器；关闭抽汽通往调压器薄膜的蒸汽脉动小管上的阀门，同时关闭脉动油节流孔的手轮。另外应尽早联系班长、值长和热网调度，及时调整其他机组的供热负荷或减温减压器的热负荷。如果发现油系统内油中有水，要及时启动滤油机或采取其他措施，除去油中的水分。

综合测验

1. 汽轮机正常运行中应做好哪些维护工作？
2. 汽轮机重大事故的处理原则是什么？
3. 运行中造成凝汽器真空缓慢下降以及急剧下降的原因有哪些？分别应如何处理？
4. 运行中发生水冲击的现象是什么？有什么危害？原因是什么？
5. 何谓汽轮机甩负荷？汽轮机甩负荷时，运行人员应如何处理？
6. 哪些原因容易造成汽轮机叶片的损伤？一旦发现叶片断裂，应如何处理？
7. 汽轮机油系统着火应如何处理？怎样防止油系统着火？

参 考 文 献

［1］席洪藻. 汽轮机设备及运行. 北京：水利电力出版社，1988.

［2］赵义学. 电厂汽轮机设备及系统. 北京：中国电力出版社，1998.

［3］辽宁省电力工业局. 汽轮机运行. 北京：中国电力出版社，1997.

［4］赵素芬. 汽轮机设备. 北京：中国电力出版社，2002.